船舶与海洋工程翻译出版计划

Theory of Nonlinear Acoustics in Fluids

流体中的
非线性声学理论

〔瑞典〕本特·O.恩弗洛（Bengt O. Enflo）

〔瑞典〕克拉斯·M.赫德伯格（Claes M.Hedberg） 著

朱建军　周　天　陈宝伟　孟新宝　译

哈尔滨工程大学出版社
Harbin Engineering University Press

黑版贸登字 08-2023-041 号

First published in English under the title
Theory of Nonlinear Acoustics in Fluids
by Bengt O. Enflo and Claes M. Hedberg
Copyright © Springer Science+Business Media Dordrecht, 2002
This edition has been translated and published under licence from
Springer Nature B. V.

图书在版编目(CIP)数据

流体中的非线性声学理论 / (瑞典) 本特·O. 恩弗洛
(Bengt O. Enflo), (瑞典) 克拉斯·M. 赫德伯格
(Claes M. Hedberg) 著；朱建军等译. —哈尔滨：哈
尔滨工程大学出版社，2023.11
　书名原文：Theory of Nonlinear Acoustics in
Fluids
　ISBN 978-7-5661-3998-6

Ⅰ. ①流… Ⅱ. ①本… ②克… ③朱… Ⅲ. ①非线性
声学-研究 Ⅳ. ①O422.7

中国国家版本馆 CIP 数据核字(2023)第 110446 号

流体中的非线性声学理论
LIUTI ZHONG DE FEIXIANXING SHENGXUE LILUN
选题策划　石　岭
责任编辑　张　昕
封面设计　李海波

出版发行　哈尔滨工程大学出版社
社　　址　哈尔滨市南岗区南通大街 145 号
邮政编码　150001
发行电话　0451-82519328
传　　真　0451-82519699
经　　销　新华书店
印　　刷　哈尔滨午阳印刷有限公司
开　　本　787 mm×1 092 mm　1/16
印　　张　12.25
字　　数　285 千字
版　　次　2023 年 11 月第 1 版
印　　次　2023 年 11 月第 1 次印刷
书　　号　ISBN 978-7-5661-3998-6
定　　价　88.00 元
http://www.hrbeupress.com
E-mail：heupress@ hrbeu.edu.cn

前　言

本书的出版旨在在同等重视物理和数学基础的情况下对理论非线性声学进行呈现。我们试图对书中涉及的物理现象、它们的建模以及数学模型的表达式和求解过程进行明确和详细说明。本书中描述的非线性声学现象，从物理角度为相关数学理论提供了有趣的例证。作为热衷于非线性声学数学理论的研究人员，我们发现有必要从统一的角度对该理论进行序贯解释，这其中涵盖过去几十年研究的现象以及得到发展的数学技术。

在理论非线性声学领域，现存最有影响力的书籍是由鲁坚科和索卢扬合著的《非线性声学理论基础》(普莱南出版公司，纽约，1977年)，这本书中主要包含了由伯格斯方程或其推广形式描述的各种应用。保持鲁坚科和索卢扬出版著作标题所述的主题，我们尝试将在该书出版后发展的或未包括在该书中的应用和技术囊括进来。应用的例子包括共振器、超音速抛射体产生的冲击波和多频波的传播；技术的例子包括伯格斯方程精确解的推导、非平面几何中伯格斯方程的行波解以及非线性声束(KZK)方程的分析技术。这些分析技术由第一原理，即连续性方程、纳维-斯托克斯方程、热传导方程以及非线性声波传播介质的本构方程发展而来。根据这些原理，推导出了非线性声波方程——库兹涅佐夫方程。本书中详细讨论的非线性声学现象的模型方程是库兹涅佐夫方程及其近似形式。

在鲁坚科和索卢扬的著作之后出现的非线性声学书籍基本分为三类：(1)专注于数学的书籍，如《非线性扩散方程》；(2)涉及广泛应用的书籍；(3)涉及特殊应用的书籍。萨契戴夫的《非线性扩散波》(剑桥大学出版社，1987年)属于第一类书籍；汉密尔顿和布莱克斯托克合著的《非线性声学》(学术出版社，圣地亚哥，1997年)以及瑙戈尼克和奥斯特洛夫斯基合著的《声学中的非线性波过程》(剑桥大学出版社，1998年)属于第二类书籍；第三类书籍的代表是巴赫瓦洛夫、志雷金和扎博洛茨卡亚合著的《声束的非线性理论》(美国物理研究所，纽约，1987年)，诺维科夫、鲁坚科和季莫申科合著的《非线性水声学》(美国物理研究所，纽约，1987年)以及古尔巴托夫、马拉霍夫和赛切夫合著的《非色散介质中的非线性随机波和湍流：波、射线、粒子》(曼彻斯特大学出版社，1991年)。

本书与第一类书的不同之处在于，本书是从物理定律和原理中推导模型方程；而与第二类书的区别在于，本书试图对以往较少解释的现象给出合乎逻辑的理论。此外，本书在特殊应用领域阐述方面不如第三类书专业。我们希望，本书中的理论发展可为第二类和第三类书籍更广泛地应用提供一些基础。

在选择参考文献时，我们有意识地规避了任何地域上的偏见。参考文献列表包含了参加非线性声学国际研讨会的大多数国家的物理和数学性质的研究工作。

本书与1992年以来我们的研究和学术教学内容紧密联系。在此期间,我们与许多同事讨论了非线性声学问题,从他们那里获得了信息、建议和有价值的观点。我们特别感谢布莱克斯托克、克里顿(已故)、恩弗洛、古尔巴托夫、汉密尔顿、莫洛特科夫、尼伯格、鲁坚科、萨契戴夫和瑟德霍尔姆。萨契戴夫对第1~6章进行了许多有价值的评论和更正,鲁坚科作为我们科学工作的合作者,在他的启发下形成了第8章的内容。

本特·O.恩弗洛

克拉斯·M.赫德伯格

译 者 前 言

瑞典的本特·O.恩弗洛和克拉斯·M.赫德伯格合著的《流体中的非线性声学理论》是一部理论非线性声学领域研究人员熟知的重要著作,其序贯阐述了与非线性声学理论相关的数学技术,且在经典非线性声学理论基础上,更加注重对与工程实际联系紧密的非线性声学方程数学求解方法进行阐述。本书理论联系实际,对非线性声学基本理论进行了有力拓展;相关内容代表了该领域的先进理论水平,可有力支撑非线性声学理论与技术的创新发展。

本书脉络清晰、重点突出,对非线性声学基本理论和非线性声学理论基本研究方法进行了全面阐述,读者可根据需要和所处研究阶段,有针对性地选择阅读或查阅相关的理论及其数学计算方法。本书适合高等学校船舶与海洋工程等学科的高年级本科生、研究生以及从事非线性声学理论、探测机理及技术研究与工程应用的科研人员和专业技术人员参考使用。

在翻译过程中,译者最大限度地维持了原著中公式、方程等数学表达式的书写方式,但为了规范文字排版效果,正文中变换了部分符号的书写形式,如将上下分布分式写为左右分布分式等。在上述工作的基础上,译者通过文献查阅和多角度对比分析,对专业术语的翻译进行了统一和规范。

感谢孟悦、戴国剑、陈学博、孙世博、宋威在基础译稿、公式编辑和排版方面开展的细致工作,感谢哈尔滨工程大学出版社为本书的翻译和出版所付出的巨大努力。

因译者水平有限,书中难免有疏漏或不当之处,敬请读者批评指正。

译 者
2023 年 7 月

目　　录

第1章 绪 论

1.1 声学在流体力学中的地位

声音最初是用于描述激发耳朵工作机制的感觉类术语。声学(acoustics)这个词指的是声音的科学,源于希腊单词 akouein,意思是"听见"。声音是类似于水波的波动,这一观点在古代就已经被提出。弦以一定频率振动会引起与音符相对应的相同频率的空气振动,这一认知可追溯至毕达哥拉斯(公元前 550 年)。然而,这一事实的实验依据来自 17 世纪。从 20 世纪开始,人们也认识到声音是介质中的一种波动,没有介质声音就不可能传播。

在 18 世纪,声传播理论与连续介质物理学的基本理论相联系,研究的先驱者是利昂哈德·欧拉(1766 年)。以推导弦振动一维表示形式的达朗贝尔(1747 年)命名的波动方程在流体力学和弹性力学中均发挥了重要作用。本书第 2.1 节和第 2.2 节中,在考虑非线性和耗散效应的情况下,证明了流体力学和声学之间的联系,这在欧拉时代还没有实现。

用达朗贝尔方程建模的线性声学在描述大多数声学现象方面取得了成功。声学中涉及声音产生、传播、反射、折射和辐射的很多基础研究和应用,被建模为达朗贝尔方程的初值或边界值问题。然而,很久以前人们就知道存在一些线性声学无法描述的声传播现象。事实上,线性声学适用的条件是声波振幅足够小,而有限振幅声波必须由非线性声学来描述。非线性声学的一些重要结论早在 18 世纪就已为人所知。然而,直到 20 世纪中叶,非线性声学才开始发展为声学领域的一门专业。本书第 2 章由连续介质力学的基本原理出发,发展了非线性声波动理论。

1.2 1950 年以前的非线性声学

自 18 世纪以来,大振幅机械振动这一重要非线性声学现象的一些研究成果已为人所知。假设空气具有玻意耳定律的性质,欧拉(1766 年)推导了空气中非线性平面声波方程,该定律描述了恒定温度下气体的行为。欧拉还意识到,非线性波的传播速度不同于线性波。然而,直到近一百年后,厄恩肖(1860 年)才发现平面行波传播的正确规律。拉格朗日(1761 年)和泊松(1808 年)在求解非线性平面波方程方面取得了进展,同样认为气体中的波服从玻意耳定律。艾里(1849 年)、厄恩肖(1858 年,1860 年)和黎曼(1860 年)的研究工作大力推动了无损流体中非线性平面波理论的发展。黎曼波动方程的一般性质将在本书

第 3.1 节中进行研究。

　　另一个早期研究的非线性声学现象是冲击的形成。斯托克斯(1848 年)认识到理论上对无损流体中非线性波传播不连续性进行描述的困难。冲击形成后波的描述成为一个重要问题。这里的主要贡献来自兰金(1870 年)和胡戈尼奥(1887 年,1889 年)。他们建立了质量、动量和能量守恒方程,将冲击前后的流场联系起来。使用兰金–胡戈尼奥关系(兰金1870 年)推得结果的一个例子是,弱冲击(即场的不连续性与整个场相比很小)的传播速度是冲击前后波速的平均值。此结果是使用本书第 3.1 节中质量守恒公式推导得出的。非线性声学的一个早期表现是音乐中被称为塔尔蒂尼音调的现象,其由小提琴家塔尔蒂尼在 18世纪发现,即当小提琴上同时大声响起两个音调时,我们就会听到频率不同的音调。亥母霍兹(1856 年)认识到了组合音调的非线性起源,差频音调就是一个例子。还有大量关于差频音调的文献(罗辛,1990 年),对音乐声音的感知和对人类听觉系统的理解都很重要。

　　富比尼–吉隆(1935 年)在非黏性流体中有限振幅波的传播理论方面取得了重大研究进展;厄恩肖(1858 年)给出了泊松(1808 年)早期提出的非线性平面波方程隐式解。富比尼的贡献是在原始正弦波的情况下,在冲击产生之前得到了该解的傅里叶展开式。这一结果将在本书第 4.2 节进行讨论。

　　斯托克斯(1848 年)已经意识到,在描述冲击的形成和传播时,需要考虑介质的黏性,但第一次成功的尝试是由瑞利(1910 年)和泰勒(1910 年)做出的。对于弱冲击,泰勒获得了冲击剖面的表达式(见本书第 5.1 节)。

　　值得注意的是,在富比尼解之前,费伊(1931 年)给出了弱耗散介质中非线性平面波(最初是单频波)的傅里叶展开。费伊解早于非线性声学中的平面波标准方程——伯格斯方程(贝特曼 1915 年;伯格斯 1948 年)被用于声学。这意味着,由第一原理推导伯格斯方程过程中所做的近似是在费伊的研究工作中做出的。费伊的工作基于本书第 5.2 节中使用的级数展开式,该节中费伊建立的表达式被证明为伯格斯方程的精确解。

　　关于声学的早期历史,请参考林德赛(1972 年)的著作。本书仅对非线性声学的早期历史进行了简要介绍,布莱克斯托克(1997 年[a])发表的文章和拜尔(1985 年)的著作中给出了更详细的介绍。韦斯特维尔特(1975 年)对非线性声学与其他物理学分支(如广义相对论和量子场论)间的密切联系进行了讨论。

1.3　非线性声学中的特殊现象

　　本节将回顾本书中涉及的一些特殊的非线性声学现象。采用由第一原理推导出的波动方程对这些现象进行研究。鲁坚科、索卢扬和霍赫洛夫(1974 年),克里顿(1979 年)以及汉密尔顿和布莱克斯托克(1997 年)的著作对这些方程进行了论述,包括本书中未涉及的一些现象的方程,如色散和弛豫。本书研究的波动方程,在汉密尔顿和莫尔菲(1997 年),布莱克斯托克、汉密尔顿和皮尔斯(1997 年)以及汉密尔顿(1997 年)的文章中也进行了讨论。

1.3.1　非线性声学现象的一般理论描述

本书研究了一些黎曼方程和伯格斯方程没有给出充分描述的非线性声学现象。因此，一个更一般的波动方程——库兹涅佐夫方程(库兹涅佐夫,1971 年)，由第一原理推导得出。本书第 2.2 节推导的库兹涅佐夫方程可近似地给出黎曼方程、伯格斯方程以及所有其他研究现象的更现实的模型方程。库兹涅佐夫方程是达朗贝尔方程的推广，它引入了新的非线性项和耗散项。这些取决于几何结构相对小项的假设，将直接得到伯格斯方程(对于平面波)或生成广义伯格斯方程(对于柱面波和球面波)，如果忽略耗散，则得到黎曼方程。将库兹涅佐夫方程应用于声束，则得到霍赫洛夫-扎博洛茨卡亚-库兹涅佐夫(Khokhlov-Zabolotskaya-Kuznetsov, KZK)方程(扎博洛茨卡亚和霍赫洛夫,1969 年;库兹涅佐夫,1971 年)。本书第 2.3 节将对所有这些非线性声学基本模型方程进行推导。这些模型方程描述了本书第 3 至 7 章研究的物理现象，在这些章节中导出了这些模型方程的无量纲形式。本书第 8 章将讨论库兹涅佐夫方程的原始形式。

1.3.2　行波中高次谐波的产生与传播

在费伊(1931 年)和富比尼-吉龙(1935 年)取得研究成果后，非线性声学开始发展为独立的专业，其涉及的理论方法不同于线性声学以及其他流体力学中使用的方法。在非线性声学发展的早期，伯格斯给出了最为重要的数学方程，其重要作用已被贝特曼(1915 年)指出。伯格斯(1948 年)将其用作湍流模型。在伯格斯方程的精确解析解发表后(霍普夫,1950 年;科尔,1951 年)，该方程被用于分析黏性流体(门杜塞,1953 年)和热黏性气体(莱特希尔,1956 年)中的非线性声传播。伯格斯方程的精确解见本书第 3.2 节。

在 20 世纪 60 年代初期，取得重大进展的一个基础问题是正弦波的变形和衰减。变形是一个累积过程，并随着声波的行进而增加。依据黎曼方程，其解最终为多值的，这需要利用不连续性(冲击)替换部分解。在冲击形成之前富比尼解是有效的，给出了变形波的傅里叶展开式，它是单频波和边界距离的函数，或是空间中单频波形成后经历时间的函数。在无黏情况下，布莱克斯托克(1966 年)研究了从富比尼解到冲击解(锯齿波解)的转换，这将在本书第 4.2 节对其进行讨论。当考虑耗散时，使用伯格斯方程的费伊解。这是锯齿波解的细化，在冲击形成后有效。科尔(1951 年)将费伊解作为由正弦波演化而来的伯格斯方程精确解的渐近形式。布莱克斯托克(1964 年)利用科尔(1951 年)的伯格斯方程精确解改进了费伊解。索卢扬和霍赫洛夫(1961 年)给出了伯格斯方程的另一个解，该解近似由原始正弦波演化而来，与费伊解类似，是伯格斯方程的一个精确解。布莱克斯托克对费伊解的改进详见本书第 5.2 节。索卢扬和霍赫洛夫给出的结果见本书第 5.3 节，并得出费伊解与霍赫洛夫-索卢扬解一致的结论。

虽然费伊解是伯格斯解的精确表示，但它是从单频波演化而来的解的近似傅里叶展开。恩弗洛和赫德伯格(2001 年)给出了精确的傅里叶系数的递推公式，在冲击前和冲击区域均对这些傅里叶系数进行了数值计算,从而给出了富比尼解和费伊解均无效的中间区域的解。本书第5.4节说明了这两种解平稳结合的结果。

由于耗散,非线性产生的高次谐波被衰减,渐近波再次变为单频波,并且满足忽略非线性项的伯格斯方程。渐近波与构成费伊解的傅里叶级数第一项相同。该项中波的振幅与原始单频波的振幅无关,这种现象称为饱和。

饱和不仅发生在由伯格斯方程描述的平面波中,也发生在由广义伯格斯方程描述的其他几何形状的波中。为了确定具有单频边界或初值条件的这些方程的渐近解(也称为 old-age 解),我们必须求解无解析解的方程。在本书中,第6章研究了由广义伯格斯方程描述的柱面波和球面波。几位研究人员(舒特、缪尔和布莱克斯托克,1974 年;克里顿和斯科特,1979 年;斯科特,1981 年;萨契戴夫、泰克卡尔和奈尔,1986 年;萨契戴夫和奈尔,1989 年;恩弗洛,1996 年)对原始正弦波对应的渐近问题进行了研究,第6.4节对此进行了说明。

1.3.3 组合频率行波的产生与传播

对于较单频波更具复杂特性的初始波,研究了传播波的累积变形过程。芬伦(1972 年)研究了原始双频波的演变,他利用黎曼方程将结果推广到多频率源,并获得了冲击形成前有效的广义富比尼解,本书第4.3节给出了这些结果。赫德伯格(1996 年,1999 年)还根据伯格斯方程研究了多频波的演变,并给出了一个包括耗散的精确多频解。在本书第5.5节中,赫德伯格的这一结果被应用于初始双频波,并与芬伦(1973 年[a])的早期结果进行了比较。拉德纳(1982 年)为双频源提出了推广门杜塞解的精确解。

多频原始信号的一个效应是产生差频信号。当使用两个高频时,特殊的低频率的差频特性是窄波束宽度,基本没有旁瓣以及大带宽。韦斯特维尔特(1963 年)首次对其进行了理论描述,并在伯克泰(1965 年)开展实验验证时将产生差频波的这种基阵命名为参量阵。

1.3.4 行波短脉冲和 N 波的传播

已被泰勒(1910 年)研究过的弱冲击波形,后来在短脉冲背景下利用黎曼方程、伯格斯方程以及广义伯格斯方程对其进行了研究。与无黏情况下会转变为锯齿波的周期波一样,单峰波会转变为三角冲击波,而具有稀疏性和压缩性的脉冲波会发展为具有前冲击和后冲击的 N 波。在惠特姆(1978 年)著作的第 2 章和第 3 章,给出了无黏情况下弱冲击理论的广泛解释。本书第4.1节研究了黎曼方程下的短脉冲和 N 波。

任何稀疏压缩脉冲都会由于非线性引起变形而产生 N 波,其在平面和其他几何结构中的演变是非常有趣的。在考虑耗散的模型中,原始 N 波的渐近形式是平滑的。由于伯格斯方程存在精确解析解,对于平面波来说,计算这种渐近形式的振幅很简单。然而,对于柱面波和球面波来说,这将是一个难题。几位作者(克里顿和斯科特,1979 年;萨契戴夫、泰克卡尔和奈尔,1986 年;哈默顿和克里顿,1989 年)利用伯格斯方程和广义伯格斯方程,对 N 波初始条件下的渐近问题进行了分析和数值研究。对于柱面 N 波,恩弗洛(1998 年)获得了渐近振幅级数的前两项,给出了与数值解一致的振幅值。柱面 N 波问题已被应用于超音速飞行器产生冲击波的研究(惠特姆,1950 年,1952 年)。

在本书第 5.1 节中,无论是否使用伯格斯方程的精确解,平面 N 波的渐近问题都得到了解决。原则上,后一种方法可用于寻找不同类型广义伯格斯方程下演化出的 N 波渐近形式(恩弗洛,1998 年)。在第 6.2 节中,该方法被用于寻找由初始柱面 N 波产生的渐近波形,结果与数值结果一致(萨契戴夫、泰克卡尔和奈尔,1986 年;哈默顿和克里顿,1989 年)。在本书第 6.3 节中,柱面 N 波问题的计算被用于超音速飞行器冲击波的衰减,得到的结果取决于介质参数以及飞行器的形状和速度。

1.3.5 有限声束的传播

非线性声学中大多数分析结果都与无限空间中的声波传播有关。对于有限声束,1969 年一个模型方程(扎博洛茨卡亚和霍赫洛夫,1969 年)被提出。该方程后来被推广(库兹涅佐夫,1971 年)用于解释耗散现象。这一被推广的声束方程称为 KZK 方程。通过逐次近似,该方程的解被推导出来(巴赫瓦洛夫、志雷金和季莫申科,1987 年),并应用于研究水声中的参量阵(诺维科夫、鲁坚科和季莫申科,1987 年;汉密尔顿,1997 年)。本书第 7.2 节讨论了一种研究声束中冲击的方法,该方法将 KZK 方程的求解问题简化为广义伯格斯方程的求解问题(西奥诺伊德,1993 年;恩弗洛,2000 年)。

1.3.6 封闭管中的波

尽管非线性驻波是非线性声学的一部分,但在早期的书籍和评论中并未对其进行过讨论。封闭管内流体中非线性波的首项重要理论研究工作始于基本流体动力学方程(切斯特,1964 年)。对于本质上是渐近波的扰动,这些方程在更早的时候已经被讨论过(莱特希尔,1956 年)。通过推广莱特希尔的处理方法,切斯特证明了当活塞在管子一端以接近管子共振频率的频率振动时,会出现冲击波。切斯特解考虑了壁面边界层压缩黏度和剪切黏度的影响。

第 8.1 节在线性理论框架内研究了封闭管中的驻波问题,建立了非线性重要的条件。忽略边界层效应,非线性被认为是由共振时流体的大振幅振动引起的。在第 8.2 节中,利用库兹涅佐夫方程和微扰理论,建立了非线性驻波方程,推导出了与切斯特结论一致并对其进行推广的结果。在第 8.3 节中推导出了忽略耗散情况下管内的波场。第 8.4 节推导出了考虑耗散情况下管内的波场。

第2章　非线性声学物理理论

声音是介质中传播的机械波。为了理解声音的各种物理现象,有必要研究连续介质运动的一般原理。在本书中连续介质指的是流体。在流体运动和流体本构特性的基本方程中,声波运动的特征并不明显。因此,这些基本方程必须通过仅保留一个因变量而消除其他因变量的方式来进行简化,从而建立声波方程。这一过程在第2.1节和第2.2节完成,得到一个可专门用来描述本书中研究非线性声学现象的波动方程(库兹涅佐夫方程)。根据库兹涅佐夫方程,第2.3节推导了这些现象的方程。非线性声学方程的推导也可在鲁坚科和索卢扬的著作(1977年)以及比约诺(1976年)、纳泽·泰塔和泰塔(1981年)、库卢夫拉特(1992年)的评论文章中找到。

2.1　扩散介质运动的基本理论

流体中声波的描述是建立在流体运动理论基础之上的,而流体运动理论被认为是连续的。介质是扩散的,意味着在其描述中包括黏度效应和热传导效应。t 时刻点 $r = (x_1, x_2, x_3)$ 处的流体状态由六个变量决定:压力(p)、密度(ρ)和温度(T)这三个状态变量以及三个速度分量 $v = (v_1, v_2, v_3)$。即便在状态变量的一般函数中,黏度和热传导系数也均被假定为常数。因此,为了解决在任意时刻 t 和任意点 r 上找到介质状态的问题,需要 $p(r, t)$、$\rho(r, t)$、$T(r, t)$ 和 $v_i(r, t)$ 六个函数(其中 $i = 1, 2, 3$)和六个方程。其中的五个方程是对每种连续介质都有效的守恒定理的表述,第六个方程是由流体力学模型驱动的状态方程,被视为由分子组成。这五个守恒量是质量、动量的三个笛卡儿分量和能量。对于流体方程,我们假设一种理想气体的方程,给出作为密度 ρ 和单位质量熵 s 函数的压力 p。通过状态方程和热力学定律,我们可以发现能量方程中的温度 T 是如何取决于 ρ 和 s 的。因此,s 的引入并非意味着必须考虑一个新的独立状态变量。从这六个方程开始,现在的目标是推导出足够大振幅声波传播的各种重要的声传播数学模型,此时线性声学理论已不再适用。这些模型由一个非线性偏微分方程给出,方程中速度、压力或密度中的一个是因变量,是空间和时间的函数。

在本书中,因变量的局部值由空间坐标 (x_1, x_2, x_3)(欧拉坐标)和时间 t 确定。出于多种目的,因变量由所考虑的特定质点的识别坐标 a_i(拉格朗日坐标)和时间 t 表示。于是,a_i 表示 $t = t_0$ 时刻的质点位置。欧拉坐标系中的因变量可由以空间坐标 x 为中心的泰勒展开运算变换到拉格朗日坐标系中(亨特,1955年;比约恩,1976年)。

2.1.1　质量守恒下的连续性方程

流体的质量守恒意味着,边界为 S 的任意固定体积为 V 的流体流动产生的质量净流量,等于该体积中单位时间减少的质量,该等式的数学表达式为

$$\int_S \rho v_k \mathrm{d}S_k = -\frac{\partial}{\partial t}\int_V \rho \mathrm{d}V, \quad k = 1,2,3 \tag{2.1}$$

其中,使用了以下求和约定,并在整个推导过程中使用这一约定:

$$v_k \mathrm{d}S_k \equiv \sum_{k=1}^{3} v_k \mathrm{d}S_k \tag{2.2}$$

使用高斯定理对式(2.1)中的曲面积分进行变换:

$$\int_V \left[\frac{\partial \rho}{\partial t} + \frac{\partial}{\partial x_i}(\rho v_i) \right] \mathrm{d}V = 0 \tag{2.3}$$

由于体积 V 是任意的,式(2.3)中的被积函数必须为零,则

$$\frac{\partial \rho}{\partial t} + \frac{\partial}{\partial x_i}(\rho v_i) = 0 \tag{2.4}$$

采用随体导数

$$\frac{\mathrm{D}}{\mathrm{D}t} \equiv \frac{\partial}{\partial t} + v_i \frac{\partial}{\partial x_i} \tag{2.5}$$

方程(2.4)变为

$$\frac{\mathrm{D}\rho}{\mathrm{D}t} + \rho \, \nabla \cdot v = 0 \tag{2.6}$$

方程(2.4)和(2.6)是以两种不同形式呈现的连续性方程。连续性方程是推导非线性声波传播理论所需的六个基本方程中的第一个。

2.1.2　动量守恒下的纳维-斯托克斯方程

为了从数学上表述流体的动量守恒,我们对笛卡儿动量密度分量 ρv_i 应用了在推导连续性方程(2.4)时推理密度 ρ 的方法。然而,对于从固定体积 V 中流出的动量流,应考虑由体积力和表面力施加在体积为 V 的流体上的负作用力。

因此,通过替换 $\rho \to \rho v_i$,从左侧减去单位体积力 ρf_i 的体积积分以及减去对称应力张量 σ_{ik} 的曲面积分来变换式(2.1)得

$$\int_S \rho v_i v_k \mathrm{d}S_k - \int_V \rho f_i \mathrm{d}V - \int_S \sigma_{ik} \mathrm{d}S_k = -\frac{\partial}{\partial t}\int_V \rho v_i \mathrm{d}V \tag{2.7}$$

根据高斯定理将式(2.7)的曲面积分写为体积积分,并利用体积 V 的任意性,我们可以用微分形式将式(2.7)写为

$$\frac{\partial}{\partial t}(\rho v_i) + \frac{\partial}{\partial x_k}(\rho v_i v_k) = \rho f_i + \frac{\partial}{\partial x_k}(\sigma_{ik}) \tag{2.8}$$

在式(2.8)中使用连续性方程(2.4),我们得到了牛顿第二运动定律

$$\rho \frac{\mathrm{D}v_i}{\mathrm{D}t} \equiv \rho \frac{\partial v_i}{\partial t} + \rho v_{i,k} v_k = \rho f_i + \frac{\partial}{\partial x_k}(\sigma_{ik}) \qquad (2.9)$$

其中,流体速度的随体导数 $\dfrac{\mathrm{D}v_i}{\mathrm{D}t}$ 是质量元的加速度。

对于应力张量的构建,我们可以使用克罗内克张量 δ_{ik} 和变形速度张量

$$d_{ik} \equiv \frac{1}{2}(v_{i,k} + v_{k,i}) \qquad (2.10)$$

其中,$v_{i,k}$ 是 $\dfrac{\partial v_i}{\partial x_k}$ 的一个简化符号。我们假设 σ_{ik} 与 d_{ik} 的组分呈线性关系(牛顿流体):

$$\sigma_{ik} = -p(\rho,s)\delta_{ik} + \mu\left(v_{i,k} + v_{k,i} - \frac{2}{3}v_{r,r}\delta_{ik}\right) + \frac{2}{3}\lambda v_{r,r}\delta_{ik} \qquad (2.11)$$

其中,黏度系数 λ 和 μ 设为常数。令 $f_k = 0$,并将式(2.11)代入式(2.9),我们得到纳维–斯托克斯方程(纳维,1823 年;斯托克斯,1845 年)

$$\rho\left(\frac{\partial v_i}{\partial t} + \frac{\partial v_i}{\partial x}v_k\right) = \frac{\partial p}{\partial x_i} + \mu\frac{\partial^2 v_i}{\partial x_k \partial x_k} + \left(\frac{2}{3}\lambda + \frac{\eta}{3}\right)\frac{\partial}{\partial x_i}\frac{\partial v_k}{\partial x_k} \qquad (2.12)$$

或者当 $\mu = \eta, \dfrac{2}{3}\lambda = \zeta$ 时有

$$\rho\left[\frac{\partial \boldsymbol{v}}{\partial t} + (\boldsymbol{v} \cdot \nabla)\boldsymbol{v}\right] = -\nabla p + \eta\Delta\boldsymbol{v} + \left(\zeta + \frac{\eta}{3}\right)\mathrm{grad}\ \mathrm{div}\ \boldsymbol{v} \qquad (2.13)$$

式中,系数 ζ 为体积黏度,η 为剪切黏度。式(2.13)(含三个方程)属于前面所述的六个基本方程,由这六个基本方程我们将推导出声波在流体中的传播理论。在 $\zeta = \eta = 0$ 的特殊情况下,方程(2.13)与连续性方程(2.6)称为欧拉基本流体动力学方程(欧拉,1766 年)。

2.1.3　能量守恒

以类似于质量和动量的分析方式,也可以建立能量守恒定律。该定律表明,在具有边界 S 的固定体积 V 中,单位时间能量的减少是由于三个方面的贡献:流体运动;净内能流从体积 V 中流过边界 S、净热流从体积 V 流过边界 S;单位时间内该体积中流体对周围环境做的功。如果 u 是单位质量的总能量,q_i 是热流密度,则该定律以类似于式(2.1)的方式表示为

$$\int_S \rho u v_i \mathrm{d}S_i + \int_S q_i \mathrm{d}S_i - \int_S v_i \sigma_{ik} \mathrm{d}S_k = -\frac{\partial}{\partial t}\int_V \rho u \mathrm{d}V \qquad (2.14)$$

应力张量是这样定义的,即 $\sigma_{ik}\mathrm{d}S_k\mathrm{d}x_i$ 是反作用力在面元 $\mathrm{d}S$ 上做的功。由高斯定理并利用体积 V 的任意性,我们可通过变换式(2.14)中的曲面积分写出能量守恒定理的微分形式:

$$\frac{\partial}{\partial t}(\rho u) + \frac{\partial}{\partial x_i}(\rho u v_i) + \frac{\partial q_i}{\partial x_i} - \frac{\partial}{\partial x_k}(v_i \sigma_{ik}) = 0 \qquad (2.15)$$

我们定义 σ'_{ik} 为

$$\sigma'_{ik} = \eta\left(v_{i,k} + v_{k,i} - \frac{2}{3}v_{r,r}\delta_{ik}\right) + \zeta v_{r,r}\delta_{ik} \tag{2.16}$$

从而根据式(2.11)有

$$\sigma_{ik} = -p\delta_{ik} + \sigma'_{ik} \tag{2.17}$$

此时式(2.15)可被写为

$$\frac{\partial}{\partial t}(\rho u) + \frac{\partial}{\partial x_i}(\rho u v_i) = -\frac{\partial q_i}{\partial x_i} - \frac{\partial}{\partial x_i}(p v_i) + v_i \sigma'_{ik,k} + \boldsymbol{\Phi} \tag{2.18}$$

其中

$$\boldsymbol{\Phi} \equiv \sigma'_{ik}v_{i,k} = \frac{1}{2}\eta\left(v_{i,k} + v_{k,i} - \frac{2}{3}v_{r,r}\delta_{ik}\right)^2 + \zeta(v_{k,k})^2 \tag{2.19}$$

在式(2.19)中,我们使用了这样一个事实,即只有 $v_{i,k}$ 的对称且无痕部分对等号右侧的第一项有贡献。总能量 u 包括内能 $u^{(\mathrm{i})}$ 和机械能 $u^{(\mathrm{m})}$,即动能和势能。

$$u = u^{(\mathrm{i})} + u^{(\mathrm{m})} \tag{2.20}$$

通过以 v_i 乘以式(2.9)并假设 f_i 恒定,得到一个机械能方程,即

$$\rho f_i = -\rho \frac{\partial \boldsymbol{\Phi}}{\partial x_i} \tag{2.21}$$

通过这种方式我们得到

$$\rho v_i \frac{\mathrm{D}v_i}{\mathrm{D}t} = \rho v_i \frac{\partial \boldsymbol{\Phi}}{\partial x_i} + v_i \frac{\partial \sigma_{ik}}{\partial x_k} \tag{2.22}$$

或使用式(2.4)、式(2.5)和式(2.17)得到

$$\frac{\partial}{\partial t}\left(\frac{1}{2}\rho \boldsymbol{v}^2 + \rho\boldsymbol{\Phi}\right) + \frac{\partial}{\partial x_i}\left[\rho v_i\left(\frac{1}{2}\boldsymbol{v}^2 + \boldsymbol{\Phi}\right)\right] = v_i \frac{\partial \sigma'_{ik}}{\partial x_k} - v_i \frac{\partial p}{\partial x_i} \tag{2.23}$$

令

$$u^{(\mathrm{m})} = \frac{1}{2}\boldsymbol{v}^2 + \boldsymbol{\Phi} \tag{2.24}$$

并从式(2.18)中减去式(2.23),我们得到

$$\frac{\partial}{\partial t}(\rho u^{(\mathrm{i})}) + \frac{\partial}{\partial x_k}(\rho u^{(\mathrm{i})}v_k) = -\frac{\partial q_k}{\partial x_k} - p\,\nabla\cdot\boldsymbol{v} + \boldsymbol{\Phi} \tag{2.25}$$

其中,我们使用了式(2.20)。假设热流密度 q_k 与温度梯度 $\dfrac{\partial T}{\partial x_k}$ 成比例,假设比例因子 $-\kappa$ 为一个常数,则有

$$q_k = -\kappa \frac{\partial T}{\partial x_k} \tag{2.26}$$

其中,κ 为热传导数。热力学第一定律和第二定律的结合给出了众所周知的关系:

$$\mathrm{d}u^{(\mathrm{i})} = T\mathrm{d}s - p\mathrm{d}\left(\frac{1}{\rho}\right) \tag{2.27}$$

其中,s 是单位质量的熵;$\dfrac{1}{\rho}$ 是比体积。采用连续性方程(2.6),并使用随体导数可由式

(2.27)得到

$$\rho \frac{\mathrm{D}u^{(\mathrm{i})}}{\mathrm{D}t}=\rho T \frac{\mathrm{D}s}{\mathrm{D}t}-p \nabla \cdot \boldsymbol{v} \qquad (2.28)$$

从连续性方程(2.4)很容易发现,以下关系对于任意变量均有效,例如 $u^{(\mathrm{i})}$:

$$\rho \frac{\mathrm{D}u^{(\mathrm{i})}}{\mathrm{D}t}=\frac{\partial}{\partial t}(\rho u^{(\mathrm{i})})+\frac{\partial}{\partial x_k}(\rho u^{(\mathrm{i})}v_k) \qquad (2.29)$$

因此,方程(2.25)和(2.28)的左侧相等。在上述相等的方程中,令两方程的右侧也相等,并使用式(2.26)和式(2.19)得到

$$\rho T\left[\frac{\partial s}{\partial t}+(\boldsymbol{v} \cdot \nabla)s\right]=\kappa \Delta T+\zeta(\nabla \cdot \boldsymbol{v})^2+\frac{1}{2}\eta\left(\partial_i v_j+\partial_j v_i-\frac{2}{3}\nabla \cdot \boldsymbol{v}\delta_{ij}\right)^2 \qquad (2.30)$$

这种形式的能量守恒定律在以后是有用的。皮尔斯(1981年)将其称为基尔霍夫-傅里叶方程(基尔霍夫,1868年;傅里叶,1822年)。正如皮尔斯所指出的,该术语定义有些不准确,因为无论基尔霍夫还是傅里叶均未在他们的相关出版物中使用熵的概念。在式(2.6)、式(2.13)和式(2.30)中,所有需要的守恒定理均被代入了所需的形式。

2.1.4 理想流体状态方程

我们假设理想流体的状态方程对如下介质有效:

$$\frac{p}{\rho}=(c_p-c_V)T \qquad (2.31)$$

其中,c_p、c_V 分别为恒定压力和体积流体的单位质量的容量。皮尔斯(1981年)解释了该方程是如何从玻意耳定律和绝对温度的定义中推导出来的。

引入单位质量的焓 h 是方便的:

$$h=u^{(\mathrm{i})}+\frac{p}{\rho} \qquad (2.32)$$

因此,通过比较式(2.27)和式(2.32),我们发现

$$\mathrm{d}h=T\mathrm{d}s+\frac{1}{\rho}\mathrm{d}p=\mathrm{d}q+\frac{1}{\rho}\mathrm{d}p \qquad (2.33)$$

其中,$\mathrm{d}q$ 为单位质量传至流体的热量。根据 c_p 的定义,我们由式(2.33)得到

$$c_p=\left(\frac{\partial h}{\partial T}\right)_p \qquad (2.34)$$

使用数学恒等式

$$\left(\frac{\partial T}{\partial p}\right)_h=-\frac{\left(\frac{\partial h}{\partial p}\right)_{T^*}}{\left(\frac{\partial h}{\partial T}\right)_{p^*}} \qquad (2.35)$$

式(2.33)、式(2.34)和麦克斯韦关系式

$$\left(\frac{\partial s}{\partial p}\right)_T = -\left(\frac{\partial \frac{1}{\rho}}{\partial T}\right)_p \tag{2.36}$$

我们得到

$$\left(\frac{\partial T}{\partial p}\right)_h = -\frac{\left(\frac{\partial h}{\partial p}\right)_{T^*}}{\left(\frac{\partial h}{\partial T}\right)_{p^*}} = -\frac{1}{c_p}\left[T\left(\frac{\partial s}{\partial p}\right)_T + \frac{1}{\rho}\right] = \frac{1}{c_p}\left[T\left(\frac{\partial \frac{1}{\rho}}{\partial T}\right)_p - \frac{1}{\rho}\right] = 0 \tag{2.37}$$

其中,式(2.31)已在上述最后一个等式中被考虑。因此,我们由式(2.37)和式(2.35)得到

$$\left(\frac{\partial h}{\partial p}\right)_T = 0 \tag{2.38}$$

以及由式(2.34)和式(2.38),通过选择合适的积分常数得到

$$h = c_p T \tag{2.39}$$

对于理想流体,以 s 和 ρ 为自变量来表示焓的全微分也是很有意义的。使用式(2.39),将式(2.31)代入式(2.33)我们发现

$$dh = Tds + \frac{1}{\rho}(c_p - c_V)\left(\frac{h}{c_p}d\rho + \frac{\rho}{c_p}dh\right) \tag{2.40}$$

从而

$$dh = \gamma Tds + (\gamma - 1)h\frac{d\rho}{\rho} \tag{2.41}$$

其中

$$\gamma = \frac{c_p}{c_V} \tag{2.42}$$

2.2　非线性声学三维波动方程 (库兹涅佐夫方程)的推导

本节的目的是从式(2.6)、式(2.13)、式(2.30)和式(2.31)中消去除一个因变量以外的所有因变量,并推导出该变量的非线性波动方程。为了简化分析,我们假设流动是无旋转的,这意味着

$$\nabla \times \boldsymbol{v} = 0 \tag{2.43}$$

$$\boldsymbol{v} = -\nabla \boldsymbol{\Phi} \tag{2.44}$$

其中,$\boldsymbol{\Phi}$ 是速度势。

借助式(2.43)和式(2.44),关系式(2.13)可得到简化。使用算子关系(grad $\equiv \nabla$, div $\equiv \nabla\cdot$, rot $\equiv \nabla\times$):

$$\text{rot rot} = \text{grad div} - \Delta \tag{2.45}$$

以及关系

$$\frac{1}{2}\nabla v^2 = (\boldsymbol{v} \cdot \nabla)\boldsymbol{v} + \boldsymbol{v} \times (\nabla \times \boldsymbol{v}) \tag{2.46}$$

进行简化。

利用式(2.44)~式(2.46)和式(2.13),可得到一个形式更简单的纳维-斯托克斯方程:

$$\nabla\left[-\frac{\partial \boldsymbol{\Phi}}{\partial t} + \frac{1}{2}(\nabla \boldsymbol{\Phi})^2\right] = -\frac{1}{\rho}\nabla p - \frac{1}{\rho}\left(\frac{4}{3}\eta + \zeta\right)\nabla(\Delta \boldsymbol{\Phi}) \tag{2.47}$$

假设 ρ、p、s、T 与它们平衡值 ρ_0^*、p_0、s_0、T_0 间的偏差很小,流体速度 $|\boldsymbol{v}|$ 也很小。热传导数 κ 和黏度 η、ζ 也将被视为小量。当然,这些小量的假设与一些无量纲量远小于单位值的假设相对应。我们并没有因为引入这些数值而使分析时间更长,只是声明了所有方程都保留二阶小量。因为被忽略的项是三阶小量,于是式(2.30)简化为

$$\rho_0 T_0 \frac{\partial s}{\partial t} = \kappa \Delta T \tag{2.48}$$

因此,方程(2.48)的右侧是二阶小项,表明熵与其平衡值的偏差必须视为二阶小项。在方程(2.48)左侧用平衡值替换 ρ 和 T 时,仅三阶小项的贡献被忽略了。

为了得到波动方程,我们必须消除式(2.47)中的 $\frac{\nabla p}{\rho}$ 项。遵循瑟德霍尔姆(2001 年)[①]给出的处理流程,并在使用式(2.33)后得到

$$\frac{1}{\rho}\nabla p = \nabla h - T_0 \nabla s \tag{2.49}$$

由于二阶项中熵的变化很小,我们在式(2.49)右侧用 T_0 代替了 T。将式(2.49)代入式(2.47),我们可对式(2.47)进行积分并得到

$$-\frac{\partial \boldsymbol{\Phi}}{\partial t} + \frac{1}{2}(\nabla \boldsymbol{\Phi})^2 + h + T_0(s - s_0) + \frac{1}{\rho}\left(\frac{4}{3}\eta + \zeta\right)\Delta \boldsymbol{\Phi} = c_p T_0 \tag{2.50}$$

式(2.47)左侧第二项是二阶的,因此在式(2.50)中我们将 ρ 替换为 ρ_0^*,并将小量 η、ζ 视为常数。式(2.50)右侧的积分常数由式(2.39)得到。

通过使用式(2.48),现将熵从式(2.50)中消除,使用式(2.39)后我们写出

$$\rho_0 T_0^{**} \frac{\partial s}{\partial t} = \frac{\kappa}{c_p}\Delta h \tag{2.51}$$

由于式(2.51)是二阶的,我们在式(2.51)中使用由式(2.50)得到的 h 的一阶表达式:

$$h \approx c_p T_0 + \frac{\partial \boldsymbol{\Phi}}{\partial t} \tag{2.52}$$

对式(2.51)积分得出:

$$T_0(s - s_0) = \frac{\kappa}{\rho_0 c_p}\Delta \boldsymbol{\Phi} \tag{2.53}$$

在式(2.50)中使用式(2.53)的结果,并导出关于 t 的表达式,我们得到

$$-\frac{\partial^2 \boldsymbol{\Phi}}{\partial t^2} + (\nabla \boldsymbol{\Phi}) \cdot \nabla\frac{\partial \boldsymbol{\Phi}}{\partial t} + \frac{\partial h}{\partial t} + \frac{1}{\rho}\left(-\frac{\kappa}{c_p} + \frac{4}{3}\eta + \zeta\right)\Delta\frac{\partial \boldsymbol{\Phi}}{\partial t} = 0 \tag{2.54}$$

---

① 坎波斯(1986 年)给出了忽略热传导的类似处理流程。

我们最后必须消除式 (2.54) 中的焓 h。由式 (2.41) 和连续性方程 (2.6)，我们得到如下的修正为二阶的方程：

$$\frac{\mathrm{D}}{\mathrm{D}t}\left[h-\gamma T_0(s-s_0)\right]-(\gamma-1)h\Delta\boldsymbol{\Phi}=0 \tag{2.55}$$

结合式 (2.53) 和式 (2.55) 我们得到以下修正至二阶的方程：

$$\frac{\partial h}{\partial t}-\nabla\frac{\partial\boldsymbol{\Phi}}{\partial t}\cdot\nabla\boldsymbol{\Phi}-\frac{\kappa\gamma}{\rho_0 c_p}\Delta\frac{\partial\boldsymbol{\Phi}}{\partial t}-(\gamma-1)\left(c_p T_0+\frac{\partial\boldsymbol{\Phi}}{\partial t}\right)\Delta\boldsymbol{\Phi}=0 \tag{2.56}$$

在式 (2.56) 中，我们使用了 h 的一阶表达式 [式 (2.52)]，其中 h 的二阶表达式将给出三阶贡献。

流体中的声速 c_0 表示为

$$c_0^2=\left[\left(\frac{\partial p}{\partial\rho}\right)_s\right]_{\rho=\rho_0} \tag{2.57}$$

(参见皮尔斯，1981 年)。绝热变化的理想流体状态方程是泊松方程

$$\frac{p}{p_0}=\left(\frac{\rho}{\rho_0}\right)^\gamma \tag{2.58}$$

未受扰动的声速 c_0 由式 (2.57) 和式 (2.58) 给出

$$c_0^2=\gamma\frac{p_0}{\rho_0} \tag{2.59}$$

使用式 (2.59)，并利用式 (2.56) 消除式 (2.54) 中的 $\frac{\partial h}{\partial t}$，我们得到

$$\frac{\partial^2\boldsymbol{\Phi}}{\partial t^2}-c_0^2\Delta\boldsymbol{\Phi}=\frac{\partial}{\partial t}\left[(\operatorname{grad}\boldsymbol{\Phi})^2+\frac{1}{2c_0^2}(\gamma-1)\left(\frac{\partial\boldsymbol{\Phi}}{\partial t}\right)^2+\frac{b}{\rho_0}\Delta\boldsymbol{\Phi}\right] \tag{2.60}$$

其中，b 被定义为

$$b=\kappa\left(\frac{1}{c_V}-\frac{1}{c_p}\right)+\frac{4}{3}\eta+\zeta \tag{2.61}$$

因此，对于是小量的二阶项，黏度和热传导的总效应由单个常量 b 给出。该方程由库兹涅佐夫 (1971 年) 导出，并给出了所有声波问题中处理非线性和耗散效应的一种方法，在最低近似下被看作达朗贝尔方程，即忽略式 (2.60) 右侧的二阶项。在本书中，库兹涅佐夫方程用于推导多个非线性模型波动方程，这些方程受不同几何条件和扩散率假设的激励①。

库兹涅佐夫方程 (2.60) 右侧第二项系数中的数字 $(\gamma-1)$ 称为 (理想) 流体的非线性参数。继拜尔 (1959 年，1997 年) 之后，我们将给出这项任务的物理背景。

流体的压力 p 被认为是状态方程的函数 $p(\rho,s)$，该函数以密度 ρ 和单位质量熵 s 为变量。在恒定熵 $s=s_0$ 时，我们对平衡压力值 p_0 的偏差 $p-p_0$ 进行泰勒级数展开，相应的密度偏差为 $\rho-\rho_0$：

$$p-p_0=\left[\left(\frac{\partial p}{\partial\rho}\right)_s\right]_{\rho=\rho_0}(\rho-\rho_0)+\frac{1}{2!}\left[\left(\frac{\partial^2 p}{\partial\rho^2}\right)_s\right]_{\rho=\rho_0}(\rho-\rho_0)^2+\cdots \tag{2.62}$$

---

① 考虑 $\boldsymbol{\Phi}$ 中三次方项的库兹涅佐夫方程的推导由瑟德霍尔姆 (2001 年) 给出。

通过引入量值 A 和 B，泰勒展开式 (2.62) 可以等效为

$$p-p_0 = A\frac{\rho-\rho_0}{\rho_0} + \frac{B}{2!}\left(\frac{\rho-\rho_0}{\rho_0}\right)^2 + \cdots \tag{2.63}$$

其中，A 和 B 分别被定义为

$$A = \rho_0\left[\left(\frac{\partial p}{\partial \rho}\right)_S\right]_{\rho=\rho_0} \tag{2.64}$$

$$B = \rho_0^2\left[\left(\frac{\partial^2 p}{\partial \rho^2}\right)_S\right]_{\rho=\rho_0} \tag{2.65}$$

方程 (2.64)、(2.65) 以及 (2.58) 给出了理想流体两参数之比：

$$\frac{B}{A} = \gamma - 1 \tag{2.66}$$

福克斯和华莱士（1954 年）首次讨论了比率 $\frac{B}{A}$ 及其作为液体中波形畸变度量的重要性。

已有几种方法被用于确定不同种类液体、气体和生物组织的 $\frac{B}{A}$（科彭斯，拜尔，塞登，多诺霍，格潘，霍德森和汤森，1965 年；拜尔，1959 年，1997 年；比约恩，1986 年；科布，1983 年）。范·布伦和布雷齐尔（1968 年）讨论了式 (2.63) 中三阶项的影响。

2.3　非线性声学波动方程

本节中，我们将由库兹涅佐夫方程 (2.60) 推导出非线性声学中最为重要的一些波动方程。它们是描述均匀空间中平面波的伯格斯方程，描述均匀空间中柱面波和球面波的广义伯格斯方程，以及描述有界声束中平面波的霍赫洛夫-扎博洛茨卡亚-库兹涅佐夫方程。

2.3.1　伯格斯方程

我们首先由式 (2.60) 导出均匀空间中的平面波方程。假设由于式 (2.60) 右侧的非线性和耗散性项，波形（即波在距声源给定距离处的时间依赖性）随空间变化缓慢。如果没有式 (2.60) 右侧的因式，整个波形将不会发生任何变化。因此，波形缓慢变化的假设建立在式 (2.60) 右侧较小的基础上，并且可更精确地将其表述为波形的实质性变化需要波传播多个波长的假设。这意味着波函数的空间导数是一个小量。通过用一个小值参数 μ 重新缩放空间变量，这种微小性才得以可见。由于 $t=0$ 时刻经过 $x=0$ 点的一个扰动在 t 时刻移动至 $x=c_0 t$ 点，最好采用迟滞时间减去传播时间 $\frac{x}{c_0}$ 来对波形的发展进行研究。将自变量 (x,t) 用 (x',τ) 替代，定义为

$$x' = \mu x$$

$$\tau = t - \frac{x}{c_0} \tag{2.67}$$

因此,我们得到

$$\frac{\partial}{\partial x} = -\frac{1}{c_0}\frac{\partial}{\partial \tau} + \mu\frac{\partial}{\partial x'}$$

$$\frac{\partial}{\partial t} = \frac{\partial}{\partial \tau} \tag{2.68}$$

当将式(2.67)和式(2.68)代入式(2.60)时,认为 μ、b 和 $\boldsymbol{\Phi}$ 很小,并只保留二阶项,结果变为

$$2\mu c_0 \frac{\partial^2 \boldsymbol{\Phi}}{\partial \tau \partial x'} = \frac{\partial}{\partial \tau}\left[\frac{1}{c_0^2}\left(\frac{\partial \boldsymbol{\Phi}}{\partial \tau}\right)^2 + \frac{b}{\rho_0 c_0^2}\frac{\partial^2 \boldsymbol{\Phi}}{\partial \tau^2} + \frac{\gamma-1}{2c_0^2}\left(\frac{\partial \boldsymbol{\Phi}}{\partial \tau}\right)^2\right] \tag{2.69}$$

现在我们回到流体速度[参见式(2.44)]:

$$v = -\frac{\partial \boldsymbol{\Phi}}{\partial x} = \frac{1}{c_0}\frac{\partial \boldsymbol{\Phi}(x,\tau)}{\partial \tau} + o(\mu) \tag{2.70}$$

作为式(2.69)中的因变量。使用 x 而不是 x',我们从式(2.69)和式(2.70)中得到最低阶表示:

$$\frac{\partial v}{\partial x} - \frac{\beta}{c_0^2}v\frac{\partial v}{\partial \tau} - \frac{b}{2c_0^3\rho_0}\frac{\partial^2 v}{\partial \tau^2} = 0 \tag{2.71}$$

其中

$$\beta = \frac{\gamma+1}{2} \tag{2.72}$$

方程(2.71)是伯格斯方程,作为湍流模型由伯格斯(1948 年,1974 年)于 1948 年提出。它描述了耗散和非线性效应均不能忽略时,平面波在扩散介质中的传播。它在能够实现的边界条件下可被求解,例如,充满均匀流体的长管末端具有时间依赖性的活塞运动的求解。

利用介质的特征速度 v_0 和特征时间 $\frac{1}{\omega}$,引入无量纲变量是可行的。

$$V = \frac{v}{v_0} \tag{2.73}$$

$$\theta = \omega\tau \tag{2.74}$$

$$\sigma = \frac{\beta}{c_0^2}\omega v_0 x \tag{2.75}$$

在伯格斯方程(2.71)中代入式(2.73)~式(2.75)给出无量纲方程

$$\frac{\partial V}{\partial \sigma} - V\frac{\partial V}{\partial \theta} - \epsilon\frac{\partial^2 V}{\partial \theta^2} = 0 \tag{2.76}$$

其中

$$\epsilon = \frac{1}{2\beta}\frac{b\omega}{c_0 v_0\rho_0} = \frac{1}{2\beta Re} \tag{2.77}$$

数值 Re 称为声学雷诺数。如果 $Re \geqslant 1$,则线性声学理论不适用,而必须由非线性声学理论来代替。在本书中,我们研究非线性现象,且通常 $Re \geqslant 1$。

必须指出的是,伯格斯方程也可用作除式(2.71)所建模型以外的另一类非线性平面波实验模型。代替边界条件,可以规定初始条件,即在给定时间内流体依赖于 x 的给定状态。在这种情况下,我们未改变式(2.67)中的变量,而是使用如下变换:

$$t' = \mu t$$
$$\xi = x - c_0 t \tag{2.78}$$

从式(2.60),由式(2.78)得到了$v(\xi, t)$的伯格斯方程最低阶表示:

$$\frac{\partial v}{\partial t} + \beta v \frac{\partial v}{\partial \xi} - \frac{b}{2\rho_0} \frac{\partial^2 v}{\partial \xi^2} = 0 \tag{2.79}$$

2.3.2　广义伯格斯方程

现在,我们将由式(2.60)导出柱面波和球面波的波动方程。为此,引入变量r,即柱坐标系或球坐标系中的径向变量。假设$\boldsymbol{\Phi}$仅取决于r和t,在这种情况下,我们有

$$(\nabla \boldsymbol{\Phi})^2 = \left(\frac{\partial \boldsymbol{\Phi}}{\partial r} \right)^2 \tag{2.80}$$

$$\Delta \boldsymbol{\Phi} = \frac{\partial^2 \boldsymbol{\Phi}}{\partial r^2} + \frac{n}{r} \frac{\partial \boldsymbol{\Phi}}{\partial r} \tag{2.81}$$

其中,柱面波时$n = 1$,球面波时$n = 2$。对于球面波和柱面波,我们都引入了新的变量

$$r' = \mu r$$
$$\tau = t \mp \frac{r - r_0}{c_0} \tag{2.82}$$

其中,减号(加号)对发散(会聚)波有效;r_0是圆柱形或球形声源(吸声面积)的半径。将式(2.80)~式(2.82)代入式(2.60)并保留二阶项,我们得到发散波方程

$$2c_0 \frac{\partial^2 \boldsymbol{\Phi}}{\partial \tau \partial r} + \frac{nc_0}{r} \frac{\partial \boldsymbol{\Phi}}{\partial \tau} = (\gamma + 1) \frac{\partial \boldsymbol{\Phi}}{\partial \tau} \frac{\partial^2 \boldsymbol{\Phi}}{\partial \tau^2} + \frac{b}{\rho_0 c_0^2} \frac{\partial^3 \boldsymbol{\Phi}}{\partial \tau^3} \tag{2.83}$$

由于流体速度是径向的,我们定义

$$v \equiv v_{\mathrm{r}} = -\frac{\partial \boldsymbol{\Phi}}{\partial r} = \frac{1}{c_0} \frac{\partial \boldsymbol{\Phi}}{\partial \tau} + o(\mu) \tag{2.84}$$

并且得到

$$\frac{\partial v}{\partial r} + \frac{n}{2r} v - \frac{\beta}{c_0^2} v \frac{\partial v}{\partial \tau} = \frac{b}{2c_0^3 \rho_0} \frac{\partial^2 v}{\partial \tau^2} \tag{2.85}$$

这是适用于边值问题的柱面波($n = 1$)和球面波($n = 2$)广义伯格斯方程(瑙戈尼克、索卢扬和霍赫洛夫,1963 年[a])。

如果替换式(2.82)给出的变量r'和τ,可得到适用于初值问题的波动方程,引入的新变量表示为

$$t' = \mu t$$
$$\rho = r - r_0 \mp c_0 t \tag{2.86}$$

类似于推导式(2.85)的计算,现给出柱面($n = 1$)和球面($n = 2$)发散波的广义伯格斯方程,描述了给定初始空间依赖下的时间演化:

$$\frac{\partial v}{\partial t} + \frac{n}{2t} v + \beta v \frac{\partial v}{\partial \rho} = \frac{b}{2\rho_0} \frac{\partial^2 v}{\partial \rho^2} \tag{2.87}$$

2.3.3　KZK 方程

库兹涅佐夫方程(2.60)也可用作有限体积中声波的模型。一个非常重要的此类问题是,声束的传播形成了一个相当简单的波动方程。我们假设声场由函数 $\boldsymbol{\Phi}\left(\mu x, \sqrt{\mu} y, \sqrt{\mu} z, \tau = t - \dfrac{x}{c_0}\right)$ 描述,其中 μ 为小值。这意味着研究了 x 方向传播的波,并且波场在横向的变化比纵向的变化快。在式(2.60)中更改为如下变量:

$$x' = \mu x$$
$$y' = \sqrt{\mu} y$$
$$z' = \sqrt{\mu} z$$
$$\tau = t - \frac{x}{c_0} \tag{2.88}$$

并保留 μ、$\boldsymbol{\Phi}$ 和 b 的二阶小项,在返回变量 x、y、z 后我们得到

$$\frac{\partial}{\partial \tau}\left[\frac{\beta}{c_0^2}\left(\frac{\partial \boldsymbol{\Phi}}{\partial \tau}\right)^2 + \frac{b}{\rho_0 c_0^2}\frac{\partial^2 \boldsymbol{\Phi}}{\partial \tau^2} - 2c_0 \frac{\partial^2 \boldsymbol{\Phi}}{\partial x^2}\right] = -c_0^2\left(\frac{\partial^2 \boldsymbol{\Phi}}{\partial y^2} + \frac{\partial^2 \boldsymbol{\Phi}}{\partial z^2}\right) \tag{2.89}$$

令

$$v \equiv v_x = -\frac{\partial \boldsymbol{\Phi}}{\partial x} = \frac{1}{c_0}\frac{\partial \boldsymbol{\Phi}}{\partial \tau} + o(\mu^2) \tag{2.90}$$

我们由式(2.89)得到用于描述非线性有界声束中声场的 KZK 方程(扎博洛茨卡亚和霍赫洛夫,1969 年;库兹涅佐夫,1971 年):

$$\frac{\partial}{\partial \tau}\left(\frac{\partial v}{\partial x} - \frac{\beta}{c_0^2}v\frac{\partial v}{\partial \tau} - \frac{b}{2\rho_0 c_0^3}\frac{\partial^2 v}{\partial \tau^2}\right) = \frac{c_0}{2}\left(\frac{\partial^2 v}{\partial y^2} + \frac{\partial^2 v}{\partial z^2}\right) \tag{2.91}$$

KZK 方程的形式[式(2.91)]适用于边值问题。类似于伯格斯方程的不同形式,我们将给出一种适用于初值问题的 KZK 方程形式。做如下替换:

$$\xi = x - c_0 t \tag{2.92}$$
$$y' = \sqrt{\mu} y \tag{2.93}$$
$$z' = \sqrt{\mu} z \tag{2.94}$$
$$t' = \mu t \tag{2.95}$$

并且令[记住 $\boldsymbol{\Phi}$ 为 $o(\mu)$ 这一点]

$$v \equiv v_x = -\frac{\partial \boldsymbol{\Phi}}{\partial \xi} + o(\mu^2) \tag{2.96}$$

我们得到

$$\frac{\partial}{\partial \xi}\left(\frac{\partial v}{\partial t} + \beta v\frac{\partial v}{\partial \xi} - \frac{b}{2\rho_0}\frac{\partial^2 v}{\partial \xi^2}\right) = -\frac{c_0}{2}\left(\frac{\partial^2 v}{\partial y^2} + \frac{\partial^2 v}{\partial z^2}\right) \tag{2.97}$$

第3章 非线性声学基本方法

上一章推导的非线性声学波动方程通常不能精确求解。然而,伯格斯方程(2.71)和(2.79)具有精确解,因此无耗散特殊情况下的伯格斯方程也有精确解,其称为黎曼方程。本章将讨论黎曼方程和伯格斯方程的一般求解方法。

3.1 黎曼波动方程求解方法

3.1.1 黎曼波动方程的物理解释

通过令 $b=0$ 忽略耗散效应,非线性声波传播的最简单模型由式(2.71)或式(2.79)得出。如果在纳维-斯托克斯方程(2.13)中引入这种简化,我们就得到了欧拉流体动力学方程。19 世纪中叶,黎曼(1860 年)利用现在称为特征和黎曼不变量的概念,发展了这些非线性方程的一般求解方法。因此,本章研究的波称为黎曼波。

在 $b=0$ 的情况下,我们从伯格斯方程(2.79)初值条件的形式开始:

$$\frac{\partial v}{\partial t}+\beta v\,\frac{\partial v}{\partial \xi}=0 \tag{3.1}$$

方程(3.1)称为黎曼方程。为了使其物理解释更加清晰,我们使用变量 $x=c_0 t+\xi$ 和 t [参见式(2.78)]将其写作

$$\frac{\partial v}{\partial t}+(c_0+\beta v)\,\frac{\partial v}{\partial x}=0 \tag{3.2}$$

v 的总时间导数为

$$\frac{\mathrm{d}v}{\mathrm{d}t}=\frac{\partial v}{\partial t}+\frac{\partial v}{\partial x}\frac{\mathrm{d}x}{\mathrm{d}t} \tag{3.3}$$

通过比较式(3.2)和式(3.3)我们发现,(x,t) 平面中曲线上的速度 v 是恒定的,由如下导数给出:

$$\frac{\mathrm{d}x}{\mathrm{d}t}=c_0+\beta v(x,t) \tag{3.4}$$

这些曲线称为特性曲线。黎曼不变量(v)在这些曲线上是恒定的,由式(3.4)可明显看出这些曲线是直线。在惠特姆(1974 年)的著作中,结合气体动力学中的非线性方程组,对特性曲线和黎曼不变量的概念进行了更广泛的讨论。

现在我们将看到,非扩散非线性流体中平面行波的速度是声速 c 和质点速度 v 之和。

为此,我们写出比率 c^2/c_0^2,其中 c 是扰动流体中的声速:

$$\frac{c^2}{c_0^2} = \frac{\left(\frac{\partial p}{\partial \rho}\right)_S}{\left[\left(\frac{\partial p}{\partial \rho}\right)_S\right]_{\rho=\rho_0}}$$

$$= \frac{\left[\left(\frac{\partial p}{\partial \rho}\right)_S\right]_{\rho=\rho_0} + (\rho-\rho_0)\left[\left(\frac{\partial^2 p}{\partial \rho^2}\right)_S\right]_{\rho=\rho_0} + \cdots}{\left[\left(\frac{\partial p}{\partial \rho}\right)_S\right]_{\rho=\rho_0}} \tag{3.5}$$

$$= 1 + \frac{B}{A}\frac{\rho-\rho_0}{\rho_0} + \cdots \tag{3.6}$$

其中,我们使用了式(2.64)和式(2.65)。取式(3.6)的平方根进行二项式展开,并使用线性关系(皮尔斯,1981 年)

$$\frac{\rho-\rho_0}{\rho_0} = \frac{v}{c_0} \tag{3.7}$$

得到

$$c = c_0 + \frac{B}{2A}v = c_0 + \frac{\gamma-1}{2}v \tag{3.8}$$

其中,使用了式(2.66)。使用式(3.8)和式(2.72)得到属于平面行波质点速度 v[参见式(3.4)]的传播速度 $\dfrac{\mathrm{d}x}{\mathrm{d}t}\bigg|_v$ 为

$$\frac{\mathrm{d}x}{\mathrm{d}t}\bigg|_v = c_0 + \beta v = c + v \tag{3.9}$$

这是预设的结果。

3.1.2　连续波解

由于以下考虑更具一般性,我们改变符号并注意到方程(3.1)是一般非线性方程的特殊情况

$$\rho_t + c(\rho)\rho_x = 0 \tag{3.10}$$

其中,ρ_t、ρ_x 代表偏导数;$c(\rho)$ 是 ρ 的任意函数。如果方程(3.10)的左侧是关于 x 或 t 的导数,则该方程可被积分。这就是沿(x,t)平面上某些曲线求导的情况。沿曲线 $x(t)$,ρ 相对于 t 的导数为

$$\frac{\mathrm{d}\rho(x,t)}{\mathrm{d}t} = \frac{\partial \rho}{\partial x}\frac{\mathrm{d}x}{\mathrm{d}t} + \frac{\partial \rho}{\partial t} \tag{3.11}$$

比较方程(3.10)和(3.11)我们可用下式沿平面(x,t)上的每条曲线求导:

$$\frac{\mathrm{d}x}{\mathrm{d}t} = c[\rho(x,t)] \tag{3.12}$$

方程(3.10)的左侧是一个全导数。我们称满足式(3.10)的曲线为 C。在曲线 C 上，如下关系是有效的：

$$\frac{\mathrm{d}\rho}{\mathrm{d}t}=0 \tag{3.13}$$

$$\frac{\mathrm{d}x}{\mathrm{d}t}=c(\rho) \tag{3.14}$$

根据式(3.13)，在 C 上 ρ 是恒定的。方程(3.14)则告诉我们，$\dfrac{\mathrm{d}x}{\mathrm{d}t}$ 即曲线 C 的斜率是恒定的，因此曲线 C 在平面 (x,t) 上是直线。我们现在规定初始条件

$$\rho=f(x), t=0, -\infty<x<\infty \tag{3.15}$$

假设曲线 C 在 $t=0$ 时刻于点 $x=\xi$ 处过 x 轴。因为 ρ 在曲线 C 上是常数，常数 ρ 值必须为 $\rho=f(\xi)$。曲线的斜率是 $c[f(\xi)]$，在这个函数中我们使用简写的符号 $F(\xi)$。直线 C 有以下方程：

$$x=\xi+c[f(\xi)]t=\xi+F(\xi)t \tag{3.16}$$

其中，函数 $F(\xi)$ 是已知的，因此可在一个 (x,t) 图中构造曲线 C。它们就是特征曲线。现在，满足初始条件[式(3.15)]的解[式(3.10)]可写为

$$\rho=f(\xi) \tag{3.17}$$

其中，ξ 通过方程(3.16)以 x 和 t 函数的形式隐式给出。式(3.17)是式(3.10)的一个解的证明是直截了当的。导数 ρ_t 和 ρ_x 为

$$\rho_t=f'(\xi)\xi_t \tag{3.18}$$

$$\rho_x=f'(\xi)\xi_x \tag{3.19}$$

其中，ξ_t 和 ξ_x 通过式(3.16)的隐式求导获得：

$$0=\xi_t+F'(\xi)\xi_t t+F(\xi) \tag{3.20}$$

$$1=\xi_x+F'(\xi)\xi_x t \tag{3.21}$$

将由式(3.20)和式(3.21)得到的 ξ_t 和 ξ_x 代入式(3.18)式(3.19)，得到 ρ_t 和 ρ_x 的表达式：

$$\rho_t=-\frac{F(\xi)f'(\xi)}{1+F'(\xi)t} \tag{3.22}$$

$$\rho_x=\frac{f'(\xi)}{1+F'(\xi)t} \tag{3.23}$$

由于 $F(\xi)=c(\rho)$，从式(3.22)和式(3.23)可以看出，式(3.17)给出了式(3.10)的解。

式(3.16)给出的直线 C 通常具有不同的斜率。因此，它们必将相互交叉，这意味着在平面 (x,t) 的某些点上 ρ 值是不唯一的。对于足够大的 t 值，以 x 为变量的密度 $\rho(x,t)$ 为多值的现象可用时间差为 t 的两个不同时刻的波形来说明（图3.1）。

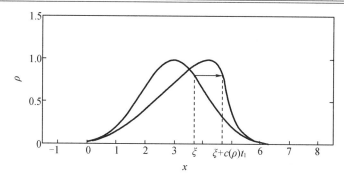

图 3.1 $t=0$ 和 $t=t_1$ 两时刻 $\rho(x)$ 的波形

3.1.3 冲击波解

从式(3.13)和式(3.14)很容易发现,通过将波形上的每个点向右移动距离 $c(\rho)t$,t 时刻的波形可从 $t=0$ 时刻的波形构造出来。因此,通常 $c(\rho)$ 是 ρ 的递增函数,ρ 越大的点向右移动的距离越远。这意味着波形发生变形,如式(3.22)和式(3.23)所示,ρ_x 和 ρ_t 在下式条件下变为无穷大:

$$t = -\frac{1}{F'(\xi)} \tag{3.24}$$

对于 t 大于式(3.24)的情况,波形如图 3.2 所示,这意味着对于某些范围内的 x 值,有三个 ρ 值对应于同一 x 值,例如图 3.2 中 $x=6$ 左右的位置。

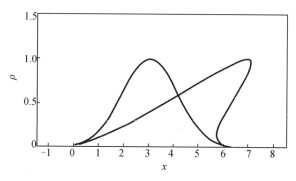

图 3.2 $t > -1/F'(\xi)$ 的波形

这是一种不可能的物理状况,因此应该改变该数学模型。然而,如果我们允许解中存在不连续,就不需要改变物理模型式(3.10)。相反,我们可以用 ρ 的一个突变(一个不连续冲击)来代替图 3.3 所示类型波形中不可接受的部分。

为了确定冲击的速度和位置,我们假设方程(3.10)描述了以速度 $v(x,t)$ 移动的连续质量分布 $\rho(x,t)$。通量 $q(x,t)$ 定义为

$$q = \rho v \tag{3.25}$$

从而 $q(x,t)$ 是一维介质中单位时间通过点 x 的质量。我们假设质量是守恒的,这意味着在

区间 $x_1 < x < x_2$ 中,质量的变化必须等于净流入或净流出,即

$$\frac{\mathrm{d}}{\mathrm{d}t} \int_{x_1}^{x_2} \rho(x,t) \mathrm{d}x = q(x_1,t) - q(x_2,t) \tag{3.26}$$

对于 $x_2 \to x_1$,我们得到

$$\frac{\partial \rho}{\partial t} + \frac{\partial q}{\partial x} = 0 \tag{3.27}$$

其中,导数假定为连续的。q 和 ρ 间的一种函数关系为

$$q = Q(\rho) \tag{3.28}$$

因此,由

$$c(\rho) = Q'(\rho) \tag{3.29}$$

得到了式(3.10)所描述的简单的波动问题。当依照图 3.3 无解时,使式(3.27)成立的 ρ 和 q 的可导性以及式(3.28)中不连续的 q 和 ρ 的关系必会受到质疑。然而,以式(3.26)积分形式表示的质量守恒仍然有效。现在,我们在 ρ 中引入一个间断,换句话说,在 $x = x_{sh}$ 处引入一个冲击,并假设 $x_{sh}(t)$ 位于 x_1 和 x_2 之间。由式(3.26)我们得到

$$q(x_2,t) - q(x_1,t) = \frac{\mathrm{d}}{\mathrm{d}t} \int_{x_1}^{x_{sh}(t)} \rho(x,t) \mathrm{d}x + \frac{\mathrm{d}}{\mathrm{d}t} \int_{x_{sh}(t)}^{x_2} \rho(x,t) \mathrm{d}t$$

$$= \rho(x_{sh}^-,t) \dot{x}_{sh} - \rho(x_{sh}^+,t) \dot{x}_{sh} + \int_{x_1}^{x_{sh}(t)} \rho_t(x,t) \mathrm{d}x + \int_{x_{sh}(t)}^{x_2} \rho_t(x,t) \mathrm{d}x$$

$$\tag{3.30}$$

因为 ρ_t 在式(3.30)的两个区间内都有界,如果 $x_1 \to x_2$,我们得到

$$q(x_{sh}^-,t) - q(x_{sh}^+,t) = [\rho(x_{sh}^-,t) - \rho(x_{sh}^+,t)] \dot{x}_{sh} \tag{3.31}$$

如果 $v_{sh} \equiv \dot{x}_{sh}$ 是间断处的速度,冲击左边变量的值用"1"表示,右边变量的值用"2"表示,由式(3.31)我们得到兰金-胡戈尼奥关系(兰金,1870 年;胡戈尼奥,1887 年,1889 年)

$$q_2 - q_1 = v_{sh}(\rho_2 - \rho_1) \tag{3.32}$$

由动量和能量守恒得出了另外两个兰金-胡戈尼奥关系(皮尔斯,1981 年)。因此,在极限

$$\frac{\rho_2 - \rho_1}{\rho_1} \to 0 \tag{3.33}$$

条件下,冲击速度 v_{sh} 接近式(3.29)给出的特征速度 $c(\rho)$。利用式(3.32)和式(3.28),v_{sh} 的泰勒展开为

$$v_{sh} = \frac{1}{\rho_2 - \rho_1} \left[(\rho_2 - \rho_1) Q'(\rho_1) + \frac{1}{2}(\rho_2 - \rho_1)^2 Q''(\rho_1) + \cdots \right] \tag{3.34}$$

由式(3.29)我们也可有泰勒展开式

$$c(\rho_2) = c(\rho_1) + (\rho_2 - \rho_1) Q''(\rho_1) \tag{3.35}$$

比较式(3.34)与式(3.35)得出

$$v_{sh} = \frac{1}{2}(c_1 + c_2) + O[(\rho_2 - \rho_1)^2] \tag{3.36}$$

在所谓的弱冲击近似

$$\frac{\rho_2-\rho_1}{\rho_1} \leqslant 1 \tag{3.37}$$

条件下,冲击速度是该冲击两侧特征速度的平均值。

3.1.4　等面积法则

现在,我们将找到一个简单的方法来构造冲击的位置 x_{sh},该冲击源于式(3.16)条件下方程(3.10)的解[式(3.17)]的多值性。对于足够大的 t 值,该解在区间 $x_a < x < x_b$ 内变为多值,如图 3.3 所示。在 $x = x_{sh}$ 处施加不连续性,使函数 ρ 变得唯一。

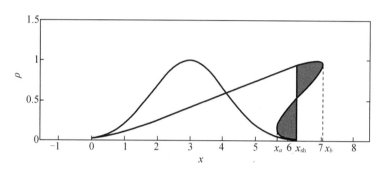

图 3.3　以不连续代替图 3.2 中 $\rho(x)$ 的多值部分

我们将给出"等面积法则",这意味着位置 x_{sh} 使图 3.3 中的两阴影面积相等。阴影面积 $A(t)$ 表示为

$$A(t) = -\int(x - x_{sh})\,\mathrm{d}\rho = -\int_{\xi_-(t)}^{\xi_+(t)}\left[x(\xi,t) - x_{sh}(t)\right]\frac{\mathrm{d}f(\xi)}{\mathrm{d}\xi}\mathrm{d}\xi \tag{3.38}$$

其中,ξ_+ 和 ξ_- 是根据式(3.16)给出的冲击位置的两个 ξ 值:

$$x_{sh} = \xi_- + F(\xi_-)t = \xi_+ + F(\xi_+)t \tag{3.39}$$

方程(3.39)表达了这样的事实,尽管 $f(\xi)$ 是一个单值函数,但是函数 $\rho(x,t) = f[\xi(x,t)]$ 对于给定的 t 值是 x 的多值函数,因为对应于 ξ_+ 和 ξ_- 的 x 值,x_{sh} 具有不同的 $f(\xi)$ 值。现在,我们利用式(3.16)计算式(3.38)的导数 $\mathrm{d}A/\mathrm{d}t$:

$$\begin{aligned}\frac{\mathrm{d}A}{\mathrm{d}t} &= -\int_{\xi_-(t)}^{\xi_+(t)}\left[\frac{\partial x(\xi,t)}{\partial t} - \frac{\mathrm{d}x_{sh}(t)}{\mathrm{d}t}\right]\frac{\mathrm{d}f(\xi)}{\mathrm{d}\xi}\mathrm{d}\xi \\ &= -\int_{\xi_-(t)}^{\xi_+(t)}\left[F(\xi) - \frac{\mathrm{d}x_{sh}(t)}{\mathrm{d}t}\right]\frac{\mathrm{d}f(\xi)}{\mathrm{d}\xi}\mathrm{d}\xi\end{aligned} \tag{3.40}$$

依据式(3.29)有

$$F(\xi) = c[f(\xi)] = Q'[f(\xi)] \tag{3.41}$$

由式(3.40)的积分我们得到方程

$$\frac{\mathrm{d}A}{\mathrm{d}t} = -Q[f(\xi_+)] + Q[f(\xi_-)] + \frac{\mathrm{d}x_{sh}(t)}{\mathrm{d}t}[f(\xi_+) - f(\xi_-)] \tag{3.42}$$

由于

$$v_{\mathrm{sh}} = \frac{\mathrm{d}x_{\mathrm{sh}}(t)}{\mathrm{d}t} \qquad (3.43)$$

比较式(3.42)和式(3.32)得出

$$\frac{\mathrm{d}A}{\mathrm{d}t} = 0 \qquad (3.44)$$

然而,在第一次出现不连续时 $A(t) = 0$。因此,对于所有的 t, $A(t) = 0$,并且图3.3中的等面积法则得到了验证。

如果将式(3.10)转换为另一种形式,则可给出一个比图3.3所展示的更易于使用的等面积法则形式。将式(3.10)乘以 $c'(\rho)$ 我们发现

$$c_t + cc_x = 0 \qquad (3.45)$$

若忽略二阶导数项,该方程与伯格斯方程(2.79)基本相同。然后,对于初始值问题,我们得到黎曼方程:

$$\frac{\partial v}{\partial t} + \beta v \frac{\partial v}{\partial \xi} = 0 \qquad (3.46)$$

我们假设 c 是 ρ 的递减函数,即 $c'(\rho) < 0$。与图3.3对应的图形如图3.4所示。

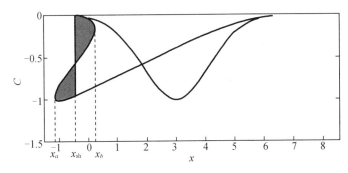

图3.4 用不连续性替换 $c(x)$ 的多值部分

$A(t) = 0$ 时的等面积法则式(3.38)也适用于式(3.45)的解

$$c = F(\xi) \qquad (3.47)$$

ξ 由式(3.16)给出。因此,我们由式(3.38)和式(3.47)得到

$$0 = -\int_{\xi_-(t)}^{\xi_+(t)} \left[x(\xi, t) - x_{\mathrm{sh}}(t) \right] \frac{\mathrm{d}F(\xi)}{\mathrm{d}\xi} \mathrm{d}\xi \qquad (3.48)$$

因为被积函数的括号项在极限中消失了,式(3.48)的部分积分给出

$$0 = -\int_{\xi_-(t)}^{\xi_+(t)} \frac{\partial x(\xi, t)}{\partial \xi} F(\xi) \mathrm{d}\xi \qquad (3.49)$$

利用式(3.16),我们由式(3.49)得到

$$0 = -\int_{\xi_-(t)}^{\xi_+(t)} \left[1 + F'(\xi)t \right] F(\xi) \mathrm{d}\xi \qquad (3.50)$$

即

$$\int_{\xi_-(t)}^{\xi_+(t)} F(\xi) \mathrm{d}\xi = -\frac{1}{2} t \left[F^2(\xi_+) - F^2(\xi_-) \right] \qquad (3.51)$$

由于根据式(3.39)得到

$$\left[\,F(\xi_+)-F(\xi_-)\,\right]t=\xi_--\xi_+ \tag{3.52}$$

我们从式(3.51)得到(c,ξ)平面上等面积法则的表达式

$$\int_{\xi_-(t)}^{\xi_+(t)}F(\xi)\,\mathrm{d}\xi=\frac{1}{2}(\xi_+-\xi_-)\left[\,F(\xi_+)+F(\xi_-)\,\right] \tag{3.53}$$

图 3.5 给出了方程(3.53)的几何表示形式。

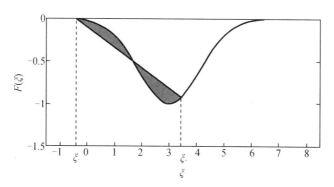

图 3.5　式(3.53)中 $F(\xi)$ 的等面积法则

我们注意到,在式(3.53)的推导过程中使用了 $c=F(\xi)$ 既是因变量又是特征速度的事实。微分方程(3.45)的这一性质使得式(3.50)的积分成为可能。罗特(1978 年,1980 年)的研究使用了拉格朗日坐标对 x_{sh} 和 v_{sh} 进行了修正。

3.1.5　由面积差预测波动特性

下面将描述适用于一般边界条件的时域解,其不是严格的正脉冲或严格的负脉冲。分析边界条件正负部分的面积差,可对波的长期行为特性进行定性预测。

选择黎曼方程的无量纲方程形式[参见式(2.76),其中 $\epsilon=0$]:

$$\frac{\partial V}{\partial \sigma}-V\frac{\partial V}{\partial \theta}=0 \tag{3.54}$$

对于边界条件

$$V(\sigma=0,\theta)=V_0(\theta) \tag{3.55}$$

一种形式的解为

$$V(\sigma,\theta)=V_0\left[\,\theta_{\mathrm{m}}(\sigma,\theta)\,\right] \tag{3.56}$$

其中,$\theta_{\mathrm{m}}(\sigma,\theta)$隐式地定义为如下方程的解 θ_0:

$$\theta=\theta_0-\sigma V_0(\theta_0) \tag{3.57}$$

另一种形式的解由式(3.56)和式(3.57)给出:

$$V(\sigma,\theta)=\frac{\theta_{\mathrm{m}}-\theta}{\sigma} \tag{3.58}$$

其中,θ_{m} 也由式(3.57)给出。

观察边界条件正负部分的面积,发现存在预测黎曼方程定性演化的一般方法(诺维科夫,1978 年)。比较负导数零点(无冲击零点)间边界条件[式(3.55)]的面积(积分),可以看出波动行为的主要特征。这些面积差被表示为 ΔA。对于黎曼波,面积差 $\Delta A(\sigma)$ 为常数,$\Delta A(\sigma)=\Delta A_0$。现在,将从黎曼方程(3.54)开始,将其写作:

$$V_\sigma - VV_\theta = 0 \tag{3.59}$$

设 $\theta_n(n=1,2,\cdots)$ 为 $V=0$ 的位置,并在两个零点间积分(图 3.6):

$$\int_{\theta_n}^{\theta_{n+1}} (V_\sigma - VV_\theta)\,\mathrm{d}\theta = 0 \tag{3.60}$$

假设没有任何来自外部的冲击:

$$\int_{\theta_n}^{\theta_{n+1}} V_\sigma\,\mathrm{d}\theta = \frac{\mathrm{d}}{\mathrm{d}\sigma}\int_{\theta_n}^{\theta_{n+1}} V\,\mathrm{d}\theta = \frac{\mathrm{d}}{\mathrm{d}\sigma}\Delta A(\sigma,n) \tag{3.61}$$

$$\int_{\theta_n}^{\theta_{n+1}} VV_\theta\,\mathrm{d}\theta = \left[VV \right]_{\theta_n}^{\theta_{n+1}} = 0 \tag{3.62}$$

方程(3.60)~方程(3.62)给出

$$\frac{\mathrm{d}}{\mathrm{d}\sigma}\Delta A(\sigma,n) = 0 \rightarrow \Delta A(\sigma,n) = \Delta A_0(n) = 常数 \tag{3.63}$$

因为这些面积差是常量,所以从边界条件获得它们是容易的,见图 3.6。图 3.7 给出了一个图形示例。如果位于具有正导数的零点(冲击零点),则各 $\Delta A_0(n)$ 描述的是冲击的速度,并且未来的波形可被估计(古尔巴托夫和赫德伯格,1998 年)。正 $A_0(n)$ 将向左移动,负 $A_0(n)$ 将向右移动。振幅越大,移动速度越快,并且当发生碰撞时振幅值被叠加在一起。例如,当碰撞时,具有相等振幅 ΔA_0 的一个正冲击和一个负冲击相遇时将相互抵消,剩余的冲击将保持不变。

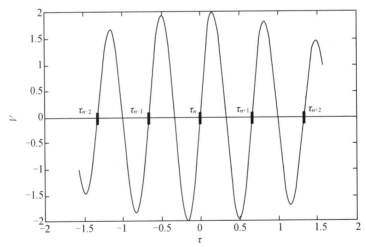

图 3.6 为获得面积差 ΔA_0,在边界条件[式(3.55)]中 $V_0(\theta)$ 的零点 θ_n 间进行积分

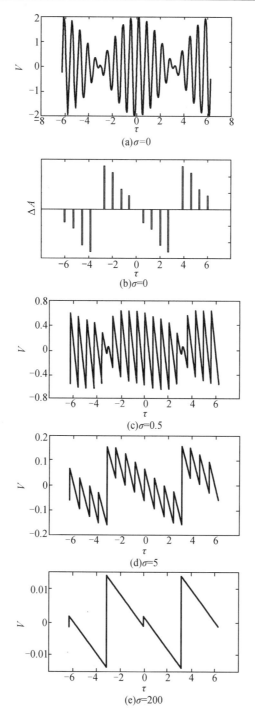

图 3.7　面积差 ΔA_0 帮助预测波发展的示例:$V_0 = \sin 9\theta + \sin 10\theta$

注意,这些图并不能预测冲击的幅度,只能预测冲击的速度。因此,静止不动的冲击将不会出现在 ΔA_0 图中。

3.2 伯格斯方程的精确解

虽然在许多情况下上一节讨论的黎曼方程都是有用的非线性声波传播模型,但当关注声波传播的耗散效应时,则需要一个更好的模型。这个模型就是伯格斯方程,本节将给出平面波的伯格斯方程精确解。这样就避免了黎曼方程的不连续性。在这一节的最后,将伯格斯方程用于零黏性的极限情况,以获得零扩散波的替代公式。

3.2.1 伯格斯方程的科尔–霍普夫解

均匀耗散介质中平面波的非线性方程是伯格斯方程,已在式(2.76)中给出,在此重写如下:

$$\frac{\partial V}{\partial \sigma} - V \frac{\partial V}{\partial \theta} - \epsilon \frac{\partial^2 V}{\partial \theta^2} = 0 \qquad (3.64)$$

方程(3.64)可转换为线性方程。如果我们从等价线性方程[即热传导方程,见式(3.65)]开始,该转换是最容易理解的:

$$\frac{\partial U}{\partial \sigma} = \epsilon \frac{\partial^2 U}{\partial \theta^2} \qquad (3.65)$$

在式(3.65)中,我们尝试以下形式的解:

$$U = C \exp\left(\frac{1}{2\epsilon} \int_0^\theta V(\sigma, \theta') \, \mathrm{d}\theta' \right) \qquad (3.66)$$

对式(3.66)求导得出

$$\frac{\partial U}{\partial \sigma} = \frac{C}{2\epsilon} \int_0^\theta \frac{\partial V}{\partial \sigma} \mathrm{d}\theta' \exp\left(\frac{1}{2\epsilon} \int_0^\theta V \mathrm{d}\theta' \right) \qquad (3.67)$$

$$\frac{\partial U}{\partial \theta} = \frac{C}{2\epsilon} V \exp\left(\frac{1}{2\epsilon} \int_0^\theta V \mathrm{d}\theta' \right) \qquad (3.68)$$

$$\frac{\partial^2 U}{\partial \theta^2} = \left(\frac{C}{2\epsilon} \frac{\partial V}{\partial \theta} + \frac{C}{4\epsilon^2} V^2 \right) \exp\left(\frac{1}{2\epsilon} \int_0^\theta V \mathrm{d}\theta' \right) \qquad (3.69)$$

将式(3.67)和式(3.69)代入式(3.65)得出

$$\int_0^\theta \frac{\partial V}{\partial \sigma} \mathrm{d}\theta' = \epsilon \frac{\partial V}{\partial \theta} + \frac{1}{2} V^2 \qquad (3.70)$$

将式(3.70)对 θ 求导得出伯格斯方程(2.76)。因此,转换式(3.66)旨在将式(2.76)中 θ 导数的两个因式改写为单个 θ 的二阶导数。通过式(3.66)使非线性方程(2.76)线性化,得到

$$V = 2\epsilon \frac{\frac{\partial U}{\partial \theta}}{U} = 2\epsilon \frac{\partial}{\partial \theta} (\ln U) \qquad (3.71)$$

此转换由霍普夫(1950 年)和科尔(1951 年)建立。为了求出 $\sigma = 0$ 时给定边界条件 V 下伯格斯方程(2.76)的解,通过式(3.66)将该边界条件变换为 U 上的边界条件。然后,用

以下边界条件求解热传导方程(3.65):

$$U(\sigma=0,\theta)=U_0(\theta) \tag{3.72}$$

热传导方程(3.66)的解可通过分离变量得到:

$$U(\sigma,\theta)=S(\sigma)T(\theta) \tag{3.73}$$

将式(3.73)代入式(3.65)得出

$$\frac{\mathrm{d}S}{\mathrm{d}\sigma}\frac{1}{S}=\epsilon\frac{\mathrm{d}^2T}{\mathrm{d}\theta^2}\frac{1}{T} \tag{3.74}$$

由于式(3.74)的分子仅分别依赖于 σ 和 θ,它们必须等于同一个常数,我们称之为 $-\epsilon k^2$。因此,每个 k 值给出一个解

$$U_k(\sigma,\theta)=c_kS_k(\sigma)T_k(\theta) \tag{3.75}$$

其中, c_k 是常数,并且

$$S_k=\mathrm{e}^{-\epsilon k^2\sigma} \tag{3.76}$$

$$T_k=\mathrm{e}^{\mathrm{i}k\theta} \tag{3.77}$$

式(3.65)的通解可写成求和的形式:

$$U=\sum_{k=-\infty}^{\infty}c_kS_kT_k \tag{3.78}$$

或积分形式:

$$U(\sigma,\theta)=\int_{-\infty}^{\infty}c(k)\,\mathrm{e}^{\mathrm{i}k\theta-\epsilon k^2\sigma}\mathrm{d}k \tag{3.79}$$

在积分形式的式(3.79)中,我们通过式(3.72)的边界条件确定函数 $c(k)$。将式(3.72)代入式(3.78),并利用傅里叶逆变换可得

$$c(k)=\frac{1}{2\pi}\int_{-\infty}^{\infty}U_0(\theta')\,\mathrm{e}^{-\mathrm{i}k\theta'}\mathrm{d}\theta' \tag{3.80}$$

将式(3.80)代入式(3.79)并计算 k 的积分,得到

$$U(\sigma,\theta)=\frac{1}{2\sqrt{\pi\epsilon\sigma}}\int_{-\infty}^{\infty}U_0(\theta')\,\mathrm{e}^{-\frac{(\theta-\theta')^2}{4\epsilon\sigma}}\mathrm{d}\theta' \tag{3.81}$$

给定伯格斯方程(2.76)的一个边界条件

$$V(\sigma=0,\theta)=V_0(\theta) \tag{3.82}$$

代入式(3.81)的 U_0 可由式(3.66)得到。

另一种表示式(3.65)解的方式是傅里叶级数。这种表示形式适用于边界条件是周期性的,式(3.78)写为

$$U(\sigma,\theta)=\sum_{k=0}^{\infty}A_k\mathrm{e}^{-\epsilon k^2\sigma}\cos k\theta \tag{3.83}$$

除了式(3.82)的边界条件,还需要 $\sigma>0$ 时的周期性条件:

$$V(\sigma,\theta=0)=V(\sigma,\theta=\pi)=0 \tag{3.84}$$

条件式(3.82)和式(3.84)通过式(3.66)和式(3.68)给出了关于 $U(\sigma,\theta)$ 的以下条件:

$$U(\sigma=0,\theta)=U_0(\theta)=C\exp\left[\frac{1}{2\epsilon}\int_0^{\theta}V_0(\theta')\mathrm{d}\theta'\right] \tag{3.85}$$

$$U_\theta(\sigma,\theta=0)=U_\theta(\sigma,\theta=\pi)=0 \tag{3.86}$$

傅里叶展开式(3.83)满足式(3.86)的条件。式(3.83)中的系数 A_k 可由式(3.85)

确定：

$$A_0 = \frac{1}{\pi}\int_0^\pi U_0(\theta)\,\mathrm{d}\theta = \frac{C}{\pi}\int_0^\pi \exp\left[\frac{1}{2\epsilon}\int_0^\theta V_0(\theta')\,\mathrm{d}\theta'\right]\mathrm{d}\theta \tag{3.87}$$

$$A_k = \frac{2}{\pi}\int_0^\pi U_0(\theta)\cos k\theta\,\mathrm{d}\theta$$

$$= \frac{2C}{\pi}\int_0^\pi \exp\left[\frac{1}{2\epsilon}\int_0^\theta V_0(\theta')\,\mathrm{d}\theta'\right]\cos k\theta\,\mathrm{d}\theta, \quad k = 1,2,3,\cdots \tag{3.88}$$

利用式(3.87)或式(3.88)以及式(3.81)和式(3.83)，可由式(3.71)知道给定边界条件下伯格斯方程的精确解。然而，这些解虽然精确，但具有令人不满意的形式。

利用式(3.65)、式(3.81)和式(3.85)，通过科尔-霍普夫变换式(3.71)得到的伯格斯方程(3.64)的解为

$$V = 2\epsilon\frac{\partial}{\partial\theta}\left(\ln\left\{\frac{C}{2\sqrt{\pi\epsilon\sigma}}\int_{-\infty}^\infty \exp\left[F(\theta')\right]\mathrm{d}\theta'\right\}\right)$$

$$= \frac{2\epsilon\left[\displaystyle\int_{-\infty}^\infty \frac{\partial F}{\partial\theta}\mathrm{e}^{F(\theta')}\,\mathrm{d}\theta'\right]}{\displaystyle\int_{-\infty}^\infty \mathrm{e}^{F(\theta')}\,\mathrm{d}\theta'}$$

$$= \frac{\displaystyle\int_{-\infty}^\infty \frac{\theta'-\theta}{\sigma}\mathrm{e}^{F(\theta')}\,\mathrm{d}\theta'}{\displaystyle\int_{-\infty}^\infty \mathrm{e}^{F(\theta')}\,\mathrm{d}\theta'} \tag{3.89}$$

其中

$$F(\theta') = \frac{1}{2\epsilon}\left[\int^{\theta'} V_0(\theta'')\,\mathrm{d}\theta'' - \frac{(\theta'-\theta)^2}{2\sigma}\right] \tag{3.90}$$

在对边界处给出的不同波形的演变进行讨论时，我们将尝试从式(3.71)中获得更简单的近似解。

3.2.2 无扩散伯格斯方程

观察式(3.90)条件下伯格斯方程(3.64)的解式(3.89)的形式。由于指数变化很大，对积分的主要贡献来自函数 F 的最大值附近。在任何特定的时间点 θ，通常只需要一个最大值。这种情况下，鞍点法通过在最大值附近逼近函数给出了非常好的结果。

在无扩散的情况下，设 $\epsilon\to 0$，根据鞍点法(或最速下降法)(本德和奥斯扎格，1978 年)，对积分的总贡献来自 $F(\theta')$ 最大值处的点 θ_0：$\mathrm{Max}\{F(\theta')\} = F(\theta_0)$。于是，在任意特定距离 σ 和时间 θ 一个鞍点可对解进行描述。式(3.89)中的分数可放在积分前面，然后相互抵消，则

$$V(\theta,\sigma) = \frac{\theta_0-\theta}{\sigma} \tag{3.91}$$

因为 $F(\theta')$ 的最大值等于 $F(\theta_0)$，由下式给出：

$$\frac{\mathrm{d}F(\theta')}{\mathrm{d}\theta'} = 0 \tag{3.92}$$

我们由式(3.90)得到

$$\frac{\partial F}{\partial \theta'} = \frac{1}{2\epsilon}\left(V_0 - \frac{\theta' - \theta}{\sigma}\right) = 0 \tag{3.93}$$

这将使

$$V_0(\theta_0) = \frac{\theta_0 - \theta}{\sigma} = V(\theta, \sigma) \tag{3.94}$$

其中,后边的等式来自式(3.91)。这是消掉 ϵ 的伯格斯方程的解。

现在可将其与 $\epsilon = 0$ 的相应方程(黎曼方程)的解进行比较,这里用与伯格斯方程(2.76)相同的无量纲变量写为

$$\frac{\partial V}{\partial \sigma} - V\frac{\partial V}{\partial \theta} = 0 \tag{3.95}$$

最直接的方法是将式(3.94)代入式(3.95),来观察这是否能够精确地求解出方程。利用式(3.94)我们进行如下求导:

$$\frac{\partial V}{\partial \sigma} = \frac{\partial V_0}{\partial \theta_0}\frac{\partial \theta_0}{\partial \sigma} \tag{3.96}$$

$$\frac{\partial V}{\partial \theta} = \frac{\partial V_0}{\partial \theta_0}\frac{\partial \theta_0}{\partial \theta} \tag{3.97}$$

将式(3.94)后边的等式写为

$$\theta_0 = \theta + \sigma V(\theta, \sigma) \tag{3.98}$$

我们发现如下导数:

$$\frac{\partial \theta_0}{\partial \sigma} = V(\sigma, \theta) + \sigma\frac{\partial V}{\partial \sigma} \tag{3.99}$$

$$\frac{\partial \theta_0}{\partial \theta} = 1 + \sigma\frac{\partial V}{\partial \theta} \tag{3.100}$$

将式(3.99)代入式(3.96),并将式(3.100)代入式(3.97),我们用由式(3.82)的边界条件可知的函数 $\dfrac{\partial V_0}{\partial \theta_0}$ 计算导数 $\dfrac{\partial V}{\partial \sigma}$ 和 $\dfrac{\partial V}{\partial \theta}$:

$$\frac{\partial V}{\partial \sigma} = V\frac{\partial V_0}{\partial \theta_0}\frac{1}{1 - \sigma\dfrac{\partial V_0}{\partial \theta_0}} \tag{3.101}$$

$$\frac{\partial V}{\partial \theta} = \frac{\partial V_0}{\partial \theta_0}\frac{1}{1 - \sigma\dfrac{\partial V_0}{\partial \theta_0}} \tag{3.102}$$

从式(3.101)和式(3.102)我们发现,式(3.95)被式(3.94)精确求解。无扩散情况与零扩散的情况相同。

第4章 零扩散和无扩散非线性波

在上一章中,我们针对任意原始波形提出了黎曼方程求解方法。该方法得出了预测冲击波形演变的一般规则。在本章中,这些规则将被应用于特定波形,即短脉冲、正弦波和多频波。

4.1 短 脉 冲

4.1.1 三角脉冲

现在,使用式(3.53)形式的等面积法则,依据黎曼波动方程(3.45)研究短脉冲的演变,这里改写为

$$c_t + cc_x = 0 \tag{4.1}$$

我们假设初始脉冲是

$$c(x,0) = F(x) \tag{4.2}$$

其中,对于 $x < -l$ 和 $x > 0$,$F(x) = c_0$。

由于 $\xi_- < -l$ 并且 $F(\xi_-) = c_0$(图 4.1),等面积法则式(3.53)可写成

$$\frac{1}{2}(c_0 + F(\xi_+))(\xi_+ - \xi_-) = \int_{\xi_-(t)}^{\xi_+(t)} F(\xi)\,\mathrm{d}\xi \tag{4.3}$$

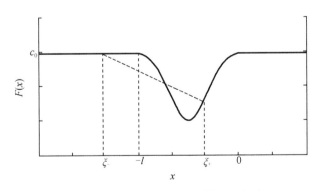

图 4.1 式(4.3)中 $F(x)$ 的等面积法则

将式(4.3)与下式结合

$$c_0(\xi_+ - \xi_-) = \int_{\xi_-(t)}^{\xi_+(t)} c_0 \mathrm{d}\xi \tag{4.4}$$

我们得到

$$\frac{1}{2}(c_0 - F(\xi_+))(\xi_+ - \xi_-) = \int_{-l}^{\xi_+(t)} (c_0 - F(\xi))\mathrm{d}\xi \tag{4.5}$$

其中,我们用$-l$替换了等号右侧积分的下限ξ_-。可进行如此替换是因为$\xi_- < -l$以及$\xi < -l$时$F(\xi) = c_0$。使用由式(3.39)得到的

$$t = \frac{\xi_+ - \xi_-}{c_0 - F(\xi_+)} \tag{4.6}$$

我们改写式(4.5)为

$$\frac{1}{2}[c_0 - F(\xi_+)]^2 t = \int_{-l}^{\xi_+(t)} [c_0 - F(\xi)]\mathrm{d}\xi \tag{4.7}$$

不连续点$x_{sh}(t)$的位置和不连续点右侧$c(x,t)$的值c_+由以下两式给出:

$$x_{sh}(t) = \xi_+ + F(\xi_+)t \tag{4.8}$$

$$c_+ = F(\xi_+) \tag{4.9}$$

其中,$\xi_+(t)$可由式(4.7)中得到。当t接近无穷大、ξ_+接近零时,由式(4.7)得到

$$F(\xi_+) \approx c_0 - \sqrt{\frac{2A}{t}} \tag{4.10}$$

其中,A是低于$F(\xi)$的值c_0的凹陷面积:

$$A = \int_{-l}^{0} (c_0 - F(\xi))\mathrm{d}\xi \tag{4.11}$$

使用式(4.10)和$F(\xi_+) \to c_0$,我们得到了式(4.8)和式(4.9)在t接近无穷大时的渐近形式:

$$x_{sh}(t) \approx c_0 t - \sqrt{2At} \tag{4.12}$$

$$c_+ - c_0 = -\sqrt{\frac{2A}{t}} \tag{4.13}$$

间断点右侧的解$c(x,t)$由式(3.47)和式(3.16)给出,其中

$$\xi_+ < \xi < 0 \tag{4.14}$$

由于当$t \to \infty$时$\xi_+ \to 0$,满足不等式(4.14)的ξ值也趋近于零,因此由式(3.16)和式(3.47)我们得到

$$c \approx \frac{x}{t} \quad t \to \infty \tag{4.15}$$

根据式(4.15)以及下式

$$c_+ < c < c_0 \tag{4.16}$$

对于间断点右侧解$c(x,t)$的凹陷,我们从式(4.13)得到结果:

$$c_0 t - \sqrt{2At} < x < c_0 t \tag{4.17}$$

渐近解如图4.2所示。

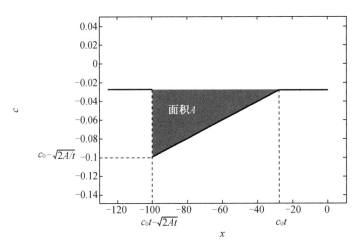

图 4.2 初始脉冲条件下式(3.45)的渐近解

可以看出,初始脉冲式(4.2)中的整个波形结构在渐近脉冲中都消失了。

特姆金和马克西姆(1985 年)对三角声脉冲的非线性变长进行了理论和实验研究。惠特姆(1974 年)更广泛地计算了简单短脉冲的演变。

4.1.2 N 波

以上对短三角脉冲的分析可以很容易地扩展到 N 波,其因与字母 N 相似而得名。第 5 章和第 6 章将对它们进行更广泛的研究。在此之前,我们对式(3.45)中的变量进行如下更改:

$$C = c - c_0 \tag{4.18}$$

$$y = x - c_0 t \tag{4.19}$$

得到

$$C_t + C C_y = 0 \tag{4.20}$$

对于 $y \to -y$、$C \to -C$ 的替换,式(4.20)是不变的,因此由图 4.3 所示的 N 波进行求解。下一步是通过缩放使变量无量纲化。无量纲变量为

$$T = \frac{t}{t_0} \tag{4.21}$$

$$X = \frac{y}{y_0} \tag{4.22}$$

$$V = \frac{C t_0}{y_0} \tag{4.23}$$

其中,t_0 是图 4.3 中三角脉冲对应的时刻,完全由初始扰动式(4.2)发展而来,而 y_0 由下式给出:

$$y_0 = \sqrt{2 A t_0} \tag{4.24}$$

其中,A 是三角脉冲下方的面积。无量纲方程

$$\frac{\partial V}{\partial T} + V\frac{\partial V}{\partial X} = 0 \tag{4.25}$$

有 N 波解 $V = V_0(X,T)$,表示为

$$V_0(X,T) = \frac{X}{T}, \quad |X| < T^{\frac{1}{2}} \tag{4.26}$$

$$V_0(X,T) = 0, \quad |X| > T^{\frac{1}{2}} \tag{4.27}$$

并满足初始条件

$$V_0(X,1) = X, \quad |X| < 1 \tag{4.28}$$

$$V_0(X,1) = 0, \quad |X| > 1 \tag{4.29}$$

式(4.25)的 N 波解如图 4.4 所示。

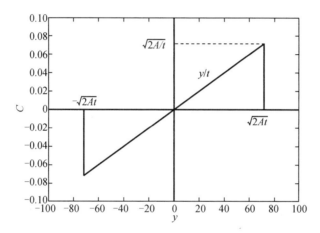

图 4.3　式(4.20)的 N 波解

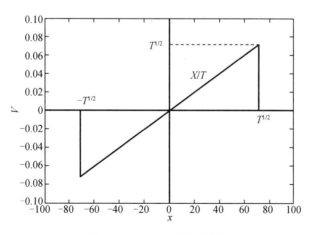

图 4.4　式(4.25)的 N 波解

由于变换式(4.18)和式(4.19)以及式(4.21)~式(4.24),$X<0$ 时的解式(4.26)和式(4.27)与图 4.2 中给出的式(4.17)极限间三角脉冲解[式(4.15)]相同。

如果以边界条件代替初始条件,则通过使用黎曼波动方程(3.45)[式(2.79)忽略二阶导数项]对初始短脉冲发展成三角波或 N 波的演变进行的研究,可以同样很好地使用忽略二阶导数项的伯格斯方程(2.71)完成。如古尔巴托夫、恩弗洛和帕斯马尼克(1999 年)给出,N 波是任意零均值有限脉冲的最终波形。

4.2　正　弦　波

4.2.1　连续解

现在,将黎曼波[式(3.10)]的解式(3.16)和式(3.17)用于研究充满均匀无损流体的长管末端产生的强平面正弦波的演变。后一个假设意味着我们的模型方程是不含二阶导数项的式(2.71):

$$\frac{\partial v}{\partial x}-\frac{\beta}{c_0^2}v\frac{\partial v}{\partial \tau}=0 \qquad (4.30)$$

其中,$\tau=t-x/c_0$。

由于 $x=0$ 时 $\tau=t$,边界条件

$$v(x=0,t)=v_0\sin \omega t \qquad (4.31)$$

可表示为

$$v(x=0,\tau)=v_0\sin \omega \tau \qquad (4.32)$$

由于式(4.30)是式(3.10)的特例,且自变量(x,t)被(x,τ)替换,具有边界条件式(4.32)的方程(4.30)的解可类似于式(3.16)和式(3.17),写为

$$v=v_0\sin \omega \boldsymbol{\Phi} \qquad (4.33)$$

其中,$\boldsymbol{\Phi}$ 由下式给出:

$$\boldsymbol{\Phi}=\tau+\frac{\beta v}{c_0^2}x \qquad (4.34)$$

式(4.30)中空间和时间变量的互换[参见式(3.10)]意味着式(3.16)中的局域波速 c 已被式(4.34)中的局域"迟缓" $=(\beta v)/c_0^2$ 代替。

在讨论式(4.33)和式(4.34)的分析发展之前,我们将以图形方式对其进行处理。由式(4.33)和式(4.34),v 被隐式地给出为

$$v=v_0\sin\omega\left(\tau+\frac{\beta v}{c_0^2}x\right) \qquad (4.35)$$

如果方程改写为

$$\omega\tau=\arcsin \frac{v}{v_0}-\sigma \frac{v}{v_0} \qquad (4.36)$$

则更容易给出式(4.35)的图形表示。其中,σ 被定义为

$$\sigma = \frac{\omega \beta v_0}{c_0^2} x \qquad (4.37)$$

图 4.5 用图形的形式分析了函数 $\omega \tau (v/v_0)$(鲁坚科和索卢扬,1977 年)。

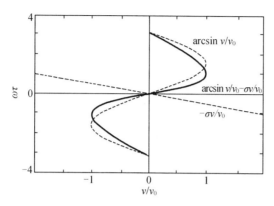

图 4.5　式(4.36)的图形表示

直线 $-\sigma v/v_0$ 的斜率随着 σ 值的增加而增大,直到函数 $v(\omega \tau)/v_0$ 开始出现不连续。这发生在 $\sigma = 1$ 时,因为对于 $\sigma = 1$,$\omega \tau$ 原点处对 v/v_0 的导数变为零。本节稍后将研究 $\sigma > 1$ 的不连续解。

4.2.2　贝塞尔-富比尼解

现在我们将推导出求解式(4.35)更显式的表达式,即贝塞尔-富比尼方程。

v/v_0 对 $\omega \tau$ 的隐式依赖可显式地表示为傅里叶级数:

$$\frac{v}{v_0} = \sum_{n=1}^{\infty} B_n(\sigma) \sin n\omega \tau \qquad (4.38)$$

其中,傅里叶系数 $B_n(\sigma)$ 由下式给出:

$$B_n = \frac{2}{\pi} \int_0^{\pi} \frac{v}{v_0} \sin n\omega \tau \mathrm{d}(\omega \tau) \qquad (4.39)$$

在积分式(4.39)中,我们进行替换:

$$\xi = \omega \tau + \sigma \frac{v}{v_0} \qquad (4.40)$$

其中,根据式(4.35)和式(4.37),给出

$$\frac{v}{v_0} = \sin \xi \qquad (4.41)$$

由式(4.40)和式(4.41)得到

$$\omega \tau = \xi - \sigma \sin \xi \qquad (4.42)$$

对式(4.39)进行部分积分并使用式(4.41)和式(4.42),得到

$$B_n = \frac{2}{\pi} \int_0^{\pi} \sin \xi \sin n\omega \tau \mathrm{d}(\omega \tau)$$

$$= -\left(\frac{2}{n\pi}\sin \xi \cos n\omega\tau\right)\Bigg|_{\omega\tau=0}^{\omega\tau=\pi} + \frac{2}{n\pi}\int_0^\pi \cos \xi \cos[n(\xi - \sigma\sin \xi)]\mathrm{d}\xi$$

$$= \frac{2}{n\pi}\int_0^\pi \frac{1}{2}\{\cos[(n+1)\xi - n\sigma\sin \xi] + \cos[(n-1)\xi - n\sigma\sin \xi]\}\mathrm{d}\xi$$

$$= \frac{1}{n}[\mathrm{J}_{n+1}(n\sigma) + \mathrm{J}_{n-1}(n\sigma)]$$

$$= \frac{2}{n\sigma}\mathrm{J}_n(n\sigma) \tag{4.43}$$

其中,我们使用了众所周知的整数阶贝塞尔函数积分

$$\mathrm{J}_n(z) = \frac{1}{\pi}\int_0^\pi \cos(n\xi - z\sin \xi)\mathrm{d}\xi \tag{4.44}$$

以及贝塞尔函数的递归关系

$$\mathrm{J}_{n+1}(z) = \frac{2n}{z}\mathrm{J}_n(z) - \mathrm{J}_{n-1}(z) \tag{4.45}$$

因此,级数式(4.38)变为

$$\frac{v}{v_0} = 2\sum_{n=1}^\infty \frac{\mathrm{J}_n(n\sigma)}{n\sigma}\sin n\omega\tau \tag{4.46}$$

并称其为贝塞尔-富比尼方程(富比尼-吉龙,1935 年;布莱克斯托克,1962 年)。只有当隐式解[式(4.35)]唯一时,即对于 $\sigma < 1$,该式才是有效的。变换式(4.42)直接表明,式(4.46)在 $\sigma > 1$ 时是无效的,因为 $\omega\tau$ 的区间$(0,\pi)$与 ξ 的区间$(0,\pi)$不对应。

班塔(1965 年)给出了贝塞尔-富比尼方程的另一种推导。卡里(1971 年)对球面发散波形的贝塞尔-富比尼解进行了修正。

4.2.3　锯齿解

对于 $\sigma > 1$,式(4.41)和式(4.42)在 $\omega\tau = 0$ 处不连续。如果记

$$\frac{v}{v_0} = V \tag{4.47}$$

则式(4.30)可在 $\omega\tau = \theta$ 的条件下写成无量纲形式。于是 $\epsilon = 0$ 时式(2.76)为

$$\frac{\partial V}{\partial \sigma} - V\frac{\partial V}{\partial \theta} = 0 \tag{4.48}$$

如果不连续的位置是$(\sigma, \theta_{\mathrm{sh}})$,那么与式(3.36)类似,有

$$\frac{\mathrm{d}\theta_{\mathrm{sh}}}{\mathrm{d}\sigma} = -\frac{1}{2}(V_1 + V_2) \tag{4.49}$$

其中,V_1 和 V_2 分别是特定 σ 值条件下 θ_{sh} 左右两侧的 V 值。类似于式(3.39),由式(4.42)得到

$$\theta_{\mathrm{sh}} = \xi_1 - \sigma\sin \xi_1 = \xi_2 - \sigma\sin \xi_2 \tag{4.50}$$

或

$$\theta_{\mathrm{sh}} = \arcsin V_1 - \sigma V_1 = \arcsin V_2 - \sigma V_2 \tag{4.51}$$

当 $\theta_{\mathrm{sh}} = 0$ 时,可由式(4.49)得到

$$V_1 = -V_2 \tag{4.52}$$

其中,根据式(4.51),振幅 V_2 由下式确定:

$$V_2 = \sin \sigma V_2 \tag{4.53}$$

对于 $\sigma<1$,方程(4.53)只有平凡解 $V_2=0$,这意味着根据式(4.52),式(4.48)的解是连续的。对于 $\sigma>1$,冲击振幅 V_2 大于 0。为了获得解析解,我们必须假设 $\sigma\gg1$,在此假设下,将导出一个不连续解。如果令

$$p = \sigma V_2 \tag{4.54}$$

式(4.53)变为

$$p = \sigma\sin p \tag{4.55}$$

我们从式(4.55)中发现,当 $\sigma\gg1$ 时 $\sin p\ll1$,因此,p 接近 π。写为

$$p = \pi-\delta, \quad \delta\ll1 \tag{4.56}$$

式(4.55)可以写成

$$\pi-\delta = \sigma\sin \delta\approx\sigma\delta \tag{4.57}$$

因此

$$\delta = \frac{\pi}{1+\sigma}, \quad \sigma\gg1 \tag{4.58}$$

$$V_2 = \frac{\pi-\delta}{\sigma} = \frac{\pi}{1+\sigma}, \quad \sigma\gg1 \tag{4.59}$$

从式(4.40)、式(4.41)和式(4.47)我们得到 θ 的隐式函数 V:

$$V = \sin(\theta+\sigma V) \tag{4.60}$$

对于大的 σ,函数 $V(\theta)$ 可用一条直线近似。这条线在不连续点的左侧 $(-\pi<\theta<0)$ 和右侧 $(0<\theta<\pi)$ 不同。令

$$V = \frac{\pi-\theta}{1+\sigma}, \quad 0<\theta<\pi, \quad \sigma\gg1 \tag{4.61}$$

在式(4.60)中我们发现,等号右侧变为 $\sin\left(\theta+\sigma\dfrac{\pi-\theta}{1+\sigma}\right) = \sin\left[\pi-\left(\theta+\sigma\dfrac{\pi-\theta}{1+\sigma}\right)\right] = \sin\left(\dfrac{\pi-\theta}{1+\sigma}\right)$。因此,$\theta$ 的值越接近 π,近似效果越好。类似地,V 在不连续点左侧的如下线性近似是有效的:

$$V = -\frac{\pi+\theta}{1+\sigma}, \quad -\pi<\theta<0, \quad \sigma\gg1 \tag{4.62}$$

表达式(4.61)和(4.62)描述了一个充分发育的锯齿波,如图 4.6 所示。对于 $\sigma>1$(但不趋于无穷大),锯齿波并未完全发育,但仍有一些波动结构保留在斜线上,而冲击总是不连续的。

对于未完全发育的锯齿波,可将其表示为类似于贝塞尔-富比尼公式(4.46)的傅里叶展开。为此,我们计算了展开式(4.38)中的傅里叶系数 $B_n(\sigma)$;使用式(4.41),我们首先得到与 $\sigma<1$ 的情况[见式(4.43)]类似的结果:

$$B_n = \frac{2}{\pi}\int_0^\pi V\sin n\theta\mathrm{d}\theta$$

$$= \frac{2}{\pi} \int_0^\pi \sin \xi \sin n\theta \mathrm{d}\theta$$

$$= \frac{2}{n\pi} (- \sin \xi \cos n\theta)_{\theta=0}^{\theta=\pi} + \frac{2}{n\pi} \int_{\theta=0}^{\theta=\pi} \cos n\theta \cos \xi \mathrm{d}\xi \qquad (4.63)$$

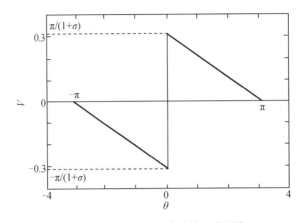

图 4.6　充分发育锯齿波的一个周期

在 $\sigma > 1$ 的情况下,我们发现由式(4.42)和式(4.53)得到函数 $\xi(\theta)$:

$$\xi(\pi) = \pi \qquad (4.64)$$

$$\xi(0) = \xi_{\min} = \sigma V_2 \qquad (4.65)$$

将式(4.64)、式(4.65)和式(4.42)代入式(4.63)我们得到

$$B_n = \frac{2}{n\pi} \sin \xi_{\min} + \frac{2}{n\pi\sigma} \int_{\theta=0}^{\theta=\pi} \cos n\theta (\mathrm{d}\xi - \mathrm{d}\theta) \qquad (4.66)$$

由于只有 $\mathrm{d}\xi$ 上的积分对式(4.66)有贡献,由式(4.42)获得表达式(布莱克斯托克,1966 年)

$$B_n = \frac{2}{n\pi} V_2 + \frac{2}{n\pi\sigma} \int_{\xi_{\min}}^\pi \cos n(\xi - \sigma \sin \xi) \mathrm{d}\xi \qquad (4.67)$$

其中,V_2 由式(4.53)给出,$\xi_{\min}$ 由式(4.65)给出。

从式(4.59)可以发现,由于极限

$$\xi_{\min} \to \pi \quad \sigma \to \infty \qquad (4.68)$$

因此我们得到

$$B_n = \frac{2}{n\pi} V_2 = \frac{2}{n(1+\sigma)} \qquad (4.69)$$

这是众所周知的锯齿解式(4.61)和式(4.62)的傅里叶展开系数。式(4.67)给出了整个 σ 区域中展开式(4.38)傅里叶系数的计算,在这一区域中锯齿项(第 1 项)和贝塞尔-富比尼项(第 2 项)都很重要。

鲁坚科(1995 年)的文章中讨论了锯齿波的多个方面。特姆金(1969[a,b])用更简单的数学方法研究了不同几何形状的锯齿波。鲁坚科和霍赫洛娃(1991 年)讨论了随机锯齿波。

4.2.4 单鞍点法

现将给出一种用于求解方程(4.48)的方法,其结果在形式上与式(4.67)不同,但在数值上相同。它基于鞍点法(见第 3.2.2 节)。

下面给出了单频边界条件的两种等效变形,其不同之处仅在于通过式(3.90)获得函数 F 的时间 θ 的偏移:

$$V_0 = \sin\theta \Rightarrow \tag{4.70}$$

$$F(\theta') = \frac{1}{2\epsilon}\left[-\cos\theta' - \frac{(\theta-\theta')^2}{2\sigma}\right] \tag{4.71}$$

$$V_0 = -\sin\theta \Rightarrow \tag{4.72}$$

$$F(\theta') = \frac{1}{2\epsilon}\left[\cos\theta' - \frac{(\theta-\theta')^2}{2\sigma}\right] \tag{4.73}$$

由于非线性耗散比 ϵ 是小值($\epsilon \ll 1$),指数 F 将具有显著的极大值。这一特性非常适合鞍点法(见第 3.2.2 节),基于对这类积分的主要贡献来自指数极大值附近区域的事实。从式(4.71)我们观察到,在 $\theta'=0$ 周围有两个对称的极大值,但对于式(4.73),在 $\theta'=0$ 处有一个极大值,如图 4.7 所示。

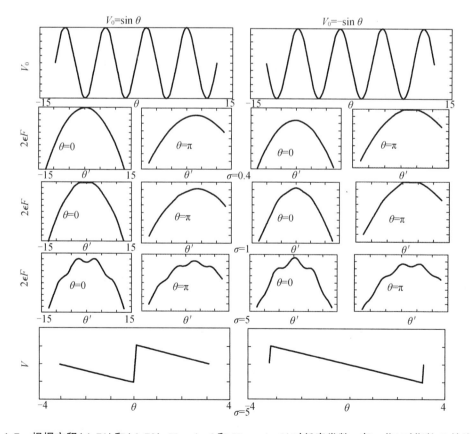

图 4.7 根据方程(4.71)和(4.73),$V_0 = \sin\theta$ 和 $V_0 = -\sin\theta$(对任意常数 ϵ 归一化)时指数 F 的比较

当 $V_0 = \sin \theta$ 时,需要两个不同的极大值,这从一定距离后 $\theta = 0$ 时出现冲击可以看出。对于 $V_0 = -\sin \theta$,冲击位于 $\pm\pi$ 处,并且只需要一个极大值来描述 $[-\pi:\pi]$ 内的间隔。但端点不在这个间隔内,结果只是一条没有冲击的连续线。每个周期只有一个极大值。

鞍点是指数 F 的极大值点。极大值的条件是

$$F'(\theta_0) = 0 \tag{4.74}$$

由式(4.71)和式(4.73)可得

$$\sin \theta_0 + \frac{\theta - \theta_0}{\sigma} = 0 \tag{4.75}$$

$$-\sin \theta_0 + \frac{\theta - \theta_0}{\sigma} = 0 \tag{4.76}$$

θ_0 附近的级数展开为

$$F(\theta') \sim F(\theta_0) + \frac{(\theta_0 - \theta')^2}{2} F''(\theta_0) \tag{4.77}$$

对于大的 σ,$[-\infty, \infty]$ 区间内式(4.71)和式(4.73)存在大量 $F(\theta')$ 的极大值,但随着平方项的增大,即距区间 $[-\pi, \pi]$ 中 θ 越远,仅有接近 0 的极大值是值得关注的。但 σ 的不断增大抵消了这一现象。

如果耗散 ϵ 不等于零,即使在冲击形成之后,原则上也存在关于整个信号的信息。不幸的是,很难提取这些信息。为了在冲击形成后保留波的足够信息,原则上必须包括所有鞍点。

当耗散不等于零时,波的任何部分都不能仅由一个鞍点来描述。所有鞍点在不同程度上影响波的所有部分。因此,解中包含耗散参数 ϵ 的项预计是不正确的。事实上,它只会在最初被写出来,之后就会被忽略。

总而言之,当耗散为零时,所有距离上只有一个鞍点可以充分描述单频解。只有在冲击形成之前,零耗散的多频解才能被描述。

通过式(3.89)和式(4.73),边界条件[①]

$$V_0 = -\sin \theta \tag{4.78}$$

给出忽略耗散 ϵ 的解

$$V(\sigma, \theta) = -\sin \theta_0 \tag{4.79}$$

其中 $\theta_0(\sigma, \theta)$ 由式(4.76)得到:

$$\theta_0 + \sigma \sin \theta_0 = \theta \tag{4.80}$$

式(4.79)与式(4.60)相同,并将零扩散解保持到持续存在的冲击区域。

式(4.79)的傅里叶展开为

$$V(\sigma, \theta) = \sum_{m=1}^{\infty} d_m \sin m\theta \tag{4.81}$$

$$d_m = \frac{1}{\pi} \int_0^{\theta = \pi} (-\sin \theta_0) \sin m\theta \mathrm{d}\theta$$

---

① 我们应关注边界条件 $V_0 = \sin \theta$,而不是关注区间 $[0, 2\pi]$。重要的是将冲击保持在区间的端点处,而不是区间内。

$$= -\frac{1}{\pi}\int_0^{\theta_0=\pi}\sin\theta_0\sin m(\theta_0+\sigma\sin\theta_0)(\mathrm{d}\theta_0+\sigma\cos\theta_0\mathrm{d}\theta_0) \tag{4.82}$$

$$= -\frac{1}{\pi}\left(I_{m-1,m}-I_{m+1,m}+\frac{\sigma}{2}I_{m-2,m}-\frac{\sigma}{2}I_{m+2,m}\right) \tag{4.83}$$

图 4.8 所示为根据式(4.79),距离 $\sigma=0,0.5,1,2,20$ 处由 $V_0=-\sin\theta$ 发育形成的波。

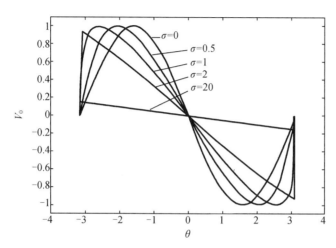

图 4.8　根据式(4.79),距离 $\sigma=0,0.5,1,2,20$ 处由 $V_0=-\sin\theta$ 发育形成的波

其中,$I_{n,m}$ 为不完全修正的贝塞尔函数

$$I_{n,m}=\int_0^{\theta=\pi}\sin\theta_0\sin m\theta\mathrm{d}\theta$$

$$=\{\mathrm{d}\theta=\mathrm{d}(\theta_0+\sigma\cos\theta_0)=\mathrm{d}\theta_0+\sigma\cos\theta_0\mathrm{d}\theta_0\}$$

$$=\int_0^{\theta_a}\cos[n\theta_0+\sigma m\sin\theta_0]\mathrm{d}\theta_0 \tag{4.84}$$

积分极限 θ_a 是通过求解式(4.80)的第一个大于 0 的根得到的:

$$\theta_a+\sigma\sin\theta_a=\theta=\pi \tag{4.85}$$

随着距离增加,θ_a 变得更小,如图 4.9 所示。

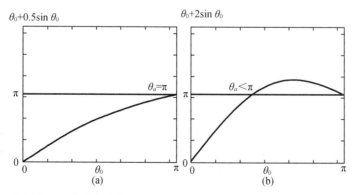

图 4.9　式(4.85)的解位于两曲线相交的 $\theta_0=\theta_a$ 处。$\sigma\leqslant1$ 时,如 $\sigma=0.5$[图(a)],有 $\theta_a=\pi$;$\sigma>1$ 时,如 $\sigma=2$[图(b)],θ_a 迅速减小

这个解的有效 σ 区域在理论上是没有限制的,除非在现实中总是有耗散。图 4.10 展示了前三次谐波的演变。

对于 $\sigma<1$,系数简化为

$$d_m = (-1)^m \frac{2}{m\sigma} \mathrm{J}_m(m\sigma) \tag{4.86}$$

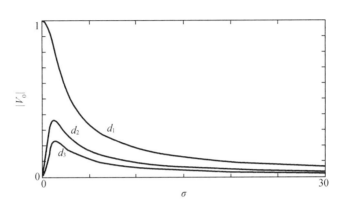

图 4.10　原始信号 $V_0 = -\sin\theta$ 的前三次谐波的绝对值

这是式(4.46)中的贝塞尔-富比尼系数 B_m,是从黎曼方程得到的。$(-1)^m$ 表示正负正弦差异。这可以用 $\sin\theta$ 到 $-\sin\theta$ 的变化等同于将时间轴移动 π 来解释。于是有 $\sin[m(\theta+\pi)] = \sin m\theta\cos m\pi + \sin m\pi\cos m\theta = \sin m\theta(-1)^m$(独特之处)。

当使用一个鞍点时,如何仅针对一个频率显式地获得傅里叶级数? 在图 4.11 中可以看到,冲击形成后一个鞍点的时域解是如何持续经过端点 $-\pi$ 和 π 的。

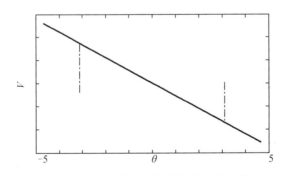

图 4.11　距离 $\sigma=8$ 处使用相同鞍点时的结果:波以直线形式穿过真正的冲击

这条直线的傅里叶展开包含的频率低于所述问题的最低频率。因此,这不是所述问题的解。但是对于单频,周期是已知的,并且通过引入傅里叶级数的方法,解可适应于真正的最低频率周期。对于更复杂的波,这是不可能的,需要求整个波的所有周期都要满足这种过程。

由式(4.79)以及 $\sin\theta_0 \to \theta_0$ 和 $\cos\theta_0 \to 1$,大距离上整个波的振幅为

$$V(\sigma,\theta) \approx -\frac{\theta}{1+\sigma} \tag{4.87}$$

这是式(4.61)和式(4.62)中也给出的锯齿形状。

当 $\sigma \gg 1$ 时,大距离上 d_m 可近似为具有以下系数的锯齿形状:

$$d_{m\_sawtooth} = (\pm 1)^m \frac{2}{m(1+\sigma)} \tag{4.88}$$

其中,加号对应 $V_0 = \sin\theta$,减号对应 $V_0 = -\sin\theta$,与式(4.81)的极限相对应。

在古尔巴托夫、马拉霍夫和赛切夫(1991 年)的著作以及在古尔巴托夫、恩弗洛和帕斯马尼克(1999 年)的论文中可以找到 $\epsilon \to 0$ 时鞍点法的其他使用实例。

4.2.5 时间反转法

若一个信号被接收,则时间反转的信号会被沿其到达的方向发射回去。事实证明,这项简单的技术在医学、水下通信、流体力学和材料分析方面均有所应用(芬克,1997 年)。当有效聚焦孔径更宽时,线性时间反转实验表明,多重散射介质在重聚焦方面是如何比均匀散射介质更好的,并且该方法对初始条件非常不敏感(德罗德、劳克斯和芬克,1995 年)。作为检测物体的一种方式,例如在水下(库珀曼、霍奇基斯、宋、阿卡尔、费尔拉和杰克逊,1998年)或医学超声中,三步的流程给出了特定点反射体的呈现。首先,一个脉冲被发射并被一个点反射。该信号于是被换能器阵列接收,时间反转并重新发射。这个新脉冲将集中在点反射体上,自动补偿介质中的不规则性(折射、模式转换和各向异性),从而产生强烈的响应(多尔姆和芬克,1995 年)。

线性非耗散波的时不变特性已受到了重视。在原始信号发射点处接收、时间反转、重新发射以及近乎原始波被接收时(杰克逊和道林,1991 年),这种不变性就表现出来了。当考虑耗散时,这种时间反转不变性被破坏,并且当存在非线性效应时,这种破坏程度肯定更高。在发射点接收的信号将不是原始信号。

非线性时间反转由赫德伯格(1997 年)提出,由布列舍夫、邦金、汉密尔顿、克鲁季扬斯基、坎宁安、普里奥布拉琴斯基、皮尔诺夫、斯塔霍夫斯基和杨豪斯(1998 年)实验证明,并由坎宁安、汉密尔顿、布莱塞夫和克鲁季扬斯基(2001 年)进行了数值模拟。

在第二种形式中,当测量某个特殊信号时,如果试图了解原始波,则可以使用时间反转法。

这不仅仅是一种时间反转。在第一种情况下,时间反转意味着测量的信号以相反的时间顺序通过传感器重新发射——先入后出。这是计算机中矢量(测量信号)反转形式的时间反转。因为在现实中使用,时间本身永远不会倒转。从换能器传播出去的信号聚焦在几乎通过任何衍射干涉产生的相同的点上。非线性和耗散将以信号离开换能器后无法被恢复的形式使信号产生失真。

在第二种情况下,试图找到原始波,计算在时间上后向进行。在求解方程过程中,我们让时间向负方向发展。这在理论上既可以补偿非线性和耗散退化,也可以补偿衍射。我们使用负方向的时间进行反向传播,并在有限的传播区域内恢复原始信号。在这个有限的传播区域之外,信息将从信号中丢失,并且原始信号只能通过一些假设才可能被恢复。

在下面的描述中,我们将研究一维非线性传播。既不考虑衍射也不考虑耗散。我们将研究纯非线性失真对信号的影响以及如何确定信号的来源。

这里将给出被测量波通过无耗散的非线性均匀介质时可传播的距离。如果假设一开始波是谐波,波的起点可被计算。在图 4.12 和图 4.13 中,由非线性时间反转中推断出的图形表示进行了解释。距离 $\sigma = 0$ 定义为波是正弦的位置。当在某点测量波时,虽然不知道波的起始位置,但我们可以说,波一定传播了其最长的距离,也就是若后向传播,该波会形成冲击。我们无法给出更多结论,因为波可能在测量之前就已经开始传播了。

在图 4.12 中,测得的波未形成冲击,而反向传播将给出原始波的确切波形。

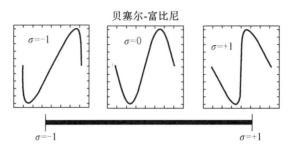

图 4.12 **冲击形成距离内前向和后向移动,对于某特定点波总是相同的。可使用贝塞尔-富比尼解适用的区间与非耗散波是连续的区间为同一区间**

当进入不连续区域时,如图 4.13 所示,原始波将不会通过反向传播重新生成。在波最远传播的时间间隔内,波可能向 $\sigma = -1$ 返回(图 4.12),然后再次向前,而不会失去更多的原始形状。波在一次冲击中失去了一部分,反向传播产生了一条直线的波,在该区域内无法提取任何可反映原始波的信息。它可能像图中那样保持直线,可能存在一个任意高度的尖峰,也可能是正弦曲线。若假设波的原始形状是正弦的,那么整个波可完全从没有受到冲击的部分精确地重建出来。事实上,如果波可用一个连续函数来描述,那么这些无冲击部分在理论上就包含了整个原始波的信息。声波的这些部分在冲击后随着距离的增加而减弱。当然,在现实中,衰减和有限的测量精度将使这些部分几乎无法提供远距离的实用信息。

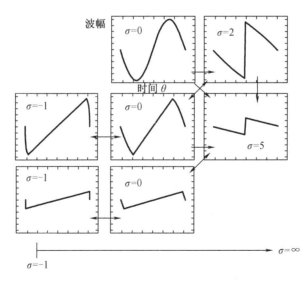

图 4.13 **前向传播:波的正斜率变陡并向冲击方向移动**

后向传播:负斜率变陡并向冲击方向移动,这限制了波可传播的最大距离,对于单个正弦波,该距离是 $\sigma = -1$。

4.3　调制黎曼波

从单频边界条件到多频,问题变得复杂。即使存在有助于获得解的短周期,也不会存在相同的短周期。我们得到的冲击具有不同的振幅,并且通常是不对称的。当冲击振幅不对称时,冲击将沿延迟的时间轴移动。几个冲击将以不同的速度移动。振源附近的频谱非常复杂,这是因为不断地产生现有多个频率的和频和差频。这意味着产生了更高和更低次谐波。冲击的数量随着它们的相互碰撞和融合而减少。

如果波是周期性的,那么在大距离处将最终存在一个波,该波的每个周期通常仅有一个冲击。那么在实践中(而不是在理论上)就不可能发现波是由简单边界条件产生还是由复杂边界条件产生。如果存在一个冲击,其形状将是规则的锯齿波。它可源自单个正弦波、具有两个频率的最后周期谐波较高的双频正弦波,或具有相同周期的任何其他波。对于某些周期性边界条件,两个或多个冲击将在此期间持续。

如果波不是周期的,例如,两频率的比率是不可度量的,那么永远都会存在相对运动的冲击波。

本节将主要讨论最简单的多频边界条件——双频——展示与多频有关的大多数现象。我们研究下式所示边界条件下波的演变:

$$V(\sigma = 0, \theta) = V_0 = a_1 \sin(b_1\theta + \phi_1) + a_2 \sin(b_2\theta + \phi_2) \tag{4.89}$$

4.3.1　双频边界条件的直接解法

首先,本节将推导冲击形成前有效的贝塞尔-富比尼解(富比尼-吉龙,1935 年)的一般形式。在式(4.89)中,做 $b_1\theta = u$ 和 $b_2\theta = v$ 的替换(现令 $\phi_1 = 0$ 和 $\phi_2 = 0$),于是

$$V_0(u, v) = a_1 \sin u + a_2 \sin v = \mathrm{Im}\{a_1 \mathrm{e}^{\mathrm{i}u} + a_2 \mathrm{e}^{\mathrm{i}v}\} \tag{4.90}$$

二维傅里叶级数形式的解为

$$V(\sigma, \theta) = \sum_{n=-\infty}^{\infty} \sum_{m=-\infty}^{\infty} c_{mn} \exp[\mathrm{i}(nu + mv)] \tag{4.91}$$

其中

$$c_{mn} = \frac{1}{4\pi^2} \int_{-\pi}^{\pi} \int_{-\pi}^{\pi} V(\sigma, u, v) \exp[-\mathrm{i}(nu + mv)] \mathrm{d}u \mathrm{d}v \tag{4.92}$$

根据下列各式,将变量从 $(u = b_1\theta, v = b_2\theta)$ 改为 $(\mu = b_1\theta_0, \nu = b_2\theta_0)$。

$$u = b_1\theta$$

由式(3.57)可知

$$u = b_1[\theta_0 - \sigma V_0(\mu, \nu)] = \mu - b_1\sigma \mathrm{Im}\{a_1 \mathrm{e}^{\mathrm{i}\mu} + a_2 \mathrm{e}^{\mathrm{i}\nu}\} \tag{4.93}$$

由式(3.57)可知

$$v = b_2 \theta$$

$$u = b_2 [\theta_0 - \sigma V_0(\mu, \nu)] = nu - b_2 \sigma \mathrm{Im}\{a_1 \mathrm{e}^{i\mu} + a_2 \mathrm{e}^{i\nu}\} \tag{4.94}$$

微分积得到

$$\mathrm{d}u\mathrm{d}v = \begin{vmatrix} \dfrac{\partial u}{\partial \mu} & \dfrac{\partial u}{\partial \nu} \\ \dfrac{\partial v}{\partial \mu} & \dfrac{\partial v}{\partial \nu} \end{vmatrix} \mathrm{d}\mu\mathrm{d}\nu$$

$$= 1 - \sigma [b_1 a_1 \mathrm{Im}(\mathrm{i}\mathrm{e}^{i\mu}) + b_2 a_2 \mathrm{Im}(\mathrm{i}\mathrm{e}^{i\nu})]\mathrm{d}\mu\mathrm{d}\nu \tag{4.95}$$

只要 $\theta_0(\theta)$、$\mu(u)$ 和 $\nu(v)$ 是单值函数,积分限的变换就很简单:

$$(u = \pi, v = \pi) \rightarrow (\mu = \pi, \nu = \pi) \tag{4.96}$$

$$(u = -\pi, v = -\pi) \rightarrow (\mu = -\pi, \nu = -\pi) \tag{4.97}$$

这些变换只在满足单值条件时才有效。

尽管是单值的,但幸运的是,积分是贝塞尔函数形式(霍希斯塔特,1971 年[207])

$$\mathrm{J}_n(z) = \frac{1}{2\pi} \int_{-\pi}^{\pi} \mathrm{e}^{\mathrm{i}(z\sin\gamma - n\gamma)} \mathrm{d}\gamma \tag{4.98}$$

这些贝塞尔函数可以通过以下两个关系式进行合并(霍希斯塔特,1971 年[208-209])

$$\mathrm{J}_{-n}(z) = (-1)^n \mathrm{J}_n(z) \tag{4.99}$$

$$\frac{2n}{z}\mathrm{J}_n(z) = \mathrm{J}_{n+1}(z) + \mathrm{J}_{n-1}(z) \tag{4.100}$$

由芬伦(1972 年)首次计算的,针对普通多频声源的最终结果为

$$V(\sigma, \theta) = \sum_{m=-\infty}^{\infty} \sum_{n=-\infty}^{\infty} \frac{\mathrm{J}_m[a_1\sigma(mb_1 + nb_2)]\mathrm{J}_n[a_2\sigma(mb_1 + nb_2)]}{\mathrm{i}(mb_1 + nb_2)\sigma} \times$$

$$\exp[\mathrm{i}m(b_1\theta + \phi_1) + \mathrm{i}n(b_2\theta + \phi_2)] \tag{4.101}$$

这个解是单一正弦波贝塞尔-富比尼解[式(4.46)]的一般形式,仅在点 σ_{sh} 之前有效(卡里,1973 年)

$$\sigma_{\mathrm{sh}} = \frac{1}{a_1 b_1 + a_1 b_2} \quad (\phi_1 = \phi_2 = 0) \tag{4.102}$$

其中,式(4.93)和式(4.94)变为多值,物理上是第一个冲击出现的距离。这改变了傅里叶积分中的积分区间,且贝塞尔函数不再具有代表性。

作为示例,对式(4.101)中差频 $\Delta = b_1 - b_2$ 的主要贡献(存在无穷多个高阶贡献,其中 $nb_1 + mb_2 = \Delta$,n 和 m 均为整数)是

$$V_\Delta = \frac{2}{\Delta\sigma}\mathrm{J}_1(a_1\Delta\sigma)\mathrm{J}_1(a_2\Delta\sigma)\sin\Delta\theta \tag{4.103}$$

当差频比原频小得多时,$\Delta \ll b_1 b_2$,刚开始时的增长几乎是线性的:

$$V_\Delta = \frac{a_1 a_2 \Delta\sigma}{2}\sin\Delta\theta \tag{4.104}$$

4.3.2 双频边界条件的单鞍点法

单鞍点法可从单个频率(见第 4.2.4 节)扩展到多个频率。在本节中,仅给出了双频边界条件。下面给出了双频边界条件的两种变形:

$$V_0 = a_1 \sin b_1\theta + a_2 \sin b_2\theta \Rightarrow F(\theta') = \frac{1}{2\epsilon}\left[-\frac{a_1}{b_1}\cos b_1\theta' - \frac{a_2}{b_2}\cos b_2\theta' - \frac{(\theta-\theta')^2}{2\sigma} \right] \quad (4.105)$$

$$V_0 = -a_1 \sin b_1\theta - a_2 \sin b_2\theta \Rightarrow F(\theta') = \frac{1}{2\epsilon}\left[\frac{a_1}{b_1}\cos b_1\theta' + \frac{a_2}{b_2}\cos b_2\theta' - \frac{(\theta-\theta')^2}{2\sigma} \right] \quad (4.106)$$

对于双频条件式(4.105)和式(4.106),存在一些具有不同值的极大值,并且这些值的差异比单频条件下更加突出。随着距离增加,这些极大值的影响也会改变。对于无耗散传播,具有影响的极大值越来越少,最后只需要一两个极大值来描述波。对于无耗散的情况,一次只考虑一个鞍点就足够了,因为 $\epsilon \to 0$ 时,对于任何给定的 θ 和 σ,只有最大的极大值对积分有贡献。随着距离增加,存在的极大值越来越少,极大值的消失意味着两个冲击波已经合并。这些局部单鞍点描述确实是不连续的,冲击也是如此。相反,当耗散不等于零时,波的任何部分都不能用一个鞍点精确描述。对于式(4.105)的条件,极大值的选择将取决于参数 a_1、a_2、b_1 和 b_2。对于式(4.106)的条件,仅需要一个极大值来描述非常远距离处的波,这就是 $\theta=0$ 时对应的波。在图 4.14 中可以发现,左侧波是如何在每个周期内具有两个相等的极大值,从而导致每个周期有两个冲击作为其最终形状,而图中右边的取负操作,使波的每个周期仅给出了一个冲击。

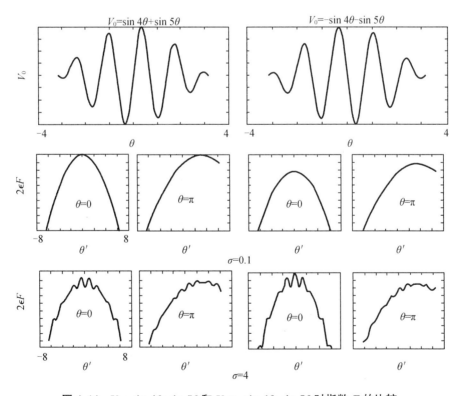

图 4.14 $V_0 = \sin 4\theta + \sin 5\theta$ 和 $V_0 = -\sin 4\theta - \sin 5\theta$ 时指数 F 的比较

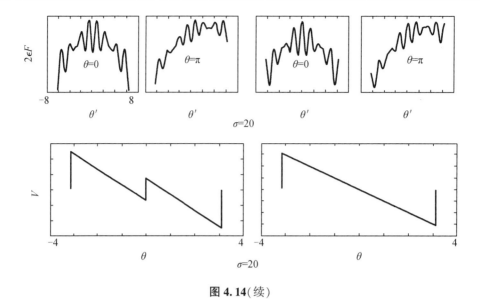

图 4.14(续)

从式(4.105)和式(4.106)可得

$$a_1 \sin b_1\theta_0 + a_2 \sin b_2\theta_0 + \frac{\theta-\theta_0}{\sigma} = 0 \qquad (4.107)$$

$$-a_1 \sin b_1\theta_0 - a_2 \sin b_2\theta_0 + \frac{\theta-\theta_0}{\sigma} = 0 \qquad (4.108)$$

忽略耗散并根据式(3.89)和式(4.106),由边界条件

$$V_0 = -a_1 \sin b_1\theta - a_2 \sin b_2\theta \qquad (4.109)$$

得出解为

$$V(\sigma,\theta) = -a_1 \sin b_1\theta_0 - a_2 \sin b_2\theta_0 \qquad (4.110)$$

其中,$\theta_0(\sigma,\theta)$由式(4.108)得到:

$$\theta_0 + \sigma a_1 \sin b_1\theta_0 + \sigma a_2 \sin b_2\theta_0 = \theta \qquad (4.111)$$

由式(4.110)得到的整个波形在图4.15中给出。

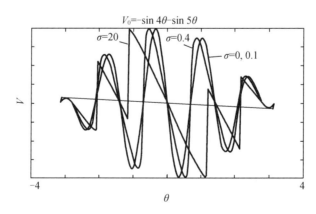

图 4.15 在距离 $\sigma=0,0.1,0.4,20$ 处由 $V_0 = -\sin 4\theta - \sin 5\theta$ 发展而来的波

式(4.110)的傅里叶展开为

$$V(\sigma,\theta) = \sum_{m=-\infty}^{\infty} \sum_{n=-\infty}^{\infty} c_{mn} \mathrm{e}^{\mathrm{i}(mb_1+nb_2)\theta} \tag{4.112}$$

其中,系数 c_{mn} 如下:

$$
\begin{aligned}
c_{mn} = -a_1 \Bigg[& \mathrm{I}_{u,m-1}(\mathrm{Arg}_u)\mathrm{I}_{v,n}(\mathrm{Arg}_v) + \frac{\sigma a_1 b_1}{2}\mathrm{I}_{u,m-2}(\mathrm{Arg}_u)\mathrm{I}_{v,n}(\mathrm{Arg}_v) + \\
& \frac{\sigma a_1 b_1}{2}\mathrm{I}_{u,m}(\mathrm{Arg}_u)\mathrm{I}_{v,n}(\mathrm{Arg}_v) + \frac{\sigma a_2 b_2}{2}\mathrm{I}_{u,m-1}(\mathrm{Arg}_u)\mathrm{I}_{v,n-1}(\mathrm{Arg}_v) + \\
& \frac{\sigma a_2 b_2}{2}\mathrm{I}_{u,m+1}(\mathrm{Arg}_u)\mathrm{I}_{v,n-1}(\mathrm{Arg}_v) \Bigg] - a_2\Bigg[\mathrm{I}_{u,m}(\mathrm{Arg}_u)\mathrm{I}_{v,n-1}(\mathrm{Arg}_v) + \\
& \frac{\sigma a_1 b_1}{2}\mathrm{I}_{u,m-1}(\mathrm{Arg}_u)\mathrm{I}_{v,n-1}(\mathrm{Arg}_v) + \frac{\sigma a_1 b_1}{2}\mathrm{I}_{u,m+1}(\mathrm{Arg}_u)\mathrm{I}_{v,n-1}(\mathrm{Arg}_v) + \\
& \frac{\sigma a_2 b_2}{2}\mathrm{I}_{u,m}(\mathrm{Arg}_u)\mathrm{I}_{v,n-2}(\mathrm{Arg}_v) + \frac{\sigma a_2 b_2}{2}\mathrm{I}_{u,m}(\mathrm{Arg}_u)\mathrm{I}_{v,n}(\mathrm{Arg}_v) \Bigg]
\end{aligned} \tag{4.113}
$$

其中,符号 $\mathrm{I}_{x,k}$、Arg_u、Arg_v 解释为

$$\mathrm{I}_{x,k(z)} = \frac{1}{2\pi}\int_{-x_a}^{x_a} \mathrm{e}^{\mathrm{i}(z\sin\gamma - k\gamma)}\,\mathrm{d}\gamma \tag{4.114}$$

$$\mathrm{Arg}_u = -\sigma a_1(mb_1+nb_2) \tag{4.115}$$

$$\mathrm{Arg}_v = -\sigma a_2(mb_1+nb_2) \tag{4.116}$$

并且对于第一个大于零的根,积分极限通过求解以下两个方程得到:

$$b_1\theta = \pi = u_a + \sigma a_1 b_1 \sin u_a + \sigma a_2 b_1 \sin v_a \tag{4.117}$$

$$b_2\theta = \pi = v_a + \sigma a_1 b_2 \sin u_a + \sigma a_2 b_2 \sin v_a \tag{4.118}$$

在冲击形成前,由积分极限 $u_a = v_a = \pi$,系数 c_{mn} 可被写为

$$c_{mn} = \frac{\mathrm{J}_m\big[a_1\sigma(mb_1+nb_2)\big]\mathrm{J}_n\big[a_2\sigma(mb_1+nb_2)\big]}{\mathrm{i}\sigma(mb_1+nb_2)} \tag{4.119}$$

这也是芬伦(1972 年)针对多个原始频率推导出的携带相位信息的解[式(4.101)]。有关描述含有相位信息的多频解的一般表达式,请参见芬伦(1973[a])。

由于该结果也是零耗散问题的精确解,因此一种直接包含相位的方法是将它们代入边界条件 $V_0 = -a_1\sin(b_1\theta+\phi_1) - a_2\sin(b_2\theta+\phi_2)$,从而在式(4.119)中分别用 $b_1\theta+\phi_1$ 和 $b_2\theta+\phi_2$ 替换 $b_1\theta$ 和 $b_2\theta$。

不幸的是,一旦进入冲击状态,系数 c_{mn}[式(4.113)]就不再有效。波形已变得不连续,并且计算中使用的单个鞍点目前仅描述 θ 时刻距离最近的两冲击间的局部波。不同连续区间内的系数不同,并且如果没有鞍点发生变化的位置,就不能表示整个波。对于形成冲击的波的每个部分,还需要多一个鞍点。这不能通过省略一个单独的鞍点来充分描述——于是波的一个局部周期就丢失了,并且伴随着一个冲击也消失了。

在大距离上,边界条件[式(4.109)]下式(4.48)的解 V_{2Fq} 更加简单:

$$\lim_{\sigma\to\infty} V_{2Fq} = \lim_{\sigma\to\infty}\left[-\frac{a_1 b_1 \theta}{1+\sigma(a_1 b_1 + a_2 b_2)} - \frac{a_2 b_2 \theta}{1+\sigma(a_1 b_1 + a_2 b_2)} \right] \approx -\frac{\theta}{\sigma} \tag{4.120}$$

这可与单频条件下值为 $-\dfrac{\theta}{(1+\sigma)}$ 的渐近解[式(4.87)]进行比较。这些渐近解在某段时间内是局部有效的，直到所有冲击合并，并且一个或两个鞍点已占据了整个周期。对于初始条件 $V_0 = a_1 \sin b_1\theta + a_2 \sin b_2\theta$，这些鞍点的位置并不是自动知道的，但是对于条件 $V_0 = -a_1 \sin b_1\theta - a_2 \sin b_2\theta$，我们知道占主导地位的是 $\theta=0$ 时的鞍点。从 θ 时刻的点开始，冲击将移动并吞噬其他冲击。当然这两个边界条件并不等价，它们描述不同的信号（这与将减号放在单个正弦前不同，$+\sin$ 和 $-\sin$ 只是在时间上的移动）。

当距离 σ 很大并且所有冲击都合并时，得到最终的锯齿波。在此之前，还有另一个多锯齿阶段，波的各部分被局部地描述为锯齿形状。

冲击形成后，一个任意波不能由单个鞍点描述。单个正弦波的特性支持这样的论点，即在冲击形成后，该波不能用问题中最低频率的高次谐波来描述。人们必须使用更低的频率，并且波已经失去了它的周期性，这显然是不正确的。因此，该波必须使用一个以上的鞍点来正确描述冲击。例外的情况恰恰是傅里叶级数形式的单个正弦波，其中除冲击以外的整个波周期可被单个鞍点描述。这是因为波的唯一周期是总周期，指的是问题中的最低频率。

瑙戈尼克、索卢扬和霍赫洛夫(1963 年[b])给出了一种不使用贝塞尔函数的无损双频问题的解。

4.3.3 典型多频波

由于频率间发生复杂的相互作用，多频条件显示出有趣的行为。芬伦解[式(4.101)]只有在冲击形成时才有效，这限制了它的实用性。还有一种情况，存在一种有趣的现象，即被称为声音抑制的声音对自身的抑音。边界条件是一个低频，$b_1 = 1$ 且 $a_1 = 1$，以及一个弱高频，$b_2 \gg b_1 = 1$ 且 $a_2 \ll a_1 = 1$：

$$V_0 = \sin\theta + a_2 \sin b_2\theta \tag{4.121}$$

对频率 b_2 的最大贡献是通过将两个系数 $c_{m=0,n=1}$ 和 $c_{m=0,n=-1}$ 加上式(4.101)中的 $c_{m=b_2,n=0}$ 和 $c_{m=b_2,n=0}$ 给出的（假设 b_2 是一个整数，否则不会有任何贡献），从而得出

$$V_{\text{Frequency}=b_2} = \frac{2}{b_2\sigma}\left[J_0(b_2\sigma) J_1(a_2 b_2\sigma) + J_{b_2}(b_2\sigma) J_0(a_2 b_2\sigma) \right] \sin b_2\theta \tag{4.122}$$

如图 4.16 和图 4.17 所示，绘制了高频 b_2 的振幅。由于与低频的相互作用，它是振荡的。在某些距离处，高频的振幅等于零。高频在这些点上被完全抑制。频率 b_2 的振幅突然增加是由于出现了低频 $b_1 = 1$ 的高次谐波，低频的振幅增长并开始主导 b_2 的原始振幅。低频[在式(4.121)的边界条件中具有大振幅]的高次谐波幅值相当大，在某种程度上，在初始高频频率处的低频高次谐波将比初始高频的高频部分更大。

增加高频频率，芬伦解式(4.101)和式(4.122)有效的区间略有减小，但更多的振荡适合该区间。

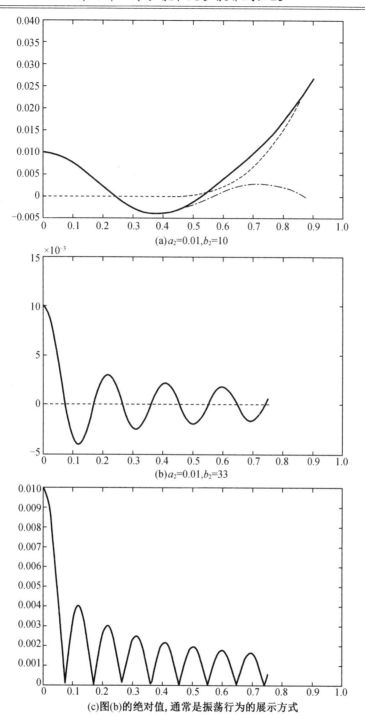

(a)$a_2=0.01, b_2=10$

(b)$a_2=0.01, b_2=33$

(c)图(b)的绝对值, 通常是振荡行为的展示方式

图 4.16　$V_0 = \sin\theta + a_2\sin b_2\theta$ 时频率 b_2 的振幅

[点画线:式(4.122)的第一项。虚线:式(4.122)的第二项。实线:式(4.122)的所有项]

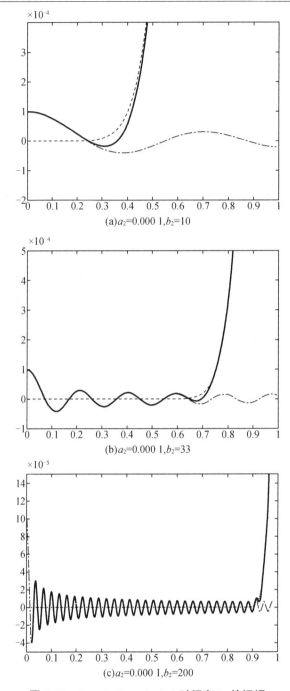

图 4.17 $V_0 = \sin\theta + a_2\sin b_2\theta$ 时频率 b_2 的振幅

[点画线:式(4.122)的第一项。虚线:式(4.122)的第二项。实线:式(4.122)的所有项。较高次谐波振幅的减小使较低频率的高次谐波更早地赶上。同时,芬伦解[式(4.101)]和[式(4.122)]的有效区间增大]

　　随着高频频率的增加,来自低频谐波的高频振幅当然是较小的振幅。同时,固定区间内的高频振荡数量增加,见图 4.17(b)和(c)中的曲线。

　　在一些应用中,希望从两个较高的频率非线性地产生低频,因为所产生声束具有窄波束宽度和小旁瓣的特征。这被称为参量阵,由韦斯特维尔特(1960 年,1963 年)首次提出。

最初的实验验证(伯克泰,1965 年)和进一步的发展(霍伯克,1977 年;纳泽·泰塔和泰塔,1981 年;扎伦博和克拉西利尼科夫,1979 年)都是以水为介质进行的。俄罗斯出版了一本完全针对这一主题的著作(鲁坚科、诺维科夫和季莫申科,1987 年)。参量阵的一个缺点是从高频到低频的能量转换较差。尽管如此,参量阵仍被用于水下应用,例如海底和浅地层回声定位。莫菲特和梅伦(1977 年)以及戴贝达尔(1993 年)讨论了水声参量声源的设计。

在空气中,非线性效应比水中弱,但贝内特和布莱克斯托克(1975 年)证明了空气中的参量阵。雍伽马和藤本(1983 年)研究了其在扬声器领域的应用,提出了"音频聚光灯"的概念。当将参量阵用于音乐领域时,一个显著的困难是布莱克斯托克(1997 年[b])讨论的非线性失真。

精确包含了描述耗散介质中非线性声束必要参数的 KZK 方程(见第 7 章)的推导,使得参量阵性能的研究变得更加容易。

两个以非零角度交汇的声波也会产生和频与差频波。该问题自 20 世纪 50 年代开始得到研究(英加德和德默-布朗,1956 年;韦斯特维尔特,1957 年;伯克泰和艾尔-特米尼,1969 年,1971 年;兹维夫和卡拉切夫,1970 年;瑙戈尼克和奥斯特洛夫斯基,1998 年)。卡里和芬伦(1973 年)在无损情况下研究了来自两个不同声源的交汇柱面波。

从平面几何结构中最初的两个高频开始(忽略波束衍射),由于非线性相互作用,差频获得了部分能量,如图 4.18 所示。通过冲击运动,较高频率比较低频率受到更大的非线性阻尼。实际上,黏性阻尼对较高频率的衰减也比对较低频率的衰减更强,但在本章中,黏性阻尼为零。

不同频率间的相位在芬伦解式(4.101)中给出。可以证明,相位对所有可用多重傅里叶级数形式表示多频条件解的问题均存在这一影响(赫德伯格,1996 年)。双频信源的最终状态(在长距离上)是每个周期有一个或两个冲击,这取决于频率间初始相位的选择。改变初始相位会导致传播波不同频率分量的振幅发生变化。相位可以通过相位定理(赫德伯格,1996 年)确定,该定理指出,当已知可表示为多重傅里叶级数的一组初始相位的解时,可获得所有其他初始相位的解。当频率之比为无理数时,频率的振幅与初始相位无关。当频率之比为有理数时,由于傅里叶求和中添加了分量,它们是相关的。

使用相位定理,外加边界条件 $V_0 = \sin(4\theta + \phi_1) + \sin(5\theta)$ 下的芬伦解[式(4.101)],确定产生差频($5-4=1$)最大振幅的相位是 $\phi_1 = \pi/5$,如图 4.18 所示。

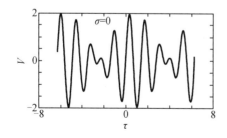 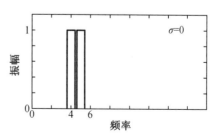

图 4.18　两高频参量相互作用产生低频,$V_0 = \sin\left(4\theta + \dfrac{\pi}{5}\right) + \sin 5\theta$

(半周期面积之差 ΔA_0 已在第 3.1.5 节做了介绍)

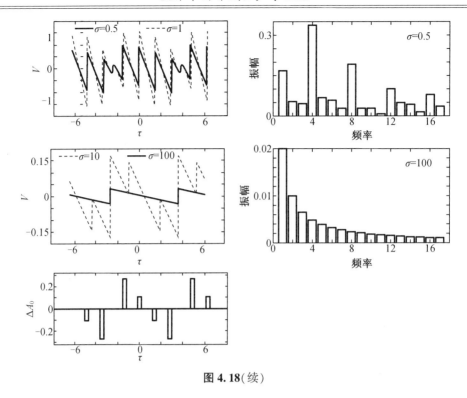

图 4.18（续）

所谓的退化情况，是通过使用频率 1 和频率 2，并因此具有等于原频频率之一的差频频率来定义的。这是相位影响最显著的地方。设频率 2 的原始相位 ϕ_2 在边界条件 $V_0 = \sin \theta + \sin(2\theta + \phi_2)$ 中可改变。根据相位定理，频率 2 最大振幅的最佳相位是 $\phi_2 = 0$。对于频率 1 的最大振幅，相位是 $\varphi_2 = \pi/2$（诺维科夫和鲁坚科，1976 年）。

结果如图 4.19 和图 4.20 所示。注意，图 4.20 中横轴标 2 的柱状图代表频率 2 的振幅也略大一些。图 4.19 中总能量含量比图 4.20 中的要小得多，这是由于在更明显的冲击中发生了非线性附加衰减。

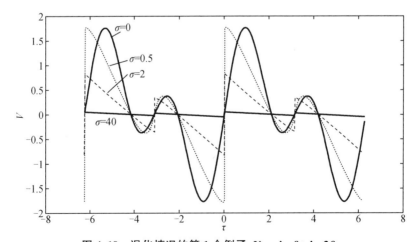

图 4.19　退化情况的第 1 个例子：$V_0 = \sin \theta + \sin 2\theta$

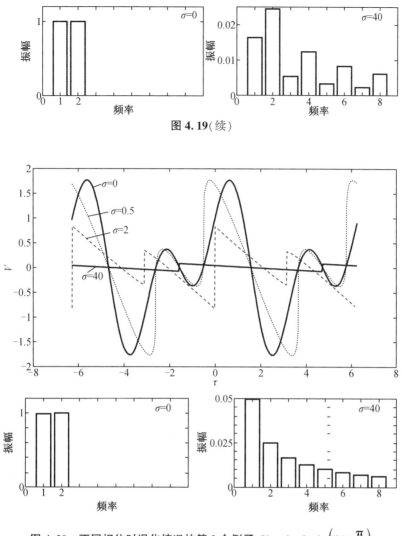

图 4.19(续)

图 4.20　不同相位时退化情况的第 2 个例子：$V_0 = \sin\theta + \sin\left(2\theta + \dfrac{\pi}{2}\right)$

　　频谱中向上传递的能量是通过波的非线性变陡而自然产生的。我们还看到,当两个较高频率产生不同频率时,能量是如何向下传递的。现在我们来看一个例子,说明能量如何向较低的频率传递,使其振幅增加。在退化情况下,考虑极限为 $\epsilon \to 0$,设边界条件为 $V_0 = \epsilon\sin\theta + \sin(2\theta + \phi_2)$。可发现能量是如何从频率 2 流向频率 1 的。在冲击出现的距离处,振幅值是 1.18ϵ(诺维科夫和鲁坚科,1976 年)。由于 $\epsilon \ll 1$,冲击形成后频率 1 的振幅将在远距离处朝其期望线性值的两倍增加(镰仓、伊克夏亚和周,1985 年)。

　　初始信号连续半周期间的面积差首先是负的,然后是正的,可用来定性估计波演变的长期行为。对于所有 n,面积差为 $\Delta A_0(\theta_n) = S_0(\theta_{n+1}) - S_0(\theta_n) = 0$,其中 $S_0 = \int^{\theta} V(\theta',\sigma=0)\,\mathrm{d}\theta'$。若面积差为零,冲击将不会在延迟时间轴 θ 上移动(图 4.19)。如果冲击是正的,它将向左移动,这意味着冲击将提前到达,而在相反的情况下(负面积差),冲击在向右移动后会更晚到达(图 4.20)。当冲击发生碰撞时合并,面积差相加,可以估计合并冲击的行进状态。

图 4.19 和图 4.20 最后一行分图给出了 ΔA_0 图(图 3.7)。从中可以看出,当 $\phi_2 = 0$ 时,没有冲击移动,保持了高频成分,而当 $\phi_2 = \pi/2$ 时,每个周期有两个冲击移动,并且波变为一个低频周期性锯齿波。

振幅和频率调制波的描述为

$$\left[1 + \epsilon\cos(\Delta\theta)\right]\sin\left[b\theta + \frac{Vb}{\Delta}\sin(\Delta\theta)\right]$$

$$V(\theta, \sigma = 0) = (1 + \epsilon\cos\Delta\theta)\sin\left(b\theta + \frac{\vartheta b}{\Delta}\sin\Delta\theta\right) \tag{4.123}$$

其中,b 为高频,Δ 为较低的调制频率,ϵ 为调幅因子,ϑ 为调频因子。通常情况下冲击形成、移动和合并是预期的行为,最终结果是产生一个低频锯齿波(图 4.21)(古尔巴托夫和赫德伯格,1997 年)。对式(4.123)积分得到以下结果:

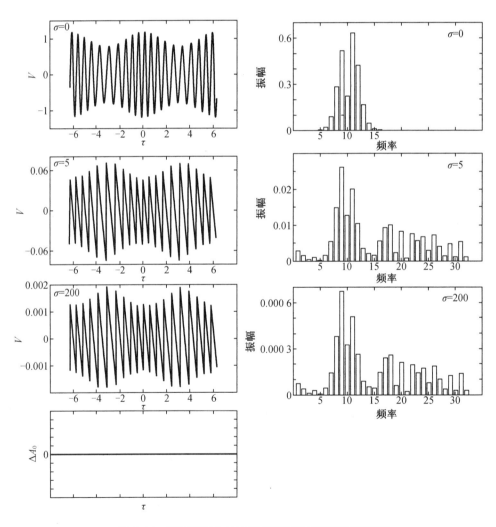

图 4.21 所有距离上冲击保持不变的振幅频率调制波

$$S_0 = \int^\theta V(\theta', \sigma = 0) \, \mathrm{d}\theta'$$

$$= -\frac{1 + \epsilon \cos(\Delta\theta)}{1 + \vartheta \cos(\Delta\theta)} \frac{1}{b} \cos\left[b\theta + \frac{\vartheta b}{\Delta} \sin(\Delta\theta) \right] -$$

$$\int^\theta \frac{\mathrm{d}}{\mathrm{d}\theta'} \left(\frac{1 + \epsilon \cos\Delta\theta'}{1 + \vartheta \cos\Delta\theta'} \right) \frac{1}{b} \cos\left[b\theta' + \frac{\vartheta b}{\Delta} \sin(\Delta\theta') \right] \mathrm{d}\theta' \quad (4.124)$$

对于 $\Delta \ll b$,导数 $\dfrac{\mathrm{d}\left[(1+\epsilon \cos\Delta\theta')/(1+\vartheta \cos\Delta\theta') \right]}{\mathrm{d}\theta'}$ 很小,因此上述积分项趋近于零。当调幅因子等于调频因子时,它恰好等于零;对于任意的 Δ,$\epsilon = \vartheta$。这意味着式(4.124)中最后一个积分是零,并且前一余弦项具有恒定振幅。因此,对于信号的所有部分,连续半周期之间的面积差等于零,即对于所有的 n,都有 $\Delta A_0(\theta_n) = S_0(\theta_{n+1}) - S_0(\theta_n) = 0$。首先,冲击会微小移动,但很快就会适应永久位置。在整个冲击结构产生之后,所有冲击是永恒存在的。这就给出了所有距离上的恒定波形,只有冲击的振幅在减小。

第5章　非线性平面扩散波

本章将把第3.2节导出的伯格斯方程精确解应用于描述平面几何中的不同初始波形,这些波是指 N 波、谐波和多频波。对于平面 N 波,将给出一种求渐近波的方法,该方法不使用伯格斯方程的精确解,从而为处理未知精确解的非平面情况做准备。对于原始平面谐波,在冲击区域导出了两个近似解——费伊解和霍赫洛夫–索卢扬解。这两种解都满足伯格斯方程,但它们并不完全满足谐波的初始条件或边界条件。精确解将在第5.4节中进行傅里叶展开,并与冲击前区域中黎曼方程的相应傅里叶展开相结合,即为贝塞尔–富比尼解。

5.1　平　面　N　波

5.1.1　冲击解

N 波的重要性在于,它是任意零均值短脉冲在无损(古尔巴托夫、恩弗洛和帕斯马尼克,1999 年)或轻微耗散(古尔巴托夫、恩弗洛和帕斯马尼克,2001 年)介质中传播的最后阶段。布兰德和赫登沃克(1998 年)研究了未假设小耗散情况下任意角度入射有限长脉冲的传播。初始 N 波及其平面演变如图 5.1 所示。

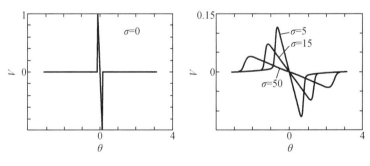

图 5.1　一个平面 N 波

作为由伯格斯方程建模的非线性波传播的首个应用,我们选择 N 波作为无黏波方程(4.25)的解。将式(2.79)中的伯格斯方程改写为

$$\frac{\partial v}{\partial t}+\beta v\frac{\partial v}{\partial \xi}-\frac{b}{2\rho_0}\frac{\partial^2 v}{\partial \xi^2}=0 \qquad (5.1)$$

其被选作一个模型方程,并通过如下替换被转化为无量纲方程:

$$V = \frac{v}{v_0} \tag{5.2}$$

$$T = 1 + \beta v_0 (t - t_0) \frac{1}{l_0} \tag{5.3}$$

$$X = \frac{\xi}{l_0} \tag{5.4}$$

其中,l_0 为配置空间中波形的特征长度。将式(5.2)~式(5.4)代入式(5.1),得到

$$\frac{\partial V}{\partial T} + V \frac{\partial V}{\partial X} = \epsilon \frac{\partial^2 V}{\partial X^2} \tag{5.5}$$

其中,ϵ 与雷诺数 Re 有关。

$$2\epsilon\beta = \frac{b}{\rho_0 l_0 v_0} \equiv Re \tag{5.6}$$

需注意 N 波和周期波[参见式(2.77)]ϵ 的定义不同。现在,我们假设初始条件式(4.28)、式(4.29)给出方程(4.25)的解 $V_0(X,T)$[式(4.26)、式(4.27)]。式(4.25)的解 $V_0(X,T)$ 可视为式(5.5)级数解的第一项:

$$V(X,T) = V_0(X,T) + \epsilon V_1(X,T) + \epsilon^2 V_2(X,T) + \cdots \tag{5.7}$$

在这种特殊情况下,除 $X = T^{\frac{1}{2}}$ 外,$V_0(X,T)$ 精确地实现了式(5.5)的求解,从而式(5.7)的扩展形式可由下式给出:

$$V(X,T) = V_0(X,T) + o(\epsilon^n) \tag{5.8}$$

其中,n 是任意的。式(5.7)的扩展被称为外部扩展,因为它在邻近 $X = T^{\frac{1}{2}}$ 以外的区域有效,但在 $X = T^{\frac{1}{2}}$ 处不连续。

为了找到在解 $V_0(X,T)$ 的不连续附近有用的式(5.5)的解的表达式,我们做如下变量变换:

$$x^* = \frac{X - T^{\frac{1}{2}}}{\epsilon} \tag{5.9}$$

并采用新的因变量 $V(x^*,T)$ 重写式(5.5):

$$\epsilon \frac{\partial V}{\partial T} + \left(V - \frac{1}{2T^{\frac{1}{2}}}\right) \frac{\partial V}{\partial x^*} = \frac{\partial^2 V}{\partial x^{*2}} \tag{5.10}$$

对 $V(x^*,T)$ 进行新的内部扩展得

$$V(x^*,T) = V_0^*(x^*,T) + \epsilon V_1^*(x^*,T) + \epsilon^2 V_2^*(x^*,T) + \cdots \tag{5.11}$$

将式(5.11)代入式(5.10),并针对给定的 V_0^* 进行积分:

$$-\frac{V_0^*}{T^{\frac{1}{2}}} + V_0^{*2} - 2 \frac{\partial V_0^*}{\partial x^*} = C(T) \tag{5.12}$$

其中,$C(T)$ 是一个任意函数。对式(5.12)进行积分:

$$V_0^* = \frac{1}{2}T^{-\frac{1}{2}} - \left(\frac{C}{T^{\frac{1}{2}}} + \frac{1}{4T}\right)^{\frac{1}{2}} \tanh\left[\frac{x^* - A(T)}{2}\left(\frac{C}{T^{\frac{1}{2}}} + \frac{1}{4T}\right)^{\frac{1}{2}}\right] \tag{5.13}$$

此时式(5.13)和式(5.8)必须平稳结合。这需要

$$\lim_{X \to T^{\frac{1}{2}}} V_0(X,T) = \lim_{x^* \to -\infty} V_0^*(x^*,T) \tag{5.14}$$

(5.14)两侧表达式的共同极限为

$$T^{\frac{1}{2}} - X = O[\eta(\epsilon)] \tag{5.15}$$

其中,选择 $\eta(\epsilon)$ 使得

$$\lim_{\epsilon \to 0} \eta = 0$$
$$\lim_{\epsilon \to 0} \frac{\eta}{\epsilon} = \infty \tag{5.16}$$

由式(5.14)得到结论

$$C = 0 \tag{5.17}$$

但是无法确定函数 $A(T)$。方程(5.14)是渐近匹配原理的一个例子。这一原理在其他书籍(纳菲,1973 年;范·戴克,1975 年)中讨论得更透彻。莱瑟和克里顿(1975 年)解释了其在非线性声学中的应用。

为了确定函数 $A(T)$,即冲击中心位置的"扩散率校正",我们采用积分守恒技术(克里顿和斯科特,1979 年)。从 0 到 $X > T^{\frac{1}{2}}$ 对式(5.5)进行积分得到

$$\frac{\mathrm{d}}{\mathrm{d}T}\int_0^X V(x,T)\,\mathrm{d}x = -\epsilon\left[\left(\frac{\partial V}{\partial x}\right)_{x=0} - \left(\frac{\partial V}{\partial x}\right)_{x=X}\right] + \frac{1}{2}\left[V^2(0,T) - V^2(X,T)\right] \tag{5.18}$$

对于式(5.18)的右侧,我们使用式(4.26)和式(4.27)得到

$$\frac{\mathrm{d}}{\mathrm{d}T}\int_0^X V(x,T)\,\mathrm{d}x = -\frac{\epsilon}{T} \tag{5.19}$$

在使用初始条件式(4.28)和式(4.29)后,从 $t=1$ 到 $t=T$ 对式(5.19)积分得到

$$\int_0^X V(x,T)\,\mathrm{d}x = \frac{1}{2} - \epsilon\int_1^T \frac{1}{t}\,\mathrm{d}t, \quad X > T^{\frac{1}{2}} \tag{5.20}$$

为了对式(5.20)左侧积分进行计算,将使用外部解 $V_0(X,T)$ [式(4.26)和式(4.27)] 和内部解 V_0^* [式(5.13),$C=0$]。V 一致渐近展开的第一项是通过 V_0^* 和 V_0 求和并减去它们的公共部分 V_c 得到的

$$V = V_0 + V_0^* - V_c + o(\epsilon) \tag{5.21}$$

其中

$$V_0 = \frac{X}{T}\left[1 - H(X - T^{\frac{1}{2}})\right] \tag{5.22}$$

$$V_0^* = \frac{1}{2}T^{-\frac{1}{2}}\left(1 - \tanh\frac{\dfrac{x - T^{\frac{1}{2}}}{\epsilon} - A(T)}{4T^{\frac{1}{2}}}\right) \tag{5.23}$$

$$V_c = T^{-\frac{1}{2}} \left[1 - H\left(X - T^{\frac{1}{2}} \right) \right] \tag{5.24}$$

其中 $H(x)$ 是海维赛德函数(阶跃函数)

$$H(x) = 0, \quad x < 0$$
$$H(x) = 1, \quad x > 0 \tag{5.25}$$

将式(5.21)~式(5.25)代入式(5.20)的左侧,并使用积分

$$\int_0^{X > T^{1/2}} \tanh \frac{\dfrac{x - T^{\frac{1}{2}}}{\epsilon} - A(T)}{4T^{\frac{1}{2}}} \mathrm{d}x = 4\epsilon T^{\frac{1}{2}} \left[\ln \cosh \frac{X - T^{\frac{1}{2}} - \epsilon A(T)}{4\epsilon T^{\frac{1}{2}}} - \ln \cosh \frac{T^{\frac{1}{2}} + \epsilon A(T)}{4\epsilon T^{\frac{1}{2}}} \right]$$

$$\approx X - 2T^{\frac{1}{2}} - 2\epsilon A(T) \tag{5.26}$$

我们得到如下结果:

$$A(T) = -T^{\frac{1}{2}} \int_1^T \frac{1}{t} \mathrm{d}t \tag{5.27}$$

积分后变为

$$A(T) = -T^{\frac{1}{2}} \ln T \tag{5.28}$$

很容易看出,式(5.21)中的因式 $O(\epsilon)$ 对应于式(5.20)左侧的 $O(\epsilon^2)$,因此不影响式(5.28)。泰勒(1910 年)发现了一种类似式(5.23)的冲击波,称为泰勒冲击。

5.1.2　渐近解

我们从式(5.23)和式(5.28)发现,由于扩散性,冲击波中心已经从 $X = T^{\frac{1}{2}}$ 移到了 $X = T^{\frac{1}{2}} - \epsilon T^{\frac{1}{2}} \ln T$。对于 $T = O(\mathrm{e}^{\frac{1}{2\epsilon}})$ 的 T 值,该校正与 N 波长度具有相同的数量级。于是渐近展开式(5.11)和一致最低阶解式(5.21)不再有效,该解必须以其他形式表示。为了将解表示为

$$T \geqslant T_1 \equiv \exp\left(\frac{1}{2\epsilon} \right) \tag{5.29}$$

我们使用科尔-霍普夫变换[见式(3.66)和式(3.71)]。初始条件为式(4.28)和式(4.29)的式(5.5)的科尔-霍普夫解为[参见式(3.81)]

$$V = -2\epsilon \frac{\dfrac{\partial U}{\partial X}}{U} \tag{5.30}$$

其中

$$U = \frac{1}{2\sqrt{\pi\epsilon(T-1)}} \int_{-\infty}^{\infty} U_0(x) \exp\left[-\frac{(X-x)^2}{4\epsilon(T-1)} \right] \mathrm{d}x \tag{5.31}$$

且

$$U_0(x) = C\exp\left[-\frac{1}{2\epsilon}\int_0^x V(\xi,1)\mathrm{d}\xi\right] = \begin{cases} C\exp\left(-\dfrac{x^2}{4\epsilon}\right), & x^2 < 1 \\ C\exp\left(-\dfrac{1}{4\epsilon}\right), & x^2 > 1 \end{cases} \tag{5.32}$$

如果我们忽略一个不重要的常数权值,式(5.31)的积分计算结果为

$$U(X,T) = \exp\left(\frac{X^2}{4\epsilon T}\right)\frac{1}{2T^{\frac{1}{2}}}\left(\mathrm{erf}\left\{\frac{1}{2}\left[\frac{T}{\epsilon(T-1)}\right]^{\frac{1}{2}}\left(1+\frac{X}{T}\right)\right\} + \mathrm{erf}\left\{\frac{1}{2}\left[\frac{T}{\epsilon(T-1)}\right]^{\frac{1}{2}}\left(1-\frac{X}{T}\right)\right\}\right) +$$

$$\frac{1}{2}\exp\left(-\frac{1}{4\epsilon T}\right)\left(2+\mathrm{erf}\left\{\frac{X-1}{2\left[\epsilon(T-1)\right]^{\frac{1}{2}}}\right\} - \mathrm{erf}\left\{\frac{X+1}{2\left[\epsilon(T-1)\right]^{\frac{1}{2}}}\right\}\right) \tag{5.33}$$

对于较大的 T 值,可近似精确表达式(5.33)。因此,我们假设:

$$1 \ll X \ll T = O\left(\mathrm{e}^{\frac{1}{2\epsilon}}\right) \tag{5.34}$$

使用用于大参数的误差函数公式

$$\mathrm{erf}(\sqrt{x}) \approx 1 - \frac{1}{\sqrt{\pi}}\frac{\mathrm{e}^{-x}}{\sqrt{x}} \tag{5.35}$$

以及误差函数的导数

$$\frac{\mathrm{d}\left[\mathrm{erf}(x)\right]}{\mathrm{d}x} = \frac{2}{\sqrt{\pi}}\mathrm{e}^{-x^2} \tag{5.36}$$

我们发现对 $U(X,T)$ 的主要贡献:

$$U(X,T) \approx 2\epsilon^{\frac{1}{2}}\sqrt{\pi}\left[\exp\left(-\frac{X^2}{4\epsilon T}\right) + T^{\frac{1}{2}}\exp\left(-\frac{1}{4\epsilon}\right)\right] \tag{5.37}$$

我们通过如下变换引入尺度变量 X'、T' 和 V':

$$X' = \epsilon^{-\frac{1}{2}}T_1^{-\frac{1}{2}}X$$

$$T' = T_1^{-1}T$$

$$V' = \epsilon^{-\frac{1}{2}}T_1^{\frac{1}{2}}V \tag{5.38}$$

并从式(5.37)和式(5.30)中得到

$$V' = \frac{X'}{T'}\left[T'^{\frac{1}{2}}\exp\left(\frac{X'^2}{4T'}\right) + 1\right]^{-1} \tag{5.39}$$

值得注意的是,式(5.39)是利用式(5.38)从式(5.5)中得到的伯格斯方程的精确解:

$$\frac{\partial V'}{\partial T'} + V'\frac{\partial V'}{\partial X'} = \frac{\partial^2 V'}{\partial X'^2} \tag{5.40}$$

对于 $T' = O(1)$,式(5.39)分母中的两项具有相同的数量级,这意味着不能忽略式(5.40)中的非线性项。对于 $T' \gg 1$(old-age 区,渐近区),式(5.39)可近似为

$$V' \approx \frac{X'}{T'^{\frac{3}{2}}}\exp\left(-\frac{X'^2}{4T'}\right) \tag{5.41}$$

式(5.41)称为渐近解,是如下线性方程的精确解:

$$\frac{\partial V'}{\partial T'} = \frac{\partial^2 V'}{\partial X'^2} \tag{5.42}$$

5.1.3　另一种方法求得的渐近解

通过科尔-霍普夫解[式(5.30)],我们得到了(线性)渐近方程(5.42)的解,该方程由非线性方程(5.5)的式(5.22)和式(5.23)(称为泰勒冲击解)随 T 的增长发展而来。波形和振幅常数(这种情况下一致)在式(5.41)中唯一确定。然而,这一成功取决于式(5.5)存在精确解。对于大多数物理上有趣的非线性波动方程,精确解是未知的。例如,描述球面和柱面几何结构中非线性声波的广义伯格斯方程,本书稍后将对它们进行讨论。为了得到这种情况下的渐近波形及其振幅常数,一种新的技术(恩弗洛,1998 年)已被提出。现在将针对刚刚讨论的问题来说明这一技术。我们将看到如何在不参考科尔-霍普夫变换的情况下得到式(5.41)的渐近解。

从冲击解中寻找渐近解的过程可分为四个步骤:

步骤(1):由泰勒冲击解[本书中为式(5.23)],在 X 大于 $T^{\frac{1}{2}}$、$X = O(1)$ 且忽略式(5.5)中非线性项的区域内得到的解是有效的。该区域称为衰退冲击(或冲击尾部)区域。

步骤(2):在重新缩放没有非线性项的原始方程后,得到渐近模式下有效的线性方程[本书中为式(5.42)];该方程的通解写成一个包含未知函数的积分。

步骤(3):利用最速下降法(或鞍点法)在衰退冲击区域内计算步骤(2)中提到的线性方程解的积分。通过识别步骤(1)中得到的衰退冲击解,确定积分表达式中的未知函数。

步骤(4):对建立的积分进行求值,以找到其在渐进模式下的主要贡献。在目前平面波的情况下,可以精确地进行这种计算。

现在,将具体执行上述四个步骤,来解决平面 N 波的渐近行为问题。

(1)衰退冲击(或冲击尾部)区域的解

根据方程(5.23)和(5.28),泰勒冲击解为

$$V_0^* = \frac{1}{2} T^{-\frac{1}{2}} \left(1 - \tanh \frac{X - T^{\frac{1}{2}} + \epsilon T^{\frac{1}{2}} \ln T}{4\epsilon T^{\frac{1}{2}}} \right) \tag{5.43}$$

在进行如下变量变更后

$$Y = \frac{X - T^{\frac{1}{2}}}{2\epsilon T^{\frac{1}{2}}} \tag{5.44}$$

式(5.30)变为

$$V_0^* = \frac{T^{-\frac{1}{2}}}{1 + T^{\frac{1}{2}} \exp(Y)} \tag{5.45}$$

此时,必须选择 Y,使 V_0^* 变小,因此当 $\delta \ll 1$ 时,$V = O(\delta)$。此时需满足

$$Y > \ln \frac{1}{\delta} \tag{5.46}$$

而

$$T = O(1) \tag{5.47}$$

方程(5.46)和(5.47)定义了衰退冲击区域,δ 中的最低阶解为

$$V_0^* = T^{-1} \exp(-Y) \tag{5.48}$$

如果将式(5.48)以及式(5.46)和式(5.47)一起代入其中,则很容易验证式(5.5)中的非线性项在 δ 中的数量级比其他两项低。

（2）渐进区域解的积分表示

渐近方程(5.42)的一般解为

$$V' = \int_{-\infty}^{\infty} \exp(-\lambda^2 T' + i\lambda X') h(\lambda) d\lambda \tag{5.49}$$

其中,函数 $h(\lambda)$ 必须使用步骤(1)中的信息进行确定。

（3）衰退冲击区域渐近积分的计算

对积分式(5.49)在衰退冲击区域进行求解。为此,变量 (x', T') 改写为 (Y, T)。为了使式(5.35)中指数函数自变量的两项彼此平衡,将积分变量 λ 改写为 κ:

$$\lambda = \epsilon^{-\frac{1}{2}} \exp\left(\frac{1}{4\epsilon}\right) \kappa \tag{5.50}$$

令

$$h(\lambda) = \exp\left[\frac{f(\kappa)}{\epsilon}\right] g(\kappa) \tag{5.51}$$

式(5.49)变为

$$V' = \epsilon^{-\frac{1}{2}} \exp\left(\frac{1}{4\epsilon}\right) \int_{-\infty}^{\infty} \exp\left\{-\frac{1}{\epsilon}\left[\kappa^2 T - i\kappa T^{\frac{1}{2}} - f(\kappa)\right] + 2i\kappa Y T^{\frac{1}{2}}\right\} g(\kappa) d\kappa \tag{5.52}$$

积分式(5.52)的计算结果将与衰退冲击解[式(5.48)]一致。令

$$\chi(\kappa) = -\kappa^2 T + i\kappa T^{\frac{1}{2}} + f(\kappa) \tag{5.53}$$

这个关系给出

$$\chi(\kappa_0) = 0 \tag{5.54}$$

$$\kappa_0 = \frac{i}{2} T^{-\frac{1}{2}} \tag{5.55}$$

其中,κ_0 是由下式给定的鞍点:

$$\chi'(\kappa_0) = 0 \tag{5.56}$$

由式(5.53)~式(5.55)我们发现

$$f(\kappa_0) = \frac{1}{4} \tag{5.57}$$

利用最速下降法得到的积分式(5.52)的计算结果为

$$V' = \sqrt{\pi} \exp\left(\frac{1}{4\epsilon}\right) \exp(-Y) T^{-\frac{1}{2}} g\left(\frac{i}{2} T^{-\frac{1}{2}}\right) \tag{5.58}$$

比较式(5.48)和式(5.58),并结合式(5.38)和式(5.11),我们发现

$$g(\kappa) = -2i\epsilon^{-\frac{1}{2}}\pi^{\frac{1}{2}}\kappa \tag{5.59}$$

将式(5.57)和式(5.59)代入式(5.52)中,并根据式(5.50)改变积分变量,得到渐近波函数的表达式,式(5.49)中未知函数 $h(\lambda)$ 也得到完全确定:

$$V'(X', T') = -2i\pi^{-\frac{1}{2}}\int_{-\infty}^{\infty} \exp(-\lambda^2 T' + i\lambda X')\lambda \,d\lambda \tag{5.60}$$

该表达式给出了由冲击解式(5.21)演变而来的、确定渐近波问题的 ϵ 中的最低阶解。

(4)渐近积分计算

在目前情况下,通过使用埃尔米特函数(列别杰夫,1965 年,第 10 章)的积分表示,渐近波的积分表示式(5.60)可被精确计算:

$$H_v(z) = \frac{2^v \exp(z^2)}{\pi^{\frac{1}{2}}}\int_0^{\infty} \exp\left(u^2 + 2izu - \frac{1}{2}v\pi\right)u^v \,du + c.c. \tag{5.61}$$

式中,$c.c.$ 表示复共轭。从式(5.61)可以看出,埃尔米特多项式 $H_0\left(\dfrac{X'}{2\sqrt{T'}}\right) = \dfrac{X'}{\sqrt{T'}}$ 是由式(5.60)的右侧得到的:

$$V'(X', T') = T'^{-1}\exp\left(-\frac{X'^2}{4T'}\right)H_1\left(\frac{X'}{2\sqrt{T'}}\right) = T'^{-\frac{3}{2}}X'\exp\left(-\frac{X'^2}{4T'}\right) \tag{5.62}$$

因此式(5.62)给出了与式(5.41)相同的渐近行为,此处推导未参考科尔-霍普夫变换。随后将采用推导(5.62)时使用的方法,来获得非平面几何结构中 N 波的渐近行为。

5.2　平面谐波下的费伊解

5.2.1　从科尔-霍普夫解推导费伊解

作为平面谐波演变的一个例子,我们研究了在横截面积恒定且充满流体的无限长管道末端,由振动活塞产生的正弦波。管道末端(即在 $x=0$ 处)的时间相关边界条件为

$$v = v_0 \sin \omega t \tag{5.63}$$

其中,v 是流体速度。在无量纲变量中,我们的问题是用边界条件求解伯格斯方程[式(2.76)]:

$$V(\sigma = 0, \theta) = \sin \theta \tag{5.64}$$

现在式(2.76)的解由科尔-霍普夫公式[式(3.71)和式(3.83)]给出。式(3.83)中的傅里叶系数 A_k 由式(3.87)和式(3.88)给出,其中 $V_0(\theta) = \sin\theta$。因此

$$A_0 = \frac{C}{\pi}\int_0^{\pi}\exp\left[\frac{1}{2\epsilon}(1 - \cos\theta)\right]d\theta \tag{5.65}$$

$$A_k = \frac{2C}{\pi}\int_0^\pi \exp\left[\frac{1}{2\epsilon}(1 - \cos\theta)\right]\cos k\theta \mathrm{d}\theta \tag{5.66}$$

利用整数阶修正贝塞尔函数的积分表示 $\mathrm{I}_{\pm n}(z)$：

$$\mathrm{I}_{\pm n}(z) = \frac{1}{\pi}\int_0^\pi \mathrm{e}^{z\cos\theta}\cos n\theta \mathrm{d}\theta \tag{5.67}$$

由式(5.65)和式(5.66)得到

$$A_0 = C\mathrm{e}^{\frac{1}{2\epsilon}}\mathrm{I}_0\left(-\frac{1}{2\epsilon}\right) \tag{5.68}$$

$$A_k = 2C\mathrm{e}^{\frac{1}{2\epsilon}}\mathrm{I}_k\left(-\frac{1}{2\epsilon}\right) \tag{5.69}$$

利用式(3.71)和公式

$$\mathrm{I}_n(-z) = (-1)^n\mathrm{I}_n(z) \tag{5.70}$$

可得由谐波边界条件式(5.64)演化而来的式(2.76)的解(科尔,1951年;门杜塞,1953年)：

$$V(\sigma,\theta) = -4\epsilon\frac{\displaystyle\sum_{n=1}^\infty \exp(-n^2\epsilon\sigma)n(-1)^n\mathrm{I}_n\left(\frac{1}{2\epsilon}\right)\sin n\theta}{\displaystyle\mathrm{I}_0\left(\frac{1}{2\epsilon}\right) + 2\sum_{n=1}^\infty \exp(-n^2\epsilon\sigma)(-1)^n\mathrm{I}_n\left(\frac{1}{2\epsilon}\right)\cos n\theta} \tag{5.71}$$

从公式(格拉德斯廷和雷日克,1965年,8.514)中可以看出

$$\exp(z\cos\theta) = \mathrm{I}_0(-z) + 2\sum_{n=1}^\infty \mathrm{I}_n(-z)\cos n\theta \tag{5.72}$$

从而式(5.71)满足式(5.64)的边界条件式。

现在,我们将展示如何仅用傅里叶级数逼近精确解式(5.71)。假设这个级数是

$$V(\sigma,\theta) = \sum_{n=1}^\infty a_n(\sigma)\sin n\theta \tag{5.73}$$

令

$$b_n(\sigma) = \exp(-n^2\epsilon\sigma)(-1)^n\mathrm{I}_n\left(\frac{1}{2\epsilon}\right) \tag{5.74}$$

因为 $\mathrm{I}_n(z)$ 在我们定义的 n 下为偶数,则式(5.74)满足：

$$b_{-n}(\sigma) = b_n(\sigma) \tag{5.75}$$

式(5.73)和式(5.71)等值,我们得到

$$\sum_{k=1}^\infty a_k\sin k\theta\left(b_0 + 2\sum_{l=1}^\infty b_l\cos l\theta\right) = -4\epsilon\sum_{m=1}^\infty mb_m\sin m\theta \tag{5.76}$$

式(5.76)左侧重写为

$$\begin{aligned}
\sum_{k=1}^\infty a_k\sin k\theta\left(b_0 + 2\sum_{l=1}^\infty b_l\cos l\theta\right) &= \sum_{m=1}^\infty b_0 a_m\sin m\theta + \sum_{k=1}^\infty\sum_{l=1}^\infty a_k b_l\{\sin[(k+l)\theta] + \\
&\quad \sin[(k-l)\theta]\} \\
&= \sum_{m=1}^\infty a_m b_0\sin m\theta + \sum_{m=2}^\infty\sum_{k=1}^{m-1} a_k b_{m-k}\sin m\theta + \\
&\quad \sum_{m=1}^\infty\sum_{k=m+1}^\infty a_k b_{k-m}\sin m\theta - \sum_{m=1}^\infty\sum_{l=m+1}^\infty a_{l-m}b_l\sin m\theta
\end{aligned}$$

$$\begin{aligned} &= \sum_{m=1}^{\infty} \sin m\theta \left(a_m b_0 + \sum_{k=1, k \neq m}^{\infty} a_k b_{k-m} - \sum_{k=1}^{\infty} a_k b_{k+m} \right) \\ &= \sum_{m=1}^{\infty} \sin m\theta \sum_{k=1}^{\infty} a_k (b_{k-m} - b_{k+m}) \end{aligned} \tag{5.77}$$

将式(5.77)代入式(5.76)并使用式(5.74),我们得到展开式(5.73)中傅里叶系数 $a_n(\sigma)$ 的线性方程组:

$$\sum_{k=1}^{\infty} a_k (-1)^k e^{-k^2 \epsilon \sigma} \left(e^{2km\epsilon\sigma} I_{k-m}\left(\frac{1}{2\epsilon}\right) - e^{-2km\epsilon\sigma} I_{k+m}\left(\frac{1}{2\epsilon}\right) \right) = -4\epsilon m I_m\left(\frac{1}{2\epsilon}\right) \tag{5.78}$$

方程组(5.78)由布莱克斯托克(1964 年)给出。该方程组的精确解可通过 a_k 幂级数展开中系数的递推公式得到,对此会在稍后给出。这里,我们首先将研究式(5.64)的边界条件下伯格斯方程(2.76)周期解的一些近似表示。

为了得到由式(5.71)或由式(5.73)和式(5.78)精确给出的 $V(\sigma,\theta)$ 的近似表示,我们假设 ϵ 是一个小数字,从而可使用大参数的修正贝塞尔函数 $I_n\left(\frac{1}{2\epsilon}\right)$ 的渐近表示。使用的表示形式为(格拉德斯廷和雷日克,1965 年,8.451.5)

$$I_n\left(\frac{1}{2\epsilon}\right) = \left(\frac{\epsilon}{\pi}\right)^{\frac{1}{2}} \exp\left(\frac{1}{2\epsilon}\right) \left[1 - \epsilon \frac{4n^2-1}{4} + O(\epsilon^2) \right] \tag{5.79}$$

仅使用式(5.79)的第一项并写为

$$q = e^{-\epsilon\sigma} \tag{5.80}$$

我们从式(5.71)近似地得到

$$V(\sigma,\theta) \approx -4\epsilon \frac{\sum\limits_{n=1}^{\infty} n(-1)^n q^{n^2} \sin n\theta}{1 + 2\sum\limits_{n=1}^{\infty} q^{n^2} (-1)^n \cos n\theta} \tag{5.81}$$

根据式(5.79),表达式(5.81)仅当 $n \sim \epsilon^{-\frac{1}{2}}$($\sim$ 表示与……成比例)的项对分子和分母中求和的贡献较小时才有效。这是 $\sigma \gg 1$ 的情况。对于 $\sigma \approx 4$,与精确解式(5.71)相比,式(5.81)的级数的相对误差的量级为 10^{-2}。

式(5.81)可写成傅里叶级数。这可以通过使用 ϑ 函数得到,也可由基本方法直接得到。我们首先给出 ϑ 函数的讨论(科尔,1951 年)。函数 $\vartheta_3(z,q)$ 定义为

$$\vartheta_3(z,q) = 1 + 2\sum_{n=1}^{\infty} q^{n^2} \cos 2nz \tag{5.82}$$

因此,式(5.81)中的分母为 $\vartheta_3\left(\frac{\theta}{2}, -e^{-\epsilon\sigma}\right)$。对于 $\vartheta_3(z,q)$,如下的关系是有效的(惠特克和沃森,1950 年):

$$\frac{\partial \vartheta_3}{\partial z} \frac{1}{\vartheta_3} = 4\sum_{n=1}^{\infty} \frac{(-1)^n q^n \sin 2nz}{1 - q^{2n}} = 4\sum_{n=1}^{\infty} \frac{(-1)^{n+1} \sin 2nz}{q^n - q^{-n}} \tag{5.83}$$

由式(5.81)和式(5.82)得到

$$V(\sigma,\theta) = 2\epsilon \frac{\partial \vartheta_3 \left(\dfrac{\theta}{2}, -\mathrm{e}^{-\epsilon\sigma} \right)}{\partial \theta} \frac{1}{\vartheta_3 \left(\dfrac{\theta}{2}, -\mathrm{e}^{-\epsilon\sigma} \right)} \tag{5.84}$$

比较式(5.83)和式(5.84)得出

$$V(\sigma,\theta) = 4\epsilon \sum_{n=1}^{\infty} \frac{(-1)^{n+1}\sin n\theta}{(-1)^n (\mathrm{e}^{-n\epsilon\sigma} - \mathrm{e}^{n\epsilon\sigma})} = 2\epsilon \sum_{n=1}^{\infty} \frac{\sin n\theta}{\sinh n\epsilon\sigma} \tag{5.85}$$

式(5.85)由费伊(1931年)提出。虽然推导过程中做了式(5.79)的近似处理,但式(5.85)仍是伯格斯方程(2.76)的精确解,正如我们现在将要证明的那样。观察到这是正弦波边界条件下的近似解(不精确)。

5.2.2 费伊解的直接推导

现在我们将给出费伊解式(5.85)的直接推导。对于该推导,需要如下关系:

$$\sum_{m=1}^{\infty} (-1)^{m+1} q^{m^2} [q^{(2l-1)m} + q^{-(2l-1)m}] = 1 \tag{5.86}$$

其中,q 是任意的,$|q|<1$,且 l 为任意整数。式(5.86)的证明包括左侧的直接求和:

$$\begin{aligned}
&\sum_{m=1}^{\infty} (-1)^{m+1} q^{m^2} [q^{(2l-1)m} + q^{-(2l-1)m}] \\
&= -\sum_{m=1}^{\infty} (-1)^m q^{m(m+2l-1)} - \sum_{m=-2l+2}^{\infty} (-1)^{m+2l-1} q^{m(m+2l-1)} \\
&= -\sum_{m=1}^{\infty} (-1)^m q^{m(m+2l-1)} - \sum_{m=-2l+2}^{0} (-1)^{m+1} q^{m(m+2l-1)} + \sum_{m=1}^{\infty} (-1)^m q^{m(m+2l-1)} \\
&= \sum_{m=0}^{2l-2} (-1)^m q^{m(m-2l+1)} \\
&= 1 - q^{-2l+2} + q^{2(-2l+3)} - q^{3(-2l+4)} + \cdots - q^{(2l-3)(2l-3-2l+1)} + q^{(2l-2)(2l-2-2l+1)} \\
&= 1
\end{aligned} \tag{5.87}$$

由于式(5.86)对任意整数 l 有效,我们给定 l 的值为 $1,2,3,\cdots,k$,并在式(5.86)中关于 l 求和:

$$\sum_{m=1}^{\infty} (-1)^{m+1} q^{m^2} \sum_{l=1}^{k} [q^{(2l-1)m} + q^{-(2l-1)m}] = k \tag{5.88}$$

由关系

$$\sum_{l=1}^{k} [q^{(2l-1)m} + q^{-(2l-1)m}] = \frac{(q^m)^{2k} - (q^{-m})^{2k}}{q^m - q^{-m}} \tag{5.89}$$

方程(5.88)可写成

$$k = \sum_{m=1}^{\infty} (-1)^m \frac{q^m}{1 - q^{2m}} (q^{m^2+2mk} - q^{m^2-2mk}) \tag{5.90}$$

近似认为所有修正的贝塞尔函数 $\mathrm{I}_n \left[\dfrac{1}{(2\epsilon)} \right]$ 都相等,这意味着只保留式(5.79)右侧第一

项,并根据式(5.80)重写方程(5.78)为

$$k = \frac{1}{4\epsilon} \sum_{m=1}^{\infty} a_m (-1)^m q^{m^2} (q^{2mk} - q^{-2mk}) \tag{5.91}$$

式(5.90)和式(5.91)的比较给出了傅里叶系数 a_m:

$$a_m = 4\epsilon \frac{e^{-m\epsilon\sigma}}{1 - e^{-2m\epsilon\sigma}} = 2\epsilon \frac{1}{\sinh m\epsilon\sigma} \tag{5.92}$$

与式(5.85)相吻合。

5.2.3　费伊解满足伯格斯方程的证明

现在我们将证明费伊解式(5.85)是伯格方程(2.76)的精确解。我们称 V^f 为费伊解并重写式(5.85)为

$$V^f(\sigma, \theta) = 2\epsilon \sum_{n=1}^{\infty} \frac{\sin n\theta}{\sinh n\epsilon\sigma} = \frac{2\epsilon}{i} \sum_{n=1}^{\infty} (e^{in\theta} - e^{-in\theta}) \frac{e^{-n\epsilon\sigma}}{1 - e^{-2n\epsilon\sigma}} \tag{5.93}$$

由式(5.93)得到

$$
\begin{aligned}
\frac{\partial V^f}{\partial \sigma} - V^f \frac{\partial V^f}{\partial \theta} - \epsilon \frac{\partial^2 V^f}{\partial \theta^2} = \frac{2\epsilon^2}{i} \Bigg[&- \sum_{n=1}^{\infty} (e^{in\theta} - e^{-in\theta}) n \frac{e^{-n\epsilon\sigma}(1 + e^{-2n\epsilon\sigma})}{(1 - e^{-2n\epsilon\sigma})^2} - \\
&2 \sum_{n=1}^{\infty} \frac{(e^{in\theta} - e^{-in\theta}) e^{-n\epsilon\sigma}}{(1 - e^{-2n\epsilon\sigma})} \sum_{m=1}^{\infty} m(e^{im\theta} + e^{-im\theta}) \frac{e^{-m\epsilon\sigma}}{1 - e^{-2m\epsilon\sigma}} + \\
&\sum_{n=1}^{\infty} n^2 (e^{in\theta} - e^{-in\theta}) \frac{e^{-n\epsilon\sigma}}{1 - e^{-2n\epsilon\sigma}} \Bigg] \\
= &\frac{2\epsilon^2}{i} \sum_{p=-\infty}^{\infty} A(p) e^{ip\theta}
\end{aligned}
\tag{5.94}
$$

如果我们能够证明 $A(p) = 0$,则证明是完整的。对于 $p>0$,由式(5.94)我们可得到

$$
\begin{aligned}
A(p) = &- p \frac{e^{-p\epsilon\sigma}(1 + e^{-2p\epsilon\sigma})}{(1 - e^{-2p\epsilon\sigma})^2} - 2 \sum_{n=1}^{p-1} (p - n) \frac{e^{-n\epsilon\sigma}}{1 - e^{-2n\epsilon\sigma}} \frac{e^{-(p-n)\epsilon\sigma}}{1 - e^{-2(p-n)\epsilon\sigma}} - \\
&2 \sum_{n=p+1}^{\infty} (n - p) \frac{e^{-n\epsilon\sigma}}{1 - e^{-2n\epsilon\sigma}} \frac{e^{-(n-p)\epsilon\sigma}}{1 - e^{-2(n-p)\epsilon\sigma}} + 2 \sum_{n=p+1}^{\infty} n \frac{e^{-n\epsilon\sigma}}{1 - e^{-2n\epsilon\sigma}} \frac{e^{-(n-p)\epsilon\sigma}}{1 - e^{-2(n-p)\epsilon\sigma}} + \\
&p^2 \frac{e^{-p\epsilon\sigma}}{1 - e^{-2p\epsilon\sigma}}
\end{aligned}
\tag{5.95}
$$

将式(5.95)右侧第三和第四项相加,并设 $e^{-2\epsilon\sigma} = x$,我们得到

$$
\begin{aligned}
A(p) x^{-\frac{1}{2}p} = &- p \frac{1 + x^p}{(1 - x^p)^2} + p^2 \frac{1}{1 - x^p} - 2p \sum_{n=1}^{p-1} \frac{1}{1 - x^n} \frac{1}{1 - x^{p-n}} + \\
&2 \sum_{n=1}^{p-1} n \frac{1}{1 - x^n} \frac{1}{1 - x^{p-n}} + 2p \sum_{n=p+1}^{\infty} \frac{x^{n-p}}{(1 - x^n)(1 - x^{n-p})}
\end{aligned}
\tag{5.96}
$$

使用如下关系:

$$2 \sum_{n=1}^{p-1} (p - n) \frac{1}{1 - x^n} \frac{1}{1 - x^{p-n}} = 2 \sum_{n=1}^{p-1} n \frac{1}{1 - x^n} \frac{1}{1 - x^{p-n}}$$

$$= \sum_{n=1}^{p-1} p \, \frac{1}{1-x^n} \, \frac{1}{1-x^{p-n}} \tag{5.97}$$

式(5.96)重写如下:

$$
\begin{aligned}
A(p)x^{-\frac{1}{2}p} &= -p\,\frac{1+x^p}{(1-x^p)^2} + p^2\,\frac{1}{1-x^p} - \sum_{n=1}^{p-1} p\,\frac{1}{1-x^n}\,\frac{1}{1-x^{p-n}} + 2p\sum_{n=p+1}^{\infty}\frac{x^{n-p}}{(1-x^n)(1-x^{n-p})} \\
&= -p\,\frac{1+x^p}{(1-x^p)^2} + p^2\,\frac{1}{1-x^p} - \frac{p}{1-x^p}\sum_{n=1}^{p-1}\left(\frac{1}{1-x^n}+\frac{x^{p-n}}{1-x^{p-n}}\right) + \\
&\qquad \frac{2p}{1-x^p}\sum_{n=1}^{\infty}\left(\frac{x^n}{1-x^n}-\frac{x^{p+n}}{1-x^{p+n}}\right) \\
&= \frac{p}{1-x^p}\left(-\frac{1+x^p}{1-x^p}+p-\sum_{n=1}^{p-1}\frac{1}{1-x^n}-\sum_{n=1}^{p-1}\frac{x^n}{1-x^n}+2\sum_{n=1}^{p}\frac{x^n}{1-x^n}\right) \\
&= \frac{p}{1-x^p}\left(-\frac{1+x^p}{1-x^p}+p+2\,\frac{x^p}{1-x^p}-\sum_{n=1}^{p-1}\frac{1-x^n}{1-x^n}\right) \\
&= \frac{p}{1-x^p}\left[\frac{1}{1-x^p}(-1-x^p+2x^p)+p-(p-1)\right] \\
&= 0 \tag{5.98}
\end{aligned}
$$

很明显,$p<0$ 时也可证明 $A(p)=0$。因此可以得出式(5.93)给出的费伊解 V^f 是伯格斯方程的精确解。

5.2.4 关于费伊解的几点说明

费伊解可通过在式(5.78)中使用渐近展开式(5.79)的第二项来进行细化。因为近似方程组(5.91)中的基本信息包含在下列各项中:

$$\epsilon(k\pm m)^2 \ll 1 \tag{5.99}$$

我们可通过下式来近似式(5.79):

$$\mathrm{I}_{k\pm m}\left(\frac{1}{2\epsilon}\right) \sim 1-\epsilon(k\pm m)^2+\frac{\epsilon}{4} \approx \exp\left[-\epsilon(k\pm m)^2+\frac{\epsilon}{4}\right] \tag{5.100}$$

$$\mathrm{I}_{m}\left(\frac{1}{2\epsilon}\right) \sim 1-\epsilon m^2+\frac{\epsilon}{4} \approx \exp\left(-\epsilon m^2+\frac{\epsilon}{4}\right) \tag{5.101}$$

在式(5.78)中使用式(5.100)和式(5.101),我们发现式(5.81)中[而不是式(5.80)中]采用如下替换是有效的:

$$q = \mathrm{e}^{-\epsilon(\sigma+1)} \tag{5.102}$$

这种形式的费伊解变为(布莱克斯托克,1964 年)

$$V(\sigma,\theta) = 2\epsilon \sum_{n=1}^{\infty} \frac{\sin n\theta}{\sinh[n\epsilon(\sigma+1)]} \tag{5.103}$$

其与式(5.85)一样,也是式(2.76)的精确解。这两种形式唯一的区别是式(5.85)中的 σ 已被式(5.103)中的 $\sigma+1$ 替换。布莱克斯托克(1964 年)和库卢夫拉特(1989 年)给出了费伊解式(5.103)的改进,适用于 ϵ 的下一阶表示。

现在我们可以将费伊解式(5.103)与无黏锯齿解的傅里叶表达式进行比较。在 $\epsilon \to o$ 的极限条件下,式(5.103)中的傅里叶系数与式(4.69)中给出的系数 B_n 接近。显然,随着 σ 的增加,式(5.103)中高次谐波的衰减速度比基频波的衰减速度更快,因此,对于 $\sigma \gg 1$,式(5.103)可被近似为

$$V \approx 4\epsilon \exp(-\epsilon\sigma) \sin\theta \tag{5.104}$$

该结果满足热传导方程(3.65),通过忽略非线性项,由伯格斯方程(2.76)得到。在这种情况下,精确解的知识给出了渐近解式(5.104)中振幅常数的值。

引入 V 的定义式(5.2)、ϵ 的定义式(5.6)和 σ 的定义式(4.37),我们发现渐近流体速度不依赖于初始速度振幅 v_0。这是非线性波饱和现象的一个例子。这在物理上意味着非线性介质的波传输能力是有限的。

包含高次谐波的大 σ 值费伊解式(5.103)的渐近行为是

$$V(\sigma, \theta) = 4\epsilon \sum_{n=1}^{\infty} e^{-n\epsilon\sigma} \sin n\theta \tag{5.105}$$

一方面,从式(5.105)可以发现,谐波呈 $e^{-n\epsilon\sigma}$ 指数衰减。另一方面,由式(3.78)可以明显得出,依据线性理论的谐波按 $e^{-n^2\epsilon\sigma}$ 指数衰减。该差异可由非线性理论和线性理论中高次谐波($n>1$)及其不同的来源来解释。在非线性理论中,高次谐波是在波的传播过程中非线性产生的,其起始是一个纯正弦波。在线性理论中,高次谐波必须由边界条件施加,否则它们是不存在的。

可以得出一个有点奇怪的结论,即在线性状态下,当波处于非常远的距离时,频率是非线性衰减的。这意味着要么波传播对振幅非常小的高次谐波极为敏感,要么必须始终考虑非线性,即使在线性状态下也是如此。在任何一种情况下,该效应都应该是显著的,因此线性理论也必须对振幅非常小的高次谐波极其敏感,或者必须始终使用非线性理论。幸运的是,两种假设都没有必要,解释也很简单。在式(5.104)成立的状态下,只有一次谐波是重要的。由于 $n^2 = n = 1$,对于一次谐波,总波是可由线性结果 $e^{-n^2\epsilon\sigma}$ 或非线性结果 $e^{-n\epsilon\sigma}$ 等效描述的纯正弦波。($n>1$ 时的高次谐波贡献足够小,可被忽略。)

5.3　平面谐波下的霍赫洛夫–索卢扬解

5.3.1　霍赫洛夫–索卢扬解的推导

费伊解式(5.103)是对锯齿波[式(4.61)和式(4.62)]的细化,通过考虑非零值的 ϵ 得到。式(4.61)和式(4.62)的不连续性已被有限宽度的冲击代替。然而,从式(5.103)中无法直接看到冲击结构。现在,根据科尔–霍普夫解[式(3.71)],使用式(3.81)的 $U(\sigma, \theta)$,导出了展示冲击结构的另一种波的表达式(索卢扬和霍赫洛夫,1961 年;鲁坚科和索卢扬,1977 年,第 2 章)。该表达式将利用第 3.2.2 节中使用的鞍点法导出,并与费伊解进行比

较。由边界条件式(5.64)以及式(3.85)和式(3.81)得出

$$U(\sigma,\theta) = \frac{C}{2\sqrt{\pi\epsilon\sigma}}\int_{-\infty}^{\infty}\exp\left[-\frac{\chi(\theta')}{2\epsilon}\right]d\theta' \tag{5.106}$$

其中,对于边界条件 $V_0 = \sin\theta$,有

$$\chi(\theta') = \frac{(\theta-\theta')^2}{2\sigma}+\cos\theta' \tag{5.107}$$

我们采用条件

$$\chi'(\theta') = 0 \tag{5.108}$$

其满足 $\theta' = \theta'_m(\theta)$,其中 $\theta'_m(\theta)$ 由如下方程隐式地给出:

$$\theta-\theta'_m+\sigma\sin\theta'_m = 0 \tag{5.109}$$

$\chi(\theta')$ 关于极值点 $\theta' = \theta'_m(\theta)$ 的泰勒展开式的第一项是

$$\chi(\theta') = \frac{(\theta-\theta'_m)^2}{2\sigma}+\cos\theta'_m+\frac{1}{2}\left(\frac{1}{\sigma}-\cos\theta'_m\right)(\theta'-\theta'_m)^2+\cdots \tag{5.110}$$

首先,我们假设 $\sigma<1$,则方程(5.109)具有 $\theta'_m=\theta'_0$ 的解,并且如式(5.107)所示,在 $\theta'=\theta'_0$ 处 χ 具有最小值。这意味着式(5.106)中的被积函数存在最大值。此时可使用式(5.110)计算式(5.106)的积分:

$$U = C\frac{\exp\left[\dfrac{-(\theta-\theta'_0)^2-2\sigma\cos\theta'_0}{4\epsilon\sigma}\right]}{\sqrt{1-\sigma\cos\theta'_0}} \tag{5.111}$$

利用式(5.111)和式(5.109),由式(3.71)得到伯格斯方程(2.76)的近似解:

$$V = -\frac{\theta-\theta'_0}{\sigma}+\frac{d\theta'_0}{d\theta}\left[(\theta-\theta'_0)\frac{1}{\sigma}+\sin\theta'_0\right]+O(\epsilon) = -\frac{\theta-\theta'_0}{\sigma}+O(\epsilon) = \sin\theta'_0+O(\epsilon) \tag{5.112}$$

其中,θ'_0 是 $\sigma<1$ 时满足式(5.109)的 θ'_m 的唯一值。由式(5.112)我们发现

$$\theta = -\sigma V+\arcsin V+O(\epsilon) \tag{5.113}$$

这与式(4.36)中针对无损平面波情况得出的结果相同。

然而,当 σ 增加并超过值 $\sigma=1$ 时,式(5.109)解的数量增加至 3 个,如图 5.2 所示。

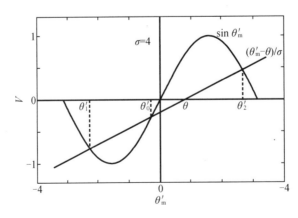

图 5.2　当 $\sigma>1$ 时存在的三个极值点 θ'_m

从式(5.110)可以发现,当 θ' 等于式(5.109)的最小和最大根时,$\chi(\theta')$ 存在最小值。因此,式(5.106)的积分取被积函数的两个最大值,结果为式(5.111)中两项的总和:

$$U = C \left\{ \frac{\exp\left[-\dfrac{\chi(\theta_1')}{2\epsilon}\right]}{\sqrt{1-\sigma\cos\theta_1'}} + \frac{\exp\left[-\dfrac{\chi(\theta_2')}{2\epsilon}\right]}{\sqrt{1-\sigma\cos\theta_2'}} \right\} \tag{5.114}$$

其中,θ_1' 和 θ_2' 分别是方程(5.109)的最小根和最大根。利用式(5.107)和式(5.109)的结果得

$$\frac{\partial\chi(\theta_{1,2}')}{\partial\theta} = \frac{\theta-\theta_{1,2}'}{\sigma} = -\sin\theta_{1,2}' \tag{5.115}$$

由式(3.71)我们得到如下解:

$$V = 2\epsilon\frac{\partial U}{\partial\theta} = \frac{\exp\left[-\dfrac{\chi(\theta_1')}{2\epsilon}\right]\sin\theta_1' + \exp\left[-\dfrac{\chi(\theta_2')}{2\epsilon}\right]\sin\theta_2'}{\exp\left[-\dfrac{\chi(\theta_1')}{2\epsilon}\right] + \exp\left[-\dfrac{\chi(\theta_2')}{2\epsilon}\right]} \tag{5.116}$$

在推导式(5.116)时,我们忽略了式(5.114)中分母的平方根。这样处理是因为式(5.114)中分母的导数与分子的导数相比是 $O(\epsilon)$,并且因为 σ 也足够大:

$$\theta_2' - \theta_1' \approx 2\pi \tag{5.117}$$

见图 5.2。为了简化式(5.116),我们设

$$\theta_1' = -\pi + \Phi_1$$
$$\theta_2' = \pi - \Phi_2 \tag{5.118}$$

其中,Φ_1 和 Φ_2 较小。由于根据式(5.109)有

$$\theta = \theta_1' - \sigma\sin\theta_1' = \theta_2' - \sigma\sin\theta_2' \tag{5.119}$$

写作

$$\sin\Phi_{1,2} \approx \Phi_{1,2} \tag{5.120}$$

由式(5.118)和式(5.119)我们发现

$$\Phi_1 \approx \frac{\pi+\theta}{\sigma+1}$$

$$\Phi_2 \approx \frac{\pi-\theta}{\sigma+1} \tag{5.121}$$

使用式(5.118)并将式(5.121)代入式(5.116),我们得到

$$V = \frac{1}{\sigma+1}\left(-\theta + \pi\,\frac{\exp\left(\dfrac{\chi_1-\chi_2}{4\epsilon}\right) - \exp\left(-\dfrac{\chi_1-\chi_2}{4\epsilon}\right)}{\exp\left(\dfrac{\chi_1-\chi_2}{4\epsilon}\right) + \exp\left(-\dfrac{\chi_1-\chi_2}{4\epsilon}\right)} \right) \tag{5.122}$$

其中,假设 $\chi_{1,2} = \chi(\theta_{1,2}')$。

参数 $\chi_1 - \chi_2$ 仍有待找到。利用式(5.121),我们从式(5.107)和式(5.118)得到

$$\chi(\theta_1') - \chi(\theta_2') = \cos\theta_1' - \cos\theta_2' + \frac{(\theta-\theta_1')^2}{2\sigma} - \frac{(\theta-\theta_2')^2}{2\sigma}$$

$$\approx \frac{1}{2}(\Phi_1^2 - \Phi_2^2) + \frac{1}{2\sigma}\left[(\pi-\Phi_1)^2 - (\pi-\Phi_2)^2 + 2\theta(2\pi-\Phi_1-\Phi_2)\right]$$

$$= \frac{2\pi\theta}{\sigma+1} \tag{5.123}$$

由式(5.122)和式(5.123)得到霍赫洛夫-索卢扬解(索卢扬和霍赫洛夫,1961 年):

$$V = \frac{1}{\sigma+1}\left[-\theta+\pi\tanh\frac{\pi\theta}{2\epsilon(\sigma+1)}\right], \quad -\pi<\theta<\pi \tag{5.124}$$

5.3.2　费伊解与霍赫洛夫-索卢扬解的对比

与费伊解式(5.103)相反,霍赫洛夫-索卢扬解式(5.124)不是在任意大距离 σ 下都是有效的。这一点可从以下事实看出:随着 σ 增加,图 5.2 中的直线变得更加水平,并最终在三个以上的点处切割正弦曲线。当这种情况发生时,假设 $\chi(\theta')$ 仅有两个极小值的式(5.124)的计算不再有效。

图 5.3 显示了费伊解和霍赫洛夫-索卢扬解以及非耗散解的精确解的对比。当 $\sigma=1$ 时,费伊解和霍赫洛夫-索卢扬解不认为是正确的。当 $\sigma=4$ 和 $\sigma=500$ 时,霍赫洛夫-索卢扬解和费伊解是相符的。霍赫洛夫-索卢扬解最初具有非常弱的耗散依赖性。后来,当耗散更强时,$\theta=0$ 附近的波在被非耗散项右翻转前,首先以错误的方式下降。它不通过点 $-\pi$ 和 π,而费伊解的傅里叶级数使波通过点 $\pm\pi$。因此,在图 5.3 中 $\sigma=5\,000$ 时,霍赫洛夫-索卢扬解甚至不接近周期性,并且给出了完全错误的行为。δ 定义为冲击宽度的度量:

$$\delta = \frac{2\epsilon(\sigma+1)}{\pi} \tag{5.125}$$

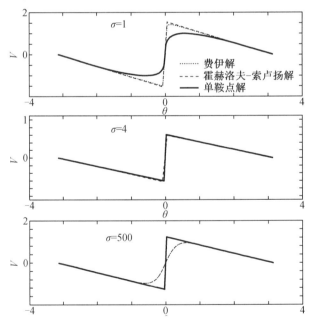

图5.3　以 $\sigma>3$ 修正的费伊解[式(5.103)]、霍赫洛夫-索卢扬解[式(5.124)]以及以 $(1+\sigma)\ll\frac{1}{\epsilon}$ 修正的单鞍点解[式(4.79)]的对比(耗散 $\epsilon=10^{-7}$)

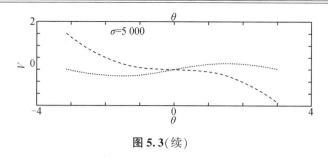

图 5.3(续)

假设 δ 很小,因为对于 θ 从 $-\delta$ 到 δ 取值,函数 $\tanh\dfrac{\theta}{\delta}$ 的量值增长了 $2\tanh 1 \approx 1.523$。霍赫洛夫-索卢扬解式(5.124)有效的条件可通过将其展开为傅里叶级数来找到:

$$V = \sum_{k=1}^{\infty} d_k \sin k\theta \tag{5.126}$$

其中

$$d_k = \frac{1}{\pi}\int_{-\pi}^{\pi} V\sin k\theta\,\mathrm{d}\theta = \frac{1}{\pi(\sigma+1)}\int_{-\pi}^{\pi}\left(-\theta + \pi\tanh\frac{\theta}{\delta}\right)\sin k\theta\,\mathrm{d}\theta \tag{5.127}$$

在赫德伯格(1994 年[a,b])之后,我们扩展了

$$\tanh\frac{\theta}{\delta} = 1 + 2\sum_{m=1}^{\infty}(-1)^m\mathrm{e}^{-2m\frac{\theta}{\delta}}, \qquad \frac{\theta}{\delta} > 0$$

$$\tanh\frac{\theta}{\delta} = -1 - 2\sum_{m=1}^{\infty}(-1)^m\mathrm{e}^{2m\frac{\theta}{\delta}}, \qquad \frac{\theta}{\delta} < 0 \tag{5.128}$$

通过使用积分

$$\int_0^{\pi}\mathrm{e}^{-\alpha\theta}\sin k\theta\,\mathrm{d}\theta = \left[1 - (-1)^k\mathrm{e}^{-\alpha\pi}\right]\frac{k}{\alpha^2 + k^2} \tag{5.129}$$

和

$$\int_0^{\pi}\theta\sin k\theta\,\mathrm{d}\theta = (-1)^k\frac{2\pi}{k} \tag{5.130}$$

(其中,k 是一个整数),且利用展开式(5.128),可计算傅里叶系数 d_k:

$$d_k = \frac{1}{\pi}\int_{-\pi}^{\pi} V\sin k\theta\,\mathrm{d}\theta$$

$$= \frac{1}{\pi(\sigma+1)}\int_{-\pi}^{\pi}\left(-\theta + \pi\tanh\frac{\theta}{\delta}\right)\sin k\theta\,\mathrm{d}\theta$$

$$= \frac{2}{(\sigma+1)k} + \frac{4}{\sigma+1}\sum_{m=1}^{\infty}\frac{k(-1)^m\left[1 - (-1)^k\mathrm{e}^{-2m\pi/\delta}\right]}{(2m/\delta)^2 + k^2} \tag{5.131}$$

由于

$$\mathrm{e}^{-2\pi/\delta} = \exp\left[\frac{-\pi^2}{\epsilon(\sigma+1)}\right] \ll 1 \tag{5.132}$$

忽略式(5.131)求和项中括号内的第二项,得到

$$d_k \approx \frac{2}{\sigma+1}\left[\frac{1}{k} + 2k\sum_{m=1}^{\infty}\frac{(-1)^m}{(2m/\delta)^2 + k^2}\right] \tag{5.133}$$

式(5.133)右侧的求和项可以用其解析函数的极点表示来计算(惠特克和沃森, 1950 年[134])。为此，我们认为函数 $f(z)$ 在复平面有限区域中的唯一奇点是位于 $a_1, a_2, a_3, \cdots$ 的极点，其中 $|a_1| \leqslant |a_2| \leqslant |a_3| \leqslant \cdots$。设这些极点的残差为 $b_1, b_2, b_3, \cdots$，并假设可选择半径为 R_m、中心位于 $x = 0$ 的圆序列 C_m，且其不跨越任何极点。这意味着 $|f(z)|$ 在 C_m 上有界。假设 C_m 上的所有点 $|f(z)| < M$，其中 M 独立于 m。根据留数定理，我们得到

$$\frac{1}{2\pi \mathrm{i}} \int_{C_m} \frac{f(z)}{z-x} \mathrm{d}z = f(x) + \sum_r \frac{b_r}{a_r - x} \tag{5.134}$$

其中，求和项包括了 C_m 中所有的极点。如果在 $z = 0$ 处 $f(z)$ 是解析的，我们将 $\frac{1}{z-x}$ 写为 $\frac{1}{z} + \frac{x}{z(z-x)}$，由式(5.134)得到

$$\frac{1}{2\pi \mathrm{i}} \int_{C_m} \frac{f(z)}{z-x} \mathrm{d}z = \frac{1}{2\pi \mathrm{i}} \int_{C_m} \frac{f(z)}{z} \mathrm{d}z - \frac{x}{2\pi \mathrm{i}} \int_{C_m} \frac{f(z)}{z(z-x)} \mathrm{d}z$$

$$= f(0) + \sum_r \frac{b_r}{a_r} + \frac{x}{2\pi \mathrm{i}} \int_{C_m} \frac{f(z)}{z(z-x)} \mathrm{d}z \tag{5.135}$$

其中，求和包括了 C_m 中所有的极点。对于 $m \to \infty$，我们有

$$\left| \int_{C_m} \frac{f(z)}{z(z-x)} \mathrm{d}z \right| \leqslant \frac{2\pi M}{R_m} \tag{5.136}$$

由于 $\lim_{m \to \infty} R_m^{-1} = 0$，我们在式(5.135)中通过设 $m \to \infty$ 并使用式(5.134)得到

$$f(x) = f(0) + \sum_{n=1}^{\infty} b_n \left(\frac{1}{x - a_n} + \frac{1}{a_n} \right) \tag{5.137}$$

我们现将式(5.137)应用于函数

$$f(z) = \frac{1}{\sin z} - \frac{1}{z} \tag{5.138}$$

函数 $f(z)$ 的奇点位于点 $z = n\pi, n = \pm 1, \pm 2, \pm 3, \cdots$。函数 $f(x)$ 在极点 $z = n\pi$ 的余数是 $(-1)^n$，并且当 $n \to \infty$ 时 $f(z)$ 在圆 $|z| = \left(n + \frac{1}{2} \right) \pi$ 上是有界的。因此，鉴于一般结果式(5.137)和

$$f(0) = \lim_{z \to 0} \frac{z - \sin z}{z \sin z} = 0 \tag{5.139}$$

我们得到

$$\frac{1}{\sin z} - \frac{1}{z} = \sum_{n = \pm 1, \pm 2, \cdots} (-1)^n \left(\frac{1}{z - n\pi} + \frac{1}{n\pi} \right) \tag{5.140}$$

利用式(5.140)中的 $\frac{1}{n\pi}$ 项成对抵消的事实，以及 $\sinh z = -\mathrm{i}\sin \mathrm{i}z$，我们由式(5.140)得到

$$\frac{1}{\sinh z} = \frac{1}{z} + 2z \sum_{n=1}^{\infty} \frac{(-1)^n}{z^2 + (n\pi)^2} \tag{5.141}$$

当式(5.141)应用于式(5.133)中的求和项时，得出

$$\mathrm{d}k = \frac{2\epsilon}{\sinh\left[\,k\epsilon(\sigma+1)\,\right]} \tag{5.142}$$

与式(5.103)相吻合。

由于费伊解对任意大的距离 σ 都是有效的,式(5.132)的条件是霍赫洛夫-索卢扬解近似傅里叶展开的唯一假设,限制了其在距离上的有效性。

诺维科夫(1978 年)基于热传导解的离散热源解之和,给出了一个比霍赫洛夫-索卢扬解更一般的波形表达式。

使用 ϑ 函数,将费伊解和霍赫洛夫-索卢扬解与 D. F. 帕克(1980 年)热传导方程的相应解进行了比较。

A. 帕克(1992 年)给出了调幅正弦波形式伯格斯方程周期解的表达式。

库卢夫拉特(1991 年[a])给出了将冲击形成区域的解与费伊解联系起来的渐近方法。

5.3.3　霍赫洛夫-索卢扬解与锯齿解的对比

同样有趣的是,研究霍赫洛夫-索卢扬解以及完全成长的锯齿解间的关系,该锯齿解作为黎曼波动方程(4.48)的解,由式(4.61)和式(4.62)给出。以下考虑与 N 波解式(5.22)和式(5.23)的匹配类似。

首先,我们声明[参见式(4.48)和式(4.60)]解函数 V_0 由下式隐式地给出:

$$V_0 = \sin(\theta + \sigma V_0) \tag{5.143}$$

上式是式(2.76)的解的外部级数展开式的第一项:

$$V(X,T) = V_0(X,T) + \epsilon V_1(X,T) + \epsilon^2 V_2(X,T) + \cdots \tag{5.144}$$

由式(5.143)我们发现如下结果:

$$\theta = \arcsin V_0 - \sigma V_0 \tag{5.145}$$

和

$$\frac{\mathrm{d}\theta}{\mathrm{d}V_0} = \frac{1}{\sqrt{1-V_0^2}} - \sigma \tag{5.146}$$

对于 $V_0 = 0$,$\sigma = 1$,我们得到

$$\left(\frac{\partial V_0}{\partial \theta}\right)_{\theta=0} = \infty \tag{5.147}$$

在 $\sigma = 1$、$\theta = 0$ 处,$V_0(\sigma, \theta)$ 的无限积分是波形不连续的开始。为了得到 $\theta = 0$ 附近的解,我们"拉伸" θ 变量并定义

$$\theta^* = \frac{\theta}{\epsilon} \tag{5.148}$$

这种"拉伸"是自然的,因为在 $\theta = 0$ 附近短的 θ 间隔内 V 的改变是急剧的。将式(5.148)代入式(2.76),给出 $V^*(\sigma, \theta^*) = V(\sigma, \theta)$ 条件下的方程:

$$\epsilon \frac{\partial V^*}{\partial \sigma} - V^* \frac{\partial V^*}{\partial \theta^*} - \frac{\partial^2 V^*}{\partial \theta^{*2}} = 0 \tag{5.149}$$

替换"内部"展开

$$V^* = V_0^* + \epsilon V_1^* + \cdots \tag{5.150}$$

至式(5.149)并对方程进行 V_0^* 积分,我们得到

$$\frac{V_0^{*2}}{2} + \frac{\partial V_0^*}{\partial \theta^*} = \frac{1}{2} C^2(\sigma) \tag{5.151}$$

其中,$C(\sigma)$ 是任意函数。对式(5.151)的积分:

$$\theta^* = \frac{1}{C} \ln \left| \frac{V_0^* + C}{V_0^* - C} \right| + D \tag{5.152}$$

其中,D 取决于 σ。通过增加正值,在 $\theta = 0$ 时的不连续处,式(5.146)中的微分 $\frac{\partial V_0}{\partial \theta}$ 变得无限大。因此,我们假设 $\frac{\partial V_0^*}{\partial \theta^*} > 0$,即 $C > V_0^*$。从而我们可在式(5.152)中求解 V_0^*:

$$V_0^* = C \tanh \left[\frac{C}{2} (\theta^* - D) \right] \tag{5.153}$$

我们立即发现 $D = 0$,因为解与初始波式(5.64)类似,必须关于 θ 反对称。另一方面,与式(5.12)中的待定常数相同,常数 C 由渐近匹配确定。与式(5.14)类似,我们有

$$\lim_{\theta \to 0_+} V_0^* = \lim_{\theta^* \to \infty} V_0 \tag{5.154}$$

其中,在使用式(5.143)和式(5.153)时,给出

$$C = \sin p_0, \quad p_0 = \sigma V_0 \tag{5.155}$$

其中,p_0 由超越方程给定

$$p_0 = \sigma \sin p_0 \tag{5.156}$$

对于 $\sigma \gg 1$,p_0 值接近 π。所以,利用 $p_0 = \pi - \delta$,我们重写式(5.156)得

$$\pi - \delta = \delta \sin(\pi - \delta) = \sigma \sin \delta \approx \sigma \delta \tag{5.157}$$

因此,我们得到

$$\delta = \frac{\pi}{1 + \sigma} \tag{5.158}$$

和

$$C = \sin p_0 = \sin \delta \approx \delta = \frac{\pi}{1 + \sigma} \tag{5.159}$$

式(5.143)的解可近似为 $\sigma \gg 1$ 的一条直线。这条直线由 $-\pi < \theta < 0$ 的式(4.62)和 $0 < \theta < \pi$ 的式(4.61)给出,这是外部解。由式(5.159)给出的 C 表示的内部解[式(5.153)]可与外部解结合,得到

$$V = \frac{\pi}{\sigma + 1} \left\{ \tanh \left[\frac{\pi \theta}{2\epsilon(\sigma + 1)} \right] - \frac{\theta}{\pi} \right\} \tag{5.160}$$

这个结果是通过将上述解相加,并在极限 $\epsilon \to 0$ 条件下减去它们的公共部分得到的。在式(5.160)中我们认识到,早期霍赫洛夫-索卢扬解[式(5.124)]是通过不同途径获得的。

5.4　平面谐波下的精确解

5.4.1　精确解的傅里叶级数递推公式

本书中,对弱耗散介质中存在非线性效应的平面谐波演化问题进行了广泛研究。设耗散等于零,我们得到了贝塞尔-富比尼解[式(4.46)]和锯齿解[式(4.61)、式(4.62)]。式(4.67)给出了这两个解的傅里叶系数是如何相互转换的;对于 $\sigma<1$,式(4.67)的第一项为零,而对于 $\sigma\to\infty$,式(4.67)的第二项为零。然而,对于非零耗散,费伊解[式(5.85)]取代了锯齿解[式(4.61)、式(4.62)],仅适用于 $\sigma\gg1$,如前面解释的情况[见式(5.81)]。另一方面,贝塞尔-富比尼解在波连续的区域有效,也就是对于 $\sigma<1$ 有效。对于 $\epsilon\neq0$,贝塞尔-富比尼解可被认为是解的 ϵ 次方渐近展开的第一项。费伊解也可用同样的方式进行考虑。这样,采用微扰法,可得到费伊解和贝塞尔-富比尼解(布莱克斯托克,1964 年)的 ϵ 阶修正。修正的贝塞尔-富比尼解为

$$V(\sigma,\theta)=\sum_{m=1}^{\infty}\left\{\frac{2J_m(m\sigma)}{m\sigma}-\frac{2\epsilon}{m}\sum_{r=1}^{\infty}ra_r\left[J_{m-r}(m\sigma)+J_{m+r}(m\sigma)\right]\right\}\sin m\theta \qquad (5.161)$$

其中

$$a_r=r(1-\sigma^2)^{-\frac{1}{2}}\sigma^{-r}\left[1-(1-\sigma^2)^{\frac{1}{2}}\right]^r \qquad (5.162)$$

图 5.4 所示为 $\sigma=0.7$ 且 $\epsilon=0.1$ 时贝塞尔-富比尼解(虚线)和修正的贝塞尔-富比尼解(实线)的对比。

然而,找到任意 σ 和 $\epsilon\neq0$ 条件下有效解的表示仍然是一个问题。本节中,将使用式(5.78)的精确方程组得到这一表示。由此,通过(近似)设式(5.78)中的修正贝塞尔函数相等,可得到具有傅里叶系数[式(5.92)]的费伊解[式(5.85)]。

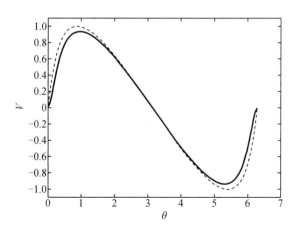

图 5.4　$\sigma=0.7$ 且 $\epsilon=0.1$ 时贝塞尔-富比尼解(虚线)和修正的贝塞尔-富比尼解(实线)的对比

式(5.92)中傅里叶系数 a_m 被展开成级数

$$a_m = 4\epsilon e^{-m\epsilon\sigma}(1 + e^{-2m\epsilon\sigma} + e^{-4m\epsilon\sigma} + \cdots) \tag{5.163}$$

式(5.163)的一个明显产物是式(5.78)中精确傅里叶系数 a_m 的展开(恩弗洛和赫德伯格,2001 年)

$$a_k = 4\epsilon \sum_{r=1,2,\cdots}^{\infty} d_{kr} e^{-r\epsilon\sigma} \tag{5.164}$$

与费伊解相对应的极限要求

$$d_{kr} \to 1 \quad r = (2n+1)k, \quad n = 0,1,2,\cdots \tag{5.165}$$

$$d_{kr} \to 0 \quad r \neq (2n+1)k, \quad n = 0,1,2,\cdots \tag{5.166}$$

将式(5.164)代入式(5.78),可由式(5.80)得到

$$I_m\left(\frac{1}{2\epsilon}\right) m = \sum_{k=1}^{\infty} (-1)^{k+1} q^{k^2} \left(q^{-2km} I_{k-m}\left(\frac{1}{2\epsilon}\right) (d_{k1}q + d_{k2}q^2 + \cdots + d_{k,4km}q^{4km}) + \right.$$

$$q^{2km}\left\{ \left[I_{k-m}\left(\frac{1}{2\epsilon}\right) d_{k,4km+1} - I_{k+m}\left(\frac{1}{2\epsilon}\right) d_{k1} \right] q + \right.$$

$$\left. \left. \left[I_{k-m}\left(\frac{1}{2\epsilon}\right) d_{k,4km+2} - I_{k+m}\left(\frac{1}{2\epsilon}\right) d_{k2} \right] q^2 + \cdots \right\} \right), \quad m = 1,2,\cdots \tag{5.167}$$

对于 q 的每一次幂,式(5.167)中 m 的每一个正整数值给出了式(5.164)级数中系数的线性方程。

通过简单的论证,我们将证明一些系数 d_{ik} 为零。根据式(5.167),q^r 中的指数 r 表示为

$$r = k^2 \pm 2km + s = (k \pm m)^2 + s - m^2 \tag{5.168}$$

对于给定的 r 和 m,式(5.168)的可能解产生系数 d_{ks} 的参数 k、s,这些参数出现在通过使 q^r 的系数在式(5.167)两边相等而得到的等式中。从式(5.168)可以明显看出,r 为偶数时,$k+s$ 必须是偶数,且 r 为奇数时,$k+s$ 必须是奇数。因此,相应地当 $k+s$ 为偶数和奇数时,d_{ks} 分别出现在不同的方程中。方程组(5.167)中 d_{ks} 的非齐次项仅在 $r=0$ 时出现,即偶数。因此,当 $k+s$ 为奇数时我们得到 d_{ks} 的齐次方程组。这个方程组有唯一的解 $d_{ks}=0$。此后,我们假设 $k+s$ 是偶数。

由式(5.167)得到的另一个结论是,当 $k>s$ 时 d_{ks} 为 0。为了得到这一点,我们首先从式(5.167)中注意到

$$d_{11} = \frac{I_1}{I_0} \tag{5.169}$$

另一方面,由式(5.168)可知,式(5.167)中 q^r 指数 r 的最小值为(设 $k=m,s=1$)

$$r_{min} = 1 - m^2 \tag{5.170}$$

使用式(5.170),我们从式(5.167)中得出结论:

$$d_{m1} = 0, \quad m > 1 \tag{5.171}$$

r 的下一个最小值为 $2-m^2$。根据式(5.167)中对 q 的该幂的贡献,我们使用关系式 $I_{-m} = I_m$ 得出结论:

$$I_0 d_{m2} - I_1(d_{m+1,1} + d_{m-1,1}) = 0 \tag{5.172}$$

如果我们假设式(5.172)中 $m > 2$,并由式(5.171)我们发现

$$d_{m2} = 0, \quad m > 2 \tag{5.173}$$

作为对式(5.172)的推广,系数 d_{ms} 的完整递归公式是(恩弗洛和赫德伯格,2001 年)

$$I_0 d_{ms} = I_1(d_{m-1,s-1} + d_{m+1,s-1}) - I_2(d_{m-2,s-4} + d_{m+2,s-4}) + \cdots +$$
$$(-1)^{n+1} I_n(d_{m-n,s-n^2} + d_{m+n,s-n^2}) + \cdots \tag{5.174}$$

其中以下条件成立:

(1)除 $d_{00} = 1$ 之外,$d_{0k} = d_{k0} = 0$。

(2)$d_{-m,s} = -d_{ms}$。

(3)如果 $s = r^2$,式(5.174)右侧的级数终止于 $(-1)^{r+1} r I_r$;否则,级数会因 $n^2 > s$ 而中断。

(4)对于 $m+s =$ 奇数整数,$d_{ms} = 0$。

(5)对于 $m > s$,$d_{ms} = 0$。

我们已假设式(5.167)中 m、$r \geq 1$,其中 r 是 q^r 的指数。

使用式(5.171)的有效性,条件(5)可由式(5.174)归纳得出。在计算 d_{ms} 之前,可计算出式(5.174)右侧的所有 d 函数。由于 $m \leq s$,我们可用式(5.174)来计算 $d_{(m+s)/2,(m+s)/2}$,$d_{(m+s)/2-1,(m+s)/2+1}$,$\cdots$,$d_{m-1,s+1}$,也可由 $l+r < m+s$ 计算 d_{lr}。这样,式(5.174)给出了求展开式式(5.164)中系数 d_{kr} 问题的完整解;因此,对于 σ 的所有值,就是求出 $V(\sigma, \theta)$ 的展开式(5.73)中傅里叶系数的问题。当使所有 I 函数相等并假设 $d_{00} = 1$ 时,式(5.174)的解由式(5.165)和式(5.166)给出是可能的。

5.4.2　离散积分求解递推公式

系数 d_{ms} 的解析表达式可由被称为离散积分的过程从式(5.174)中获得,现将对其进行说明。首先,我们观察到式(5.174)及其应用规则,直接给出

$$I_0 d_{rr} = I_1 d_{r-1,r-1} \tag{5.175}$$

得到了 d_{rr} 的一般结果:

$$d_{rr} = \frac{I_1^r}{I_0^r} \tag{5.176}$$

由式(5.174)得到 $d_{r,r+2}$ 的递归公式:

$$I_0 d_{r,r+2} = I_1(d_{r-1,r+1} + d_{r+1,r+1}) - I_2 d_{r-2,r-2} \tag{5.177}$$

使用式(5.176),我们从式(5.177)中发现

$$d_{r,r+2} - \frac{I_1}{I_0} d_{r-1,r+1} = \frac{I_1^{r+2}}{I_0^{r+2}} - \frac{I_2 I_1^{r-2}}{I_0^{r-1}} \tag{5.178}$$

若函数 $F(n)$ 的差分形式

$$F(n) - F(n-1) = g(n) \tag{5.179}$$

已知,使用离散积分理论可很容易发现

$$f_k(n) \equiv n(n+1) \cdots (n+k-1) = (n)_k \tag{5.180}$$

的离散积分为

$$F_k(n) \equiv \frac{1}{k+1}n(n+1)\cdots(n+k) = \frac{1}{k+1}(n)_{k+1} \tag{5.181}$$

从而

$$F_k(n) - F_k(n-1) = \frac{1}{k+1}n(n+1)\cdots(n+k) - \frac{1}{k+1}(n-1)n\cdots(n+k-1)$$

$$= \frac{1}{k+1}n(n+1)\cdots(n+k-1)(n+k-n+1)$$

$$= (n)_k \tag{5.182}$$

函数 $d_{r,r+2}$ 和 $\dfrac{I_1}{(I_0 d_{r-1,r+1})}$ 的不同之处仅在于它们对 r 的依赖性。为此,在 $k=0$ 和 $(n)_0 = 1$ 的情况下,利用式(5.181)对式(5.178)进行离散积分,并发现

$$d_{r,r+2} = r\left(\frac{I_1^{r+2}}{I_0^{r+2}} - \frac{I_2 I_1^{r-2}}{I_0^{r-1}}\right) \tag{5.183}$$

仅当 $r=1$ 时,式(5.177)中含有 I_2 的因式消失,并且我们得到

$$d_{13} = \frac{I_1^3}{I_0^3} \tag{5.184}$$

为了列出其他系数 d_{ms} 的表达式,我们引入了新的符号,并用算子 S 表示离散积分:

$$R_0 = 1$$

$$R_1(r) = SR_0 = r$$

$$R_2(r;k) = SR_1(r+k) = S(r+k) = \frac{1}{2}(r)_2 + k(r)_1$$

$$R_3(r;k,l) = SR_2(r+l;k)$$

$$R_4(r;k,l,m) = SR_3(r+m;k,l)$$

$$\cdots$$

$$R_{n+1}(r;k_1,\cdots,k_n) = SR_n(r+k_n;k_1,\cdots,k_{n-1}) \tag{5.185}$$

由运算符 S 表示的所有离散积分都在变量 r 中进行,"积分常数"等于零。

使用符号式(5.185)和附加符号

$$\hat{R}_3(r;k,l) = R_3(r;k,l) + R_3(r;l,k)$$

$$\hat{R}_4(r;k,k,l) = R_4(r;k,k,l) + R_4(r;k,l,k) + R_4(r;l,k,k) \tag{5.186}$$

等等,我们现在可使用式(5.174)并从式(5.178)开始进行连续离散积分,以紧凑的形式写出更多的系数 d_{ms}:

$$d_{r,r+4} = \frac{I_1^{r+4}}{I_0^{r+4}}R_2(r;1) - \frac{I_2 I_1^r}{I_0^{r+1}}[R_2(r;1) + R_2(r;-2)] + \frac{I_2^2 I_1^{r-4}}{I_0^{r-2}}R_2(r;-2) \tag{5.187}$$

$$d_{r,r+6} = \frac{I_1^{r+6}}{I_0^{r+6}}R_3(r;1,1) - \frac{I_2 I_1^{r+2}}{I_0^{r+3}}[R_3(r;1,1) + \hat{R}_3(r;1,-2) + R_1] +$$

$$\frac{I_2^2 I_1^{r-2}}{I_0^r}[\hat{R}_3(r;1,-2) + R_3(r;-2,-2)] - \frac{I_2^3 I_1^{r-6}}{I_0^{r-3}}R_3(r;-2,-2) + \frac{I_3 I_1^{r-3}}{I_0^{r-2}}R_1 \tag{5.188}$$

$$d_{r,r+8} = \frac{I_1^{r+8}}{I_0^{r+8}} R_4(r;1,1,1) - \frac{I_2 I_1^{r+4}}{I_0^{r+5}} \left[R_4(r;1,1,1) + \hat{R}_4(r;1,1,-2) + R_2(r;1) + R_2(r;2) \right] +$$

$$\frac{I_2^2 I_1^r}{I_0^{r+2}} \left[\hat{R}_4(r;1,1,-2) + \hat{R}_4(r;1,-2,-2) + R_2(r;-2) + R_2(r;2) \right] -$$

$$\frac{I_2^3 I_1^{r-4}}{I_0^{r-1}} \left[\hat{R}_4(r;1,-2,-2) + R_4(r;-2,-2,-2) \right] +$$

$$\frac{I_2^4 I_1^{r-8}}{I_0^{r-4}} \hat{R}_4(r;-2,-2,-2) + \frac{I_3 I_1^{r-1}}{I_0^r} \left[R_2(r;1) + R_2(r;-3) \right] -$$

$$\frac{I_3 I_2 I_1^{r-5}}{I_0^{r-3}} \left[R_2(r;-2) + R_2(r;-3) \right] \tag{5.189}$$

$$d_{r,r+10} = \frac{I_1^{r+10}}{I_0^{r+10}} R_5(r;1,1,1,1) - \frac{I_2 I_1^{r+6}}{I_0^{r+7}} \left[R_5(r;1,1,1,1) + \hat{R}_5(r;1,1,1,-2) + \right.$$

$$\left. R_3(r;1,1) + \hat{R}_3(r;1,2) \right] + \frac{I_2^2 I_1^{r+2}}{I_0^{r+4}} \left[\hat{R}_5(r;1,1,1,-2) + \hat{R}_5(r;1,1,-2,-2) + \right.$$

$$\left. \hat{R}_3(r;1,-2) + \hat{R}_3(r;1,2) + \hat{R}_3(r;2,-2) \right] - \frac{I_2^3 I_1^{r-2}}{I_0^{r+1}} \left[\hat{R}_5(r;1,1,-2,-2) + \right.$$

$$\left. \hat{R}_5(r;1,-2,-2,-2) + \hat{R}_3(r;2,-2) + R_3(r;-2,-2) \right] +$$

$$\frac{I_2^4 I_1^{r-6}}{I_0^{r-2}} \left[\hat{R}_5(r;1,-2,-2,-2) + R_5(r;-2,-2,-2,-2) \right] -$$

$$\frac{I_2^5 I_1^{r-10}}{I_0^{r-5}} R_5(r;-2,-2,-2,-2) + \frac{I_3 I_1^{r+1}}{I_0^{r+2}} \left[R_3(r;1,1) + \hat{R}_5(r;1,-3) \right] -$$

$$\frac{I_3 I_2 I_1^{r-3}}{I_0^{r-1}} \left[\hat{R}_3(r;1,-2) + \hat{R}_3(r;1,-3) + \hat{R}_3(r;-2,-3) \right] +$$

$$\frac{I_3 I_2^2 I_1^{r-7}}{I_0^{r-4}} \left[R_3(r;-2,-2) + \hat{R}_3(r;-2,-3) \right] \tag{5.190}$$

式(5.187)~式(5.190)中 I 函数的负幂意味着相应的项不存在。

例如,我们从式(5.185)、式(5.186)和式(5.189)中发现

$$d_{2,10} = 42 \frac{I_1^{10}}{I_0^{10}} - 52 \frac{I_2 I_1^6}{I_0^7} + 9 \frac{I_2^2 I_1^2}{I_0^4} + 2 \frac{I_3 I_1}{I_0^2} \tag{5.191}$$

把数字 10 写成平方和的每种可能方式构成 $d_{2,10}$:$10 = 1^2 + \cdots + 1^2 = 2^2 + 1^2 + \cdots + 1^2 = 2^2 + 2^2 + 1^2 + 1^2 = 3^2 + 1^2$ 中的项。从 $I_n = \frac{1}{2\epsilon}$ 的渐近表达式(5.79)得到给出费伊解的式(5.191)的极限。对于 $\epsilon n^2 \ll 1$,我们有

$$\frac{I_n\left(\frac{1}{2\epsilon}\right)}{I_0\left(\frac{1}{2\epsilon}\right)} = 1 + O(\epsilon) \tag{5.192}$$

在我们的示例中,得到

$$d_{2,10} = 1 + O(\epsilon) \tag{5.193}$$

这与规则[式(5.165)]相符。

5.4.3 贝塞尔-富比尼解、费伊解和精确解中傅里叶系数的比较

作为贝塞尔-富比尼解、费伊解和精确解间的比较,系数 $b_1,\cdots,b_4$ 被绘制在图 5.5 和 5.6 中。对于 $\sigma>0.95$ 和 $\epsilon=0.05$、0.01 的情况,根据展开式(5.164),用递归公式(5.166)计算式(5.73)中的傅里叶系数 $b_m(\epsilon,\sigma)$。对于非耗散曲线,我们使用了一个鞍点解式(4.79),$\epsilon=0$ 时与布莱克斯托克(1966 年)表达式[式(4.67)]等价。图 5.5 和图 5.6 中显示了布莱克斯托克(1966 年)中图 4 的改进,其中他给出了零耗散情况下相应的傅里叶系数。对于 $\sigma>0.9$,系数 b_1 至 b_4 的计算具有良好的数值收敛性,这意味着平滑过渡到修正耗散的贝塞尔-富比尼解(5.161)。库克(1962 年)也给出了类似于布莱克斯托克(1966 年)的曲线。

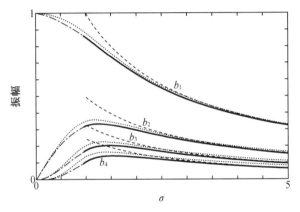

图 5.5　$\epsilon=0.05$ 时的系数 $b_1 \sim b_4$

(实线为[式(5.164)]条件下的精确解[式(5.73)];虚线为费伊解[式(5.85)];点画线为修正的贝塞尔-富比尼解[式(5.161)];点线表示非耗散解($\epsilon=0$))

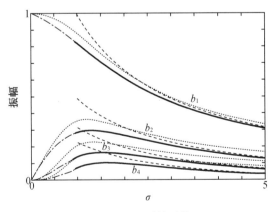

图 5.6　$\epsilon=0.1$ 时的系数 $b_1 \sim b_4$

(实线为[式(5.164)]条件下的精确解[式(5.73)];虚线为费伊解[式(5.85)];点画线修正的贝塞尔-富比尼解[式(5.161)];点线为非耗散解($\epsilon=0$))

当前分析的一个有趣结果是,找到作为 σ 函数的每个傅里叶系数 $b_2, b_3, \cdots$ 的最大值的可能性。由图 5.7 和表 5.1 可以看出,最大值随着耗散的增加和谐波的增长而增加。

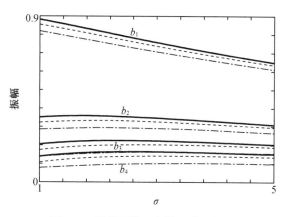

图 5.7　最前面的四个傅里叶系数 $b_1 \sim b_n$

[实线为 $\epsilon = 0$;虚线为 $\epsilon = 0.05$,点画线为 $\epsilon = 0.1$。根据恩弗洛和赫德伯格(2001 年)、布莱克斯托克(1996 年),$\epsilon = 0$;根据式(5.164),$\epsilon \neq 0$]

表 5.1　随谐波数量和耗散 ϵ 增加,高次谐波最大值的位置

$\epsilon = 0$ 时的最大值	
$b_2 = 0.360\,9$	$\sigma = 1.18$
$b_3 = 0.226\,8$	$\sigma = 1.34$
$b_4 = 0.166\,0$	$\sigma = 1.41$
$\epsilon = 0.05$ 时的最大值	
$b_2 = 0.335\,5$	$\sigma = 1.24$
$b_3 = 0.204\,3$	$\sigma = 1.43$
$b_4 = 0.143\,8$	$\sigma = 1.53$
$\epsilon = 0.1$ 时的最大值	
$b_2 = 0.295\,7$	$\sigma = 1.30$
$b_3 = 0.163\,9$	$\sigma = 1.53$
$b_4 = 0.103\,2$	$\sigma = 1.63$

图 5.8 和图 5.9 分别给出了 $\sigma = 0.95$ 和 $\sigma = 5$ 时一个周期的精确门杜塞解[式(5.71)]、贝塞尔-富比尼解[式(4.46)]和当前解。对于 $\sigma = 0.95$ 的情况,观察到一个小的数值不规则性。

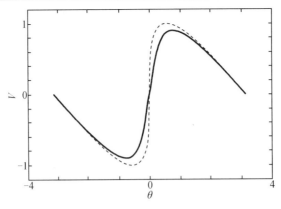

图 5.8 $\sigma = 0.95$ 时一个周期内的解

[虚线为门杜塞精确解[式(5.71)];点线为贝塞尔-富比尼解[式(4.46)];实线为当前解]

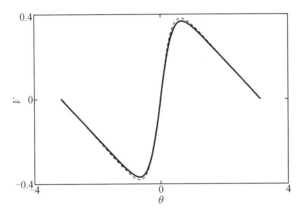

图 5.9 $\sigma = 5$ 时一个周期内的解

[虚线为门杜塞精确解[式(5.71)];点线为费伊解[式(5.85)];实线为当前解]

5.5 多 频 波

5.5.1 多频解的表示

本节将给出通过耗散和非线性介质传播的多频平面波的解,其中可选择任何的频率、振幅和相位作为输入。结果是一个单一频率的门杜塞(1953年)解[式(5.71)]和两个频率的拉德纳(1982年)解的推广。该方法基于方程(5.71)中的贝塞尔函数级数比率表示的纯正弦波门杜塞解。多个频率的解是根据以下知识计算的,即解具有特定形式,并且这种形式的未知系数可在零距离处从单个频率解的和中提取。由于单频解是精确的,所以多频边界条件的解也是精确的。解取决于变量的分离,这意味着一旦计算了系数,就可以立即知道任何距离上有效的解。

让我们从以下陈述开始：周期边界条件下的任何解都可能具有如下形式：

$$U_{mfq} = \sum_{k=-\infty}^{\infty} c_k e^{-k^2 \epsilon \sigma} e^{ik\theta} \tag{5.194}$$

参见式(5.78)，其中下标 mfq 表示多频率。这相当于解

$$V_{mfq}(\sigma, \theta) = 2i\epsilon \frac{\sum_{k=-\infty}^{\infty} k c_k e^{-k^2 \epsilon \sigma} e^{ik\theta}}{\sum_{k=-\infty}^{\infty} c_k e^{-k^2 \epsilon \sigma} e^{ik\theta}} \tag{5.195}$$

设式(5.195)为式(2.76)的解，其中多频边界条件涉及 L 个频率：

$$V_{mfq}(\sigma = 0, \theta) = \sum_{l=1}^{L} a_l \sin(b_l \omega_0 \theta + \phi_l) \tag{5.196}$$

其中，b_l 为整数。L 个频率中的每一个频率都有一个类似于式(5.71)形式的已知单频解 V_l。

由于这是一个非线性问题，因此不能由单频解叠加形成多频边界条件的解——除非在距离 $\sigma = 0$ 处。在该距离处，非线性（或线性）演化未发生，叠加是允许的。因此，这就是从已知单频系数中提取多频波系数的 σ 值。

首先，必须注意确保各个 V 用相同的无量纲变量表示，因为如果每个频率的无量纲变量被直接代入式(5.71)，它们将被定义为相应的特定频率。它们将不再代表相同的实变量。如果要将它们组合起来，它们必须用一些确定的变量来表示——对于所有单个频率都是一样的。让我们选择［比较式(2.73)～式(2.77)］

$$V^* = \frac{v}{v_0} \tag{5.197}$$

$$\theta^* = \omega_0 \tau \tag{5.198}$$

$$\sigma^* = \frac{\beta}{c_0^2} \omega_0 v_0 x \tag{5.199}$$

$$\epsilon^* = \frac{1}{2\beta} \frac{b\omega_0}{c_0 v_0 \rho_0} \tag{5.200}$$

需注意，本节中出现了两个不同的 b。在式(5.200)中，b 是耗散参数，所有其他的 b 表示无量纲频率数。所有单频边界条件写为

$$V^*(\sigma^* = 0, \theta^*) = a\sin(b\theta^* + \phi)$$

$$= \frac{a}{2}\{\exp[i(b\theta^* + \phi)] - \exp[-i(b\theta^* + \phi)]\} \tag{5.201}$$

通过在(5.71)中进行以下替换，上式将产生相同无量纲参数的结果：

$$V = \frac{V^*}{a} \tag{5.202}$$

$$\theta = b\theta^* + \phi \tag{5.203}$$

$$\sigma = ab\sigma^* \tag{5.204}$$

$$\epsilon = \frac{b}{a}\epsilon^* \tag{5.205}$$

因此,使用变量替换式(5.202)~式(5.205),在单个原始频率边界条件 $V_0 = a\sin(b\theta^*)$ 下式(2.76)的解为

$$V^* = aV(\sigma^*, \theta^*)$$

$$= -\frac{4b\epsilon^* \sum\limits_{n=1}^{\infty} \exp(-n^2 b^2 \epsilon^* \sigma^*) n(-1)^n \mathrm{I}_n\left(\dfrac{a}{2b\epsilon^*}\right) \sin n(b\theta^* + \phi)}{\mathrm{I}_0\left(\dfrac{a}{2b\epsilon^*}\right) + 2\sum\limits_{n=1}^{\infty} \exp(-n^2 b^2 \epsilon^* \sigma^*)(-1)^n \mathrm{I}_n\left(\dfrac{a}{2b\epsilon^*}\right) \cos n(b\theta^* + \phi)} \tag{5.206}$$

现在,我们依据式(5.195)可写出零距离处多个频率波的叠加

$$V^*_{\mathrm{mfq}}(\sigma^* = 0, \theta^*) = 2\mathrm{i}\epsilon^* \frac{\sum\limits_{k=-\infty}^{\infty} kc_k \mathrm{e}^{\mathrm{i}k\theta^*}}{\sum\limits_{k=-\infty}^{\infty} c_k \mathrm{e}^{\mathrm{i}k\theta^*}} \tag{5.207}$$

$$= \sum_{l=1}^{L} V^*_l(\sigma^* = 0, \theta^*) \tag{5.208}$$

使用式(5.206)并引入

$$l = \mathrm{i}(b_l \theta^* + \phi_l) \tag{5.209}$$

接 (5.208) $= -\sum\limits_{l=1}^{L} \dfrac{\sum\limits_{n=1}^{\infty} 2b_l \epsilon^* n(-1)^n \mathrm{I}_n\left(\dfrac{a_l}{2b_l\epsilon^*}\right)(\mathrm{e}^{n\gamma_l} - \mathrm{e}^{-n\gamma_l})}{\mathrm{I}_0\left(\dfrac{a_l}{2b_l\epsilon^*}\right) + \sum\limits_{n=1}^{\infty}(-1)^n \mathrm{I}_n\left(\dfrac{a_l}{2b_l\epsilon^*}\right)(\mathrm{e}^{n\gamma_l} + \mathrm{e}^{-n\gamma_l})}$ \quad (5.210)

$$= -\sum_{l=1}^{L} 2b_l \epsilon^* \frac{\sum\limits_{n=-\infty}^{\infty} n(-1)^n \mathrm{I}_n\left(\dfrac{a_l}{2b_l\epsilon^*}\right) \exp(\mathrm{i}n(b_l\theta^* + \phi_l))}{\sum\limits_{n=-\infty}^{\infty}(-1)^n \mathrm{I}_n\left(\dfrac{a_l}{2b_l\epsilon^*}\right) \exp(\mathrm{i}n(b_l\theta^* + \phi_l))} \tag{5.211}$$

$$= -\sum_{l=1}^{L} 2b_l \epsilon^* \frac{\sum\limits_{n=-\infty}^{\infty} nA_n^{(l)} \exp(\mathrm{i}nb_l\theta^*)}{\sum\limits_{n=-\infty}^{\infty} A_n^{(l)} \exp(\mathrm{i}nb_l\theta^*)} \tag{5.212}$$

其中

$$A_n^{(l)} = \mathrm{I}_n\left(\frac{a_l}{2b_l\epsilon^*}\right)(-1)^n \exp(\mathrm{i}n\phi_l) \tag{5.213}$$

A_n 和 A_{-n} 间的关系为

$$A_{-n}^{(l)} = A_n^{(l)} \exp(-2\mathrm{i}n\varphi_l) \tag{5.214}$$

下一步是以式(5.212)在每个频率中识别式(5.207),$n^{(l)}$ 是属于整数频率数 b_l 的 n(因此也适用于 $A_n^{(l)}$)。

$$k = n^{(1)}b_1 + n^{(2)}b_2 + \cdots + n^{(L)}b_L = \sum_{l=1}^{L} n^{(l)}b_l \tag{5.215}$$

由于分子仅仅是分母的导数,因此可用分子或分母进行识别,得到

$$\sum_{k=-\infty}^{\infty} c_k e^{ik\theta^*} = \sum_{n(1)=-\infty}^{\infty} A_n^{(1)} \exp(in^{(1)} b_1\theta^*) \sum_{n(2)=-\infty}^{\infty} A_n^{(2)} \exp(in^{(2)} b_2\theta^*) \cdots$$

$$\sum_{n(L)=-\infty}^{\infty} A_n^{(L)} \exp(in^{(L)} b_L\theta^*) \tag{5.216}$$

通过在 $k = \sum n^{(l)} b_l$ 条件下识别频率编号 k,涵盖所有的 n^l,系数变为

$$c_k = \sum_{n(1)} \sum_{n(2)} \cdots \sum_{n(L)} A_{n_1}^{(1)} A_{n_2}^{(2)} \cdots A_{n_L}^{(L)}$$

$$= \sum_{n(1)} \sum_{n(2)} \cdots \sum_{n(L)} \mathrm{I}_{n^{(1)}}\left(\frac{a_1}{2\alpha_1\epsilon}\right)(-1)^{n^{(1)}} \exp(n^{(1)}\gamma_1) \cdots \mathrm{I}_{n^{(L)}}\left(\frac{a_L}{2\alpha_L\epsilon}\right)(-1)^{n^{(L)}} \exp(n^{(L)}\gamma_L)$$

$$\tag{5.217}$$

将式(5.217)代入式(5.195)得到伯格斯方程(2.76)的精确解析解,该解析解对于具有任意振幅和相位的任意数量频率的边界条件有效(赫德伯格,1999 年)。

这是包括耗散的精确多频解的显式形式。由于在计算机上运行速度快,它适合替代数值方法。一旦获得系数 c_k,该解对于所有的距离都有效。描述极限条件下行为的近似解析表达式可由这个精确解导出。但是,由于多频条件包含许多参数——其中可能涉及相对振幅、相对频率和相对相位——因此不能期望得到一般的渐近表达式。

当耗散 ϵ^* 变小时,式(5.195)中的级数必须包含更多的项。由于这些级数的收敛速度很慢,而且系数的大小也不同,ϵ 存在一个下限,低于该值时会导致计算机中的数字表示溢出。这是所述方法的唯一限制——与科尔-门杜塞解[式(5.71)]的限制相同。

5.5.2　双频解及组合频率的创建

第一个例子是非线性耗散比 $\epsilon^* = 0.05$ 时的 $V_0 = \sin 7\theta + \sin 9\theta$,其中差频频率为 $9-7=2$,与始终等于 1 的最低频率 b_0 不同。(所有表达式均以标准化的 $\beta = \omega\tau$ 表示。)

图 5.10 显示了组合频率是如何创建的。注意最低频率是如何不可见的,这是由于它不能直接由 7 和 9 创建。反而,它是由 $(4\times7=28)-(3\times9=27)=1$ 创建的,贡献非常小。在距离 $\sigma=5$ 处,差频频率已占主导地位,许多更高的谐波已衰减。声波在很长一段时间内保持这种近似的形状,例如 $\sigma=20$ 处,因此人们可认为这是最后的阶段。但后来在 $\sigma=80$ 处,频率 2 比频率 1 的阻尼更高,使得最低频率成为唯一存在的频率。与数值算法比较表明,该解是正确的。

为了与芬伦解(芬伦,1972 年)进行比较,有必要停留在冲击前区域,这种情况下,这意味着可达距离 $\sigma_s \approx 1/(7+9) = 0.0625$。图 5.11 给出了 $\epsilon=0.05$ 的耗散条件下的多频解和数值解,以及距离 $\sigma=0.02$ 和 0.05 时固有零耗散的芬伦解。当前解与数值解吻合,并且它们与芬伦解的一致性随距离增加而减小。

这显示了脉冲如何可用多频周期法进行计算。图 5.12 给出了 N 波脉冲及其随距离的演变。

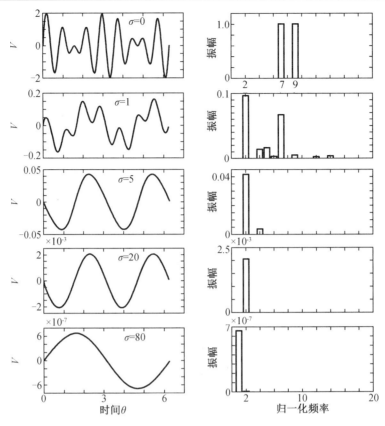

图 5.10 差频频率 9−7=2 与等于 1 的最低频率不同。$\epsilon^* = 0.05$ 时的 $V_0 = \sin 7\theta + \sin 9\theta$。数值解为虚线

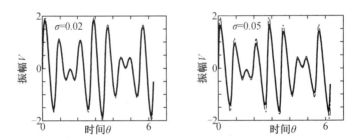

图 5.11 芬伦解有效区域内（即冲击形成前）的赫德伯格解（1999）（实线）、数值解（虚线）和芬伦解（1972）（点画线），$\epsilon^* = 0.05$ 时的 $V_0 = \sin 7\theta + \sin 9\theta$

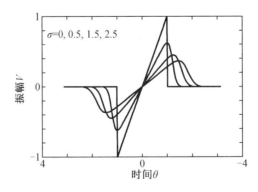

图 5.12 $\epsilon^* = 0.04$ 时与数值算法（点画线）相比，初始 N 波及其依据多频解（实线）的演变

一个实例是,当差频为最低频率且与其中一个原频频率相同的特殊情况: $V_0 = \sin(\theta + \phi) + \sin 2\theta$,耗散 $\epsilon = 0.05$ 。这可与无耗散的情况进行比较,即芬伦解[式(4.101)]。虽然不需要显式地使用解析表达式来计算数值解,但有时可能需要这样做。在这种情况下,作为一个例子,我们还将给出以式(5.217)限定的系数 c_k 的解析表达式:

$$c_k = \sum_{n=-\infty}^{\infty} (-1)^{k-n} e^{i(k-2n)\phi} I_{k-2n}\left(\frac{1}{2\epsilon}\right) I_n\left(\frac{1}{4\epsilon}\right) \tag{5.218}$$

在图5.13中,可以看到 $\phi = 0$ 的左侧一列和 $\phi = \dfrac{\pi}{2}$ 的右侧一列演变。起初,在 $\sigma = 0$ 处它们当然具有相同的频率。在 $\sigma = 0.5$ 处可以发现,对于相位 $\phi = \dfrac{\pi}{2}$,频率1是如何变大的,并且其振幅已增加至高于其原始振幅。另一方面,对于相位 $\phi = 0$,频率2更大,尽管没有高于其原始振幅。在更大距离 $\sigma = 40$ 处,频率1对应相位 $\phi = \dfrac{\pi}{2}$ 的振幅是相位 $\phi = 0$ 时的2倍。令人惊讶的是,频率2的振幅也更大,大约是相位 $\phi = 0$ 的3倍。这是由于能量从频率1非线性转移到其第一个高次谐波频率2的缘故。对于 $\phi = 0$,非线性产生的剧烈冲击消耗了比 $\phi = \dfrac{\pi}{2}$ 的平缓曲线更多的能量。

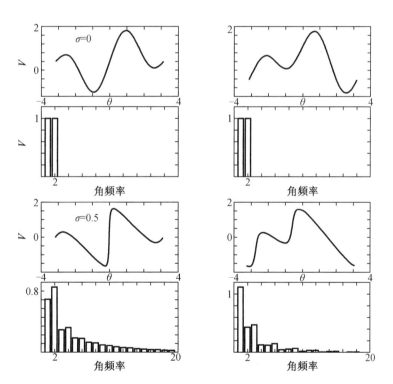

图 5.13　其中一个原始频率是差频且与最低频率相等, $V_0 = \sin(\theta + \phi) + \sin 2\theta$, $\epsilon = 0.05$ 。左侧: $\phi = 0$ 。右侧: $\phi = \dfrac{\pi}{2}$

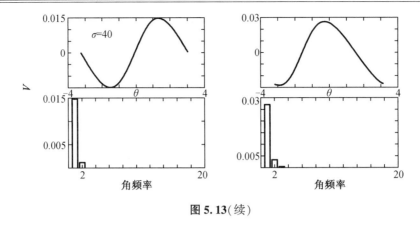

图 5.13(续)

在下面一个例子中,图 5.14 显示了低频存在时的一个小振幅高频。边界条件是 $V_0 = \sin \theta + 0.01\sin 10\theta$。不仅可以看到频率 10 的振荡行为,还可以看到周围的频率成分,尤其是频率 11,它先有一个大的振荡,然后是一个小振荡。与图 4.16 无损情况进行比较,当来自频率 1 的高次谐波增大到足以压倒来自原始频率 10 的较小贡献时,这种情况消失。

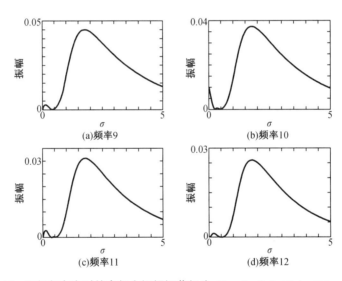

图 5.14　强低频存在时的高频小振幅振荡行为,$V_0 = \sin \theta + 0.01\sin 10\theta, \epsilon = 0.05$

到目前为止,仅展示了只包括两个原始频率的例子。在第四个例子中,输入是振幅-频率调制波,在非耗散情况下具有以下特性:一旦形成完整的冲击结构,冲击将永远不会合并,而是保持不变,频谱将具有相同的外观,但振幅当然会减小(古尔巴托夫和赫德伯格,1998 年)。图 5.15 中的边界条件为 $V_0 = (1+0.2\cos \theta) \cdot \sin(10\theta + 10 \times 0.2\sin \theta)$,非线性耗散比 $\epsilon^* = 0.002$。

图 5.15 中 $\sigma = 1$ 处波形及频谱与锯齿波完全发展之后任意位置处无耗散,如图 4.21 中 $\sigma = 5$ 和 $\sigma = 200$ 的实例。频谱中包括了大量的高次谐波。在 $\sigma = 5$ 处,阻尼的存在使受冲击的三角波形变得平滑,频谱开始改变。在 $\sigma = 35$ 处,这种效应显著,并且频谱仅有少量成分。在 $\sigma = 1\,000$ 处,显示了最低频率如何是仅剩下的唯一频率,这是最后一个阶段。

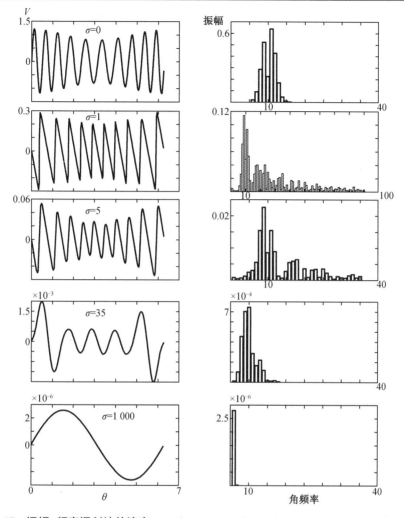

图 5.15 振幅-频率调制波的演变,$V_0 = (1+0.2\cos\theta)\cdot\sin(10\theta+10\times0.2\sin\theta)$,$\epsilon^* = 0.002$

卡里(1973 年,1975 年)和库卢夫拉特(1991 年^c)使用科尔-霍普夫解求解采用的鞍点法研究了伯格斯方程的双频解。拉德纳(1982 年)通过推广门杜塞(1953 年)解[式(5.71)],提出了研究同一问题的渐近波形。芬伦(1974 年)利用逐次逼近法导出了差频信号伯格斯方程的解。

第6章　非线性柱面和球面扩散波

在这一章中,我们讨论没有精确解的问题。对于这些物理现象的描述,必须使用前几章未使用的方法。这些新方法不会给出在整个关注区域都有效的解析解。相反,它们在过程开始后的大部分时间内,或者在距离波起始边界很远的距离内给出渐近波,给出了柱面波和球面波的广义伯格斯方程的无量纲形式。在5.1节给出了求解平面 N 波渐近形式的方法。本章将该方法应用于柱面波。还包括利用柱面 N 波的渐近性计算超音速抛射体的冲击衰减。最后,研究了周期球面波和周期柱面波的渐近性。

瑙戈尼克(1959 年)以及瑙戈尼克、索卢扬和霍赫洛夫(1962 年,1963 年[a])对耗散介质中的非线性柱面声波和球面声波进行了早期的研究。

瑙戈尼克(1973 年)在没有明确参考伯格斯方程的情况下研究了球面脉冲的渐近性。

在萨契戴夫(1987)的著作中,对非线性柱面波和球面波进行了广泛研究。

6.1　无量纲广义伯格斯方程

就伯格斯方程的精确解描述平面非线性声波的意义而言,平面非线性声波的情况是特殊的。对于柱面和球面非线性声波,行波相应波动方程的精确解是未知的,必须使用近似和数值方法。正如上一章所述,用物理变量表示的波动方程必须转换成无量纲形式。用于非平面波的广义伯格斯方程可能包含不止一个无量纲参数。这些无量纲参数在本章讨论的四种情况下具有不同的含义,即具有初始条件和边界条件的柱面波和具有初始条件和边界条件的球面波。我们将首先推导出这四种情况下广义伯格斯方程的无量纲形式,并指出它们间的区别。

我们从(2.87)开始,在(6.1)中将其重写,这是一个适用于初始 t_0 时刻生成的柱面波($n=1$)和球面波($n=2$)的广义伯格斯方程:

$$\frac{\partial v}{\partial t}+\frac{n}{2t}v+\beta v\,\frac{\partial v}{\partial \rho}=\frac{b}{2\rho_0}\,\frac{\partial^2 v}{\partial \rho^2} \tag{6.1}$$

设 l_0 为初始脉冲的长度或初始波的波长,设 v_0 为脉冲高度或波的振幅。我们引入无量纲变量 V 和 ξ 如下(克里顿和斯科特,1979 年):

$$V=\left(\frac{t}{t_0}\right)^{\frac{n}{2}}\frac{v}{v_0} \tag{6.2}$$

$$\xi=\frac{\rho}{l_0} \tag{6.3}$$

无量纲参数 T_0 被定义为

$$T_0 = (\gamma+1) \frac{v_0 t_0}{n l_0} \tag{6.4}$$

在柱面波情况下,无量纲时间变量定义为

$$T = 1 + (\gamma+1) v_0 t_0^{\frac{1}{2}} (t^{\frac{1}{2}} - t_0^{\frac{1}{2}}) \frac{1}{l_0} \tag{6.5}$$

在 $n=1$ 时,将式(6.2)~式(6.5)代入式(6.1)中,我们得到方程的无量纲形式:

$$\frac{\partial V}{\partial T} + V \frac{\partial V}{\partial \xi} = \epsilon^{(1)} \frac{T-1+T_0}{2} \frac{\partial^2 V}{\partial \xi^2} \tag{6.6}$$

其中,T_0 由 $n=1$ 时的式(6.4)给出,同时 $\epsilon^{(1)}$ 定义为

$$\epsilon^{(1)} = \frac{2b}{(\gamma+1) T_0 \rho_0 v_0 l_0} \tag{6.7}$$

对于球面波,仍然使用公式(6.2)~(6.4),并且无量纲时间变量 T 定义为

$$T = 1 + \frac{1}{2}(\gamma+1) \frac{v_0 t_0}{l_0} \ln\left(\frac{t}{t_0}\right) \tag{6.8}$$

在 $n=2$ 时,将式(6.2)~式(6.4)以及式(6.8)代入式(6.1)中,我们得到

$$\frac{\partial V}{\partial T} + V \frac{\partial V}{\partial \xi} = \epsilon^{(2)} \exp \frac{T}{T_0} \frac{\partial^2 V}{\partial \xi^2} \tag{6.9}$$

其中,T_0 由 $n=2$ 时的式(6.4)给出;这里我们得到

$$\epsilon^{(2)} = \frac{b}{(\gamma+1) \rho_0 v_0 l_0} \exp\left(-\frac{1}{T_0}\right) \tag{6.10}$$

因为 t_0 是任意的,由式(6.4)定义的参数 T_0 可任意选择,且不依赖于物理条件。因此,我们可选择 T_0 等于 1。

对于从边界条件产生柱面波和球面波的情况,将由式(2.85)导出另外两个广义伯格斯方程。在这些情况下,问题的特征时间是反周期或脉冲持续时间 ω^{-1}。现在,无量纲变量 V 和 θ 被引入为

$$V = \left(\frac{r}{r_0}\right)^{\frac{n}{2}} \frac{v}{v_0} \tag{6.11}$$

$$\theta = \omega \tau \tag{6.12}$$

其中,$n=1,2$ 依次对应柱面波和球面波,r_0 是施加边界条件时的声源半径,v_0 是该扰动的振幅。无量纲参数 R_0 定义为

$$R_0 = (\gamma+1) \frac{v_0 \omega r_0}{2 c_0^2} \tag{6.13}$$

对于柱面波,无量纲长度变量 R 定义为

$$R = R_0 \left[\left(\frac{r}{r_0}\right)^{\frac{1}{2}} - 1 \right] \tag{6.14}$$

当 $n=1$ 时,在式(2.85)中使用式(6.11)~式(6.14)得到(卡里,1967年,1968年):

$$\frac{\partial V}{\partial R} - V \frac{\partial V}{\partial \theta} = \epsilon^{(3)} \left(\frac{R}{2} + R_0 \right) \frac{\partial^2 V}{\partial \theta^2} \tag{6.15}$$

其中，R_0 由式(6.13)给出，并且 $\epsilon^{(3)}$ 为

$$\epsilon^{(3)} = \frac{b\omega}{(\gamma+1) R_0 \rho_0 v_0 c_0} \tag{6.16}$$

对于由边界条件产生的球面波，长度变量 R 定义为

$$R = R_0 \ln \left(\frac{r}{r_0} \right) \tag{6.17}$$

其中，R_0 由式(6.13)给出。当 $n = 2$ 时，在式(2.85)中使用式(6.11)~式(6.13)以及式(6.17)，我们得到(瑙戈尼克、索卢扬和霍赫洛夫，1963 年[a]；卡里，1967 年，1968 年)：

$$\frac{\partial V}{\partial R} - V \frac{\partial V}{\partial \theta} = \epsilon^{(4)} \exp\left(\frac{R}{R_0} \right) \frac{\partial^2 V}{\partial \theta^2} \tag{6.18}$$

其中，R_0 由式(6.13)给出，并且 $\epsilon^{(4)}$ 为

$$\epsilon^{(4)} = \frac{b\omega}{(\gamma+1) \rho_0 v_0 c_0} \tag{6.19}$$

在双参数空间中，由边界条件引起的柱面波和球面波由式(6.15)和式(6.18)控制；R_0 取决于波动问题的物理条件。

卡里(1967 年，1968 年)利用方程(6.15)和(6.18)对柱面波和球面波的畸变进行了数值计算，芬伦(1973 年[b])利用方程(6.15)和(6.18)对无损流体非线性波动方程的班塔(1965 年)运算解进行了推广。萨契戴夫、约瑟夫和奈尔(1994 年)研究了式(6.1)放大至 0,1,2 以外的其他 n 值的情况。特里维特和范·布伦(1981 年)给出了柱面和球面非线性声波传播问题的现象学方法，适用于如声吸收取决于频率的情况。

6.2　柱　面　N　波

6.2.1　初始柱面 N 波的演变

作为在缺乏精确解的非线性波动问题中使用解析方法的第一个例子，我们在克里顿和斯科特(1979 年)之后对柱面初始 N 波的演变进行研究。在这种情况下，适当的非线性波动方程由式(6.6)给出。为了后文阐述的便利性，我们给出式(6.6)的推广形式，并用符号 ϵ 来代替 $\epsilon^{(1)}$：

$$\frac{\partial V}{\partial T} + V \frac{\partial V}{\partial \xi} = \epsilon g(T) \frac{\partial^2 V}{\partial \xi^2} \tag{6.20}$$

对于 $g(T) = 1$ 的式(6.20)，第 5.1 节已经解决了 N 波的初值问题。不使用式(5.13)，而是以任意的 $g(T)$ 并令 $C = 0$，计算 V_0^*：

$$V_0^* = \frac{1}{2} T^{-\frac{1}{2}} \left[1 - \tanh \frac{\xi^* - A(T)}{4g(T) T^{\frac{1}{2}}} \right] \tag{6.21}$$

其中，$\xi^* = (\xi - T^{1/2})/\epsilon$，并且类似于式(5.27)，$A(T)$ 可表示为

$$A(T) = -T^{\frac{1}{2}} \int_1^T \frac{g(t)}{t} \mathrm{d}t \tag{6.22}$$

如 5.1 节所述，我们可选择 $T_0 = 1$，因此对于柱面波的情况，由式(6.6)得出

$$g(T) = \frac{T}{2} \tag{6.23}$$

$t = t_0$ 时刻的初始 N 波以物理变量表示为

$$v(\rho, t_0) = v_0 \frac{\rho}{l_0}, \qquad |\rho| < l_0 \tag{6.24}$$

$$v(\rho, t_0) = 0, \qquad |\rho| > l_0 \tag{6.25}$$

用类似于式(4.27)、式(4.28)的无量纲变量表示的初始条件为

$$V(\xi, 1) = \xi, \qquad |\xi| < 1 \tag{6.26}$$

$$V(\xi, 1) = 0, \qquad |\xi| > 1 \tag{6.27}$$

由式(4.26)、式(4.27)可知，在式(6.26)、式(6.27)初始条件下式(6.20)的外解为

$$V_0(\xi, T) = \frac{\xi}{T} + O(\epsilon^n), \qquad |\xi| < T^{\frac{1}{2}} \tag{6.28}$$

$$V_0(\xi, T) = 0, \qquad |\xi| > T^{\frac{1}{2}} \tag{6.29}$$

最低阶内解 V_0^* 由式(6.21)和式(6.22)在 $g(T) = T/2$ 时得到：

$$V_0^*(\xi^*, T) = \frac{1}{2} T^{-\frac{1}{2}} \left[1 - \tanh \frac{\xi^* - A(T)}{2 T^{\frac{3}{2}}} \right] \tag{6.30}$$

其中

$$\xi^* = \frac{\xi - T^{\frac{1}{2}}}{\epsilon} \tag{6.31}$$

$$A(T) = -\frac{1}{2} T^{\frac{1}{2}} (T - 1) \tag{6.32}$$

6.2.2　求渐近解的四步程序

现在，将第 4.2 节中详细介绍的四个步骤用于从柱面 N 波冲击解中找到渐近解(恩弗洛，1998 年)。

1. 衰落击波区的解

在击波区域我们使用变量 (Y, T)，其中 Y 定义为

$$Y = \frac{1}{\epsilon} \left(\frac{\xi}{T^{\frac{3}{2}}} - \frac{1 + \frac{\epsilon}{2}}{T} \right) \tag{6.33}$$

击波尾部由下列关系定义：

$$\epsilon T \ll 1 \qquad (6.34)$$

$$Y > \ln\left(\frac{1}{\delta}\right), \quad \delta \ll 1 \qquad (6.35)$$

击波尾部区域的解是使用式(6.33)和式(6.35)由式(6.30)得到的：

$$V(Y,T) = T^{-\frac{1}{2}} \exp\left(-\frac{1}{2} - Y\right)\left[1 + O(\delta) + O(\epsilon)\right] \qquad (6.36)$$

其中，$O(\delta)$表示式(6.30)中的V_0^*在式(6.35)条件下的近似。式(6.36)中的$O(\epsilon)$源于这样一个事实，即V_0^*是击波解以ϵ次方渐近展开的第一项。

现将确定式(6.36)是线性方程解的条件。使用缩放

$$W(Y,T) = \frac{V}{\delta} \qquad (6.37)$$

和式(6.33)中的变量Y，而不是使用式(6.20)和式(6.23)中的ξ，得到

$$\epsilon\left(\frac{\partial W}{\partial T} - \frac{3Y}{2T}\frac{\partial W}{\partial Y}\right) + \frac{\delta}{T^{\frac{3}{2}}}W\frac{\partial W}{\partial Y} - \frac{1}{2T^2}\frac{\partial W}{\partial Y} = \frac{1}{2T^2}\frac{\partial^2 W}{\partial Y^2} \qquad (6.38)$$

从式(6.35)可明显发现，变量Y应该按$\ln\frac{1}{\delta}$缩放。考虑到这一事实，我们发现式(6.38)中的非线性项是$\dfrac{\delta}{\ln\dfrac{1}{\delta}}$阶的。为了忽略式(6.38)中的这一项，我们有

$$\frac{\delta}{\ln\dfrac{1}{\delta}} \ll \epsilon \ll \frac{1}{\left(\ln\dfrac{1}{\delta}\right)^2} \qquad (6.39)$$

当前计算的细节仅以ϵ的最低阶给出。如果我们考虑式(6.36)中的ϵ阶项，那么式(6.39)中的第一个不等式是必不可少的。因此，若我们忽略δ阶和ϵ阶项，则式(6.36)中的第一项可实现对式(6.38)的求解。

2. 渐近区域内解的积分表示

在渐近机制中，$T > \dfrac{1}{\epsilon}$，引入缩放

$$T' = \epsilon T, \quad \xi' = \epsilon^{\frac{1}{2}}\xi, \quad V' = \epsilon^{-\frac{1}{2}}V \qquad (6.40)$$

并由式(6.20)和式(6.23)得到

$$\frac{\partial V'}{\partial T'} + V'\frac{\partial V'}{\partial \xi'} = \frac{T'}{2}\frac{\partial^2 V'}{\partial \xi'^2} \qquad (6.41)$$

对于大的T'值，式(6.41)中的非线性项可忽略[这一事实将在忽略非线性项的情况下通过求解式(6.41)得到验证]。线性方程的一般解

$$\frac{\partial V'}{\partial T'} = \frac{T'}{2}\frac{\partial^2 V'}{\partial \xi'^2} \qquad (6.42)$$

可表示为类似于式(5.49)的积分：

$$V'(\xi', T') = \int_0^\infty \exp(-\lambda^2 T'^2 + 2i\lambda\xi')h(\lambda)\,d\lambda + c.c. \tag{6.43}$$

其中,$c.c.$ 表示复数共轭。通过假设式(6.43)中的积分下限为 0 而不是 $-\infty$,可预见 $h(\lambda)$ 在 $\lambda = 0$ 处的奇异性。

3.通过衰落击波区的评估确定渐近积分表示

将击波尾部变量(ξ, Y)用于式(6.43)的积分;将变量的变换也用于转换式(6.43)中的积分,使其变为适合在击波尾部区域采用最速下降法进行计算的积分(见第 3.2.2 节)。经过如下变量变换后:

$$\lambda = \epsilon^{-\frac{3}{2}}\kappa \tag{6.44}$$

得代换

$$h(\lambda) = \epsilon^{\frac{3}{2}}g(\kappa) \tag{6.45}$$

并依据式(6.40)和式(6.33)将(ξ', T')替换为(ξ, T),得到

$$V' = \int_0^\infty \exp\left\{\frac{1}{\epsilon}\left[-\kappa^2 T^2 + 2i\kappa\left(T^{\frac{1}{2}} + \epsilon Y T^{\frac{3}{2}} + \frac{\epsilon}{2}T^{\frac{1}{2}}\right)\right]\right\}g(\kappa)\,d\kappa + c.c. \tag{6.46}$$

因此,代换式(6.44)给出了式(6.46)右侧指数函数自变量中相互平衡的两个 ϵ^{-1} 阶项。由于 ϵ 很小,式(6.46)中的积分适用于采用最速下降法进行计算。

为了对最速下降积分有显著贡献,函数 $g(\kappa)$ 必须是缓慢变化函数与指数为 ϵ^{-1} 的指数函数的乘积。我们尝试使用以下表达式表示 $g(\kappa)$:

$$g(\kappa) = G(\kappa)\exp\left(\gamma\frac{\kappa^s}{\epsilon}\right) \tag{6.47}$$

其中,$G(\kappa)$是 κ 的缓慢变化函数,γ 是常数。若写为 λ 的函数,式(6.47)中的指数不能包含 ϵ。由这个条件以及式(6.44)给出

$$\lambda^s \frac{\epsilon^{\frac{3}{2}s}}{\epsilon} = \lambda^s \tag{6.48}$$

因此

$$s = \frac{2}{3} \tag{6.49}$$

方程(6.47)和(6.49)将式(6.46)变换为

$$V' = \int_0^\infty \exp\left[\frac{1}{\epsilon}\chi(\kappa, Y, T)\right]G(\kappa)\,d\kappa + c.c. \tag{6.50}$$

其中

$$\chi(\kappa, Y, T) = -\kappa^2 T^2 + 2i\kappa T^{\frac{1}{2}} + \gamma\kappa^{\frac{2}{3}} + 2i\kappa\epsilon\left(Y T^{\frac{3}{2}} + \frac{1}{2}T^{\frac{1}{2}}\right) \tag{6.51}$$

我们观察到,$\chi(\kappa, Y, T)$ 中的 $\gamma\kappa^{\frac{2}{3}}$ 项使得式(6.50)中的被积函数在 $\kappa = 0$ 处奇异。因此,我们必须选择 0 而不是 $-\infty$ 作为式(6.50)中积分的下限。

由最速下降法计算式(6.50)的积分,以最低近似值给出以下结果:

$$V = \epsilon^{\frac{1}{2}} V' = \pi^{\frac{1}{2}} \exp\left[\frac{\chi(\kappa_0)}{\epsilon}\right]\left[-\frac{2}{\chi''(\kappa_0)}\right]^{\frac{1}{2}} G(\kappa_0) + c.\,c. \tag{6.52}$$

其中，κ_0 是鞍点

$$\kappa_0 = \kappa_0^{(0)} + \epsilon\kappa_0^{(1)} + O(\epsilon^2) \tag{6.53}$$

现用式（6.36）对式（6.52）和式（6.53）进行标识。因为 ϵ^{-1} 阶项未出现在式（6.36）的指数自变量中，我们必须要求

$$\chi(\kappa_0) = O(\epsilon) \tag{6.54}$$

方程（6.54）表明，在展开式（6.53）中必须存在 ϵ 阶项。此外，我们必须要求，在鞍点 $\kappa = \kappa_0$ 处，以 ϵ 为变量的 $\chi'(\kappa_0)$ 比 $\chi(\kappa_0)$ 小一个数量级，即

$$\chi'(\kappa_0) = O(\epsilon^2) \tag{6.55}$$

式（6.54）给出一个方程，而式（6.55）给出了（以 ϵ^0 阶和 ϵ^1 阶）求解未知数 $\kappa_0^{(0)}$、$\kappa_0^{(1)}$ 以及 γ 的两个方程。由式（6.54）和式（6.51）我们得到

$$-\kappa_0^{(0)2} T^2 + 2\mathrm{i}\kappa_0^{(0)} T^{\frac{1}{2}} + \gamma\kappa_0^{(0)\frac{2}{3}} = 0 \tag{6.56}$$

方程（6.55）和（6.51）给出：

$$-2\kappa_0^{(0)} T^2 + 2\mathrm{i}T^{\frac{1}{2}} + \frac{2}{3}\gamma\kappa_0^{(0)-\frac{1}{3}} = 0 \tag{6.57}$$

$$-2\kappa_0^{(1)} T^2 + 2\mathrm{i}\kappa_0^{(0)}\left(YT^{\frac{3}{2}} + \frac{1}{2}T^{\frac{1}{2}}\right) - \frac{2}{9}\gamma\kappa_0^{(0)-\frac{4}{3}}\kappa_0^{(1)} = 0 \tag{6.58}$$

由式（6.56）和式（6.57），我们得到

$$\kappa_0^{(0)} = \frac{\mathrm{i}}{2}T^{-\frac{3}{2}} \tag{6.59}$$

$$\gamma\kappa_0^{(0)-\frac{1}{3}} = -\frac{3}{2}\mathrm{i}T^{\frac{1}{2}} \tag{6.60}$$

在式（6.58）中使用式（6.59）和式（6.60）得到：

$$\kappa_0^{(1)} = \frac{3}{2}\mathrm{i}\left(YT^{-\frac{1}{2}} + \frac{1}{2}T^{-\frac{3}{2}}\right) \tag{6.61}$$

由方程（6.59）~（6.61）、式（6.53）以及式（6.51）给出

$$\chi(\kappa_0) = -\epsilon\left(Y + \frac{1}{2}T^{-1}\right) + O(\epsilon^2) \tag{6.62}$$

$$\chi''(\kappa_0) = -\frac{4}{3}T^2 + O(\epsilon) \tag{6.63}$$

现在，我们令最速下降解式（6.52）与从式（6.62）和式（6.63）引入的 $\chi(\kappa_0)$ 和 $\chi''(\kappa_0)$ 以及击波尾部解式（6.36）相等。ϵ 计算中的最低阶意味着式（6.59）中的 $\kappa_0^{(0)}$ 作为式（6.52）中 $G(\kappa_0)$ 的自变量被代入（这里 $*$ 表示复共轭）：

$$G(\kappa_0^{(0)}) + G^*(\kappa_0^{(0)*}) = \left(\frac{2}{3\mathrm{e}}\right)^{\frac{1}{2}}\pi^{-\frac{1}{2}}T^{\frac{1}{2}}\exp\left(\frac{1}{2T}\right) \tag{6.64}$$

选择 $G(\kappa_0^{(0)})$ 为实数并使用式（6.59）得到

$$G(\kappa) = \frac{2^{-\frac{1}{3}}\pi^{-\frac{1}{2}}e^{\frac{i\pi}{6}}}{\sqrt{6e}}\kappa^{-\frac{1}{3}}\exp\left(2^{-\frac{1}{3}}e^{-i\frac{\pi}{3}}\kappa^{\frac{2}{3}}\right) \tag{6.65}$$

在式(6.65)中,我们使用了式(6.59)的以下解(i 有三个可能的第三根):

$$T^{\frac{1}{2}} = 2^{-\frac{1}{3}}e^{i\frac{\pi}{6}}\kappa_0^{(0)\,-\frac{1}{3}} \tag{6.66}$$

为了使式(6.66)与式(6.60)一致,我们必须有

$$\gamma = 2^{-\frac{1}{3}}\frac{3}{2}e^{-i\frac{\pi}{3}} \tag{6.67}$$

使用式(6.44)、式(6.33)和式(6.40),将式(6.51)写为

$$\frac{1}{\epsilon}\mathcal{X}(\lambda,Y,T) = -\lambda^2 T'^2 + 2i\lambda\xi' + \gamma\lambda^{\frac{2}{3}} \tag{6.68}$$

根据式(6.44)和式(6.65),我们忽略比 ϵ^0 更高阶的 ϵ,将式(6.50)写成渐近解的积分表示:

$$V' = \frac{V}{\sqrt{\epsilon}}$$

$$= \frac{2^{-\frac{1}{3}}\pi^{-\frac{1}{2}}e^{\frac{i\pi}{6}}}{\sqrt{6e}}\int_0^\infty \exp\left(-\lambda^2 T'^2 + 2i\lambda\xi' + \gamma\lambda^{\frac{2}{3}}\right)\lambda^{-\frac{1}{3}}d\lambda + c.c.$$

$$= \frac{2^{-\frac{1}{3}}\pi^{-\frac{1}{2}}}{\sqrt{6e}}(I_1 + I_1^*) \tag{6.69}$$

这里引入了相关积分的符号 I_1。积分(6.69)是衰落击波区域内具有所需最低阶行为的线性方程(6.42)的解。然而,由于被积函数在 $\lambda=0$ 处的奇异性,积分表达式(6.69)是不明确的,必须选择合适的黎曼表进行计算。现在将处理这个问题。

4. 渐近解幅值的计算

我们首先使用埃尔米特函数(5.61)的积分表示对式(6.69)直接进行计算。首先将式(6.69)中指数函数 $\exp(\gamma\lambda^{\frac{2}{3}})$ 的级数展开式

$$\exp(\gamma\lambda^{\frac{2}{3}}) = 1 + \gamma\lambda^{\frac{2}{3}} + \frac{1}{2!}\gamma^2\lambda^{\frac{4}{3}} + \frac{1}{3!}\gamma^3\lambda^2 + \cdots \tag{6.70}$$

代入式(6.69),然后逐项计算积分,可得

$$I_1 + I_1^* = \pi^{\frac{1}{2}}\exp\left(-\frac{\xi'^2}{T'^2}\right)\left[\frac{2^{\frac{1}{3}}}{T'^{\frac{2}{3}}}H_{-\frac{1}{3}}\left(\frac{\xi'}{T'}\right) + \frac{2^{-\frac{1}{3}}}{T'^{\frac{4}{3}}}\gamma e^{\frac{i\pi}{3}}H_{\frac{1}{3}}\left(\frac{\xi'}{T'}\right) + \frac{1}{2!}\frac{2^{-1}}{T'^2}\gamma^2 e^{\frac{i2\pi}{3}}H_1\left(\frac{\xi'}{T'}\right) + \cdots\right] \tag{6.71}$$

式(6.69)中的积分是在复平面 λ 中的黎曼表上进行计算,其中,由于 λ 为正实数,$\lambda^{\frac{2}{3}} = |\lambda|^{\frac{2}{3}}$。很明显,式(6.71)右侧的级数虽然在衰落击波区表现正确,但并不是初值问题式(6.20)、(6.23)、(6.26)、(6.27)的正确近似解。击波解式(6.28)~式(6.32)满足以下条件,我们也要求渐近解满足这些条件:

（1）解是 ξ 的完整函数，并在 $\xi = 0$ 时为 0。

（2）对于固定的 $T, \xi \to \pm\infty$ 时解的下降速度快于 ξ 的每个负数次幂。

（3）为了使式（6.41）中的非线性项在大 T' 值条件下可被忽略，需要对于固定的 $\xi', T' \to \infty$ 时解减小得比 T'^{-1} 更快。

$z = 0$ 附近埃尔米特函数 $H_v(z)$ 的级数展开为（列别杰夫，1965 年）：

$$H_v(z) = \frac{1}{2\Gamma(-v)} \sum_{m=0}^{\infty} \frac{(-1)^m \Gamma\left(\dfrac{m-v}{2}\right)}{m!} (2z)^m, \quad |z| < \infty \tag{6.72}$$

从式（6.72）可明显看出，式（6.71）中的非整数阶埃尔米特函数不满足上述条件（1）的要求。式（6.71）中级数的第一项不满足条件（3）的要求。如果我们和列别杰夫（1965 年）一致认为不确定比 $\dfrac{\Gamma(-1)}{\Gamma(-2)}$（以 $\dfrac{\infty}{\infty}$ 的形式）在形式上等于 -4，如果所有的不确定表达式都相应地求解的话，式（6.72）可用于非负积分 $v = n$。然后，从式（6.72）中可以发现，式（6.71）中具有正奇数阶埃尔米特函数的项满足上述条件（1）的要求。

对于大的 $|z|$，$H_v(z)$ 的渐近表示是（列别杰夫，1965 年）：

$$H_v(z) = (2z)^v \left\{ \sum_{k=0}^{n} \frac{(-1)^k}{k!} (-v)_{2k} (2z)^{-2k} + O(|z|^{-2n-2}) \right\}, \quad |\arg z| \leqslant \frac{3\pi}{4} - \delta \tag{6.73}$$

$$H_v(z) = (2z)^v \left\{ \sum_{k=0}^{n} \frac{(-1)^k}{k!} (-v)_{2k} (2z)^{-2k} + O(|z|^{-2n-2}) \right\} -$$

$$\frac{\sqrt{\pi} \, \mathrm{e}^{v\pi \mathrm{i}}}{\Gamma(-v)} \mathrm{e}^{z^2} z^{-v-1} \left\{ \sum_{k=0}^{n} \frac{(v+1)_{2k}}{k!} (2z)^{-2k} + O(|z|^{-2n-2}) \right\},$$

$$\frac{\pi}{4} + \delta \leqslant \arg z \leqslant \frac{5\pi}{4} - \delta \tag{6.74}$$

从式（6.74）可以发现，当 $\xi' \to -\infty$ 时，式（6.71）中非整数阶的埃尔米特函数项不满足条件（2）的要求。在式（6.71）右侧的级数中，具有奇数阶埃尔米特函数的项，即埃尔米特多项式，满足上述条件（1）～（3）的要求。于是问题就出现了：在只出现奇整数埃尔米特函数的情况下，是否存在另一种计算积分的方法可给出解的级数展开？我们记得，式（6.71）中的积分是在三种可能的黎曼表中的一种上进行计算的。现在我们研究三种表中每一种表上同一积分的求解。积分 $I_1, I_2, \cdots, I_6$ 通过下式定义：

$$I_{1,3,5} = \int_0^{\infty} \exp\left(-\lambda^2 T'^2 + 2\mathrm{i}\lambda\xi' + \gamma\lambda^{\frac{2}{3}} + \mathrm{i}\frac{\pi}{6} \right) \lambda^{-\frac{2}{3}} \mathrm{d}\lambda \tag{6.75}$$

其中

在 I_1 中，$\lambda^{\frac{2}{3}} = |\lambda|^{\frac{2}{3}}$；

在 I_3 中，$\lambda^{\frac{2}{3}} = |\lambda|^{\frac{2}{3}} \mathrm{e}^{\mathrm{i}\frac{2\pi}{3}}$；

在 I_5 中，$\lambda^{\frac{2}{3}} = |\lambda|^{\frac{2}{3}} \mathrm{e}^{-\mathrm{i}\frac{2\pi}{3}}$；

以及

$$I_{2,4,6} = \int_0^\infty \exp\left(-\lambda^2 T'^2 - 2i\lambda\xi' + \gamma\lambda^{\frac{2}{3}} + i\frac{\pi}{6} \right) \lambda^{-\frac{2}{3}} d\lambda \tag{6.76}$$

其中

在 I_2 中,$\lambda^{\frac{2}{3}} = |\lambda|^{\frac{2}{3}}$;

在 I_4 中,$\lambda^{\frac{2}{3}} = |\lambda|^{\frac{2}{3}} e^{i\frac{2\pi}{3}}$;

在 I_6 中,$\lambda^{\frac{2}{3}} = |\lambda|^{\frac{2}{3}} e^{-i\frac{2\pi}{3}}$;

式(6.75)和式(6.76)中的数值 γ 由式(6.67)给出。从式(6.75)和式(6.76)可很容易地发现:

$$I_4 = -I_1^* \tag{6.77}$$

$$I_2 = -I_3^* \tag{6.78}$$

现在,在击波尾部区域对积分 I_3 进行求解。在依据式(6.44)、式(6.33)、式(6.40)的变量替换之后,我们由式(6.75)得到

$$I_3 = \epsilon^{-1} e^{i\frac{2\pi}{3}} \int_0^\infty \exp\left\{ \frac{1}{\epsilon}\left[-\kappa^2 T^2 + 2i\kappa(T^{\frac{1}{2}} + \epsilon Y T^{\frac{2}{3}}) + \gamma^*\kappa^{\frac{2}{3}} \right] \right\} e^{i\frac{\pi}{6}} \kappa^{-\frac{1}{3}} d\kappa \tag{6.79}$$

令

$$\eta = \kappa_0^{(0)\frac{1}{3}} T^{\frac{1}{2}} \tag{6.80}$$

我们从式(6.79)得到零次近似鞍点的如下方程:

$$-2\eta^4 + 2i\eta + 2^{-\frac{1}{3}} e^{i\frac{\pi}{3}} = 0 \tag{6.81}$$

我们现在对式(6.81)的解感兴趣,该解位于复平面 κ 中的黎曼表上,积分式(6.79)就是在复平面 κ 上进行计算的。在这个黎曼表中,当 κ 是正实数时,$\kappa^{\frac{1}{3}}$ 也是正实数。这意味着 $\kappa^{(0)\frac{1}{3}}$ 以及 η 所需的解必须在 $-\frac{\pi}{3}$ 和 $\frac{\pi}{3}$ 间具有一个相角。不包括不符合这一条件的根:

$$\eta = 2^{-\frac{1}{3}} e^{i\frac{5\pi}{6}} \tag{6.82}$$

并令

$$\eta = 2^{-\frac{1}{3}} e^{-i\frac{\pi}{6}} \zeta \tag{6.83}$$

剩下的三个根由如下方程给出:

$$\zeta^3 - \zeta^2 + \zeta + 1 = 0 \tag{6.84}$$

式(6.84)的两个复根给出了位于相应黎曼表上的 $\kappa_0^{(0)\frac{1}{3}}$ 值。对于 $\kappa_0^{(0)\frac{1}{3}}$ 的这两个值,我们发现式(6.79)被积函数中指数的实部是负的,并且是 ϵ^{-1} 阶的。因此,式(6.79)给出的被积函数 I_3 在击波尾部区域具有一个消失值。

以同样的方式,我们发现积分 I_5 和 I_6 在击波尾部区域有消失值。由于在衰落击波中的这种消隐,积分 I_3、I_5、I_6 可用来改变渐近解[式(6.69)]中积分级数展开式(6.71)令人不满意的行为。I_5 的级数展开类似于式(6.71)中 $I_1 + I_1^*$ 的级数展开,利用式(6.67)可得

$$I_5 = -\frac{\mathrm{i}}{T'^{\frac{2}{3}}} \left[\Gamma\left(\frac{2}{3}\right) H_{-\frac{2}{3}}\left(-\mathrm{i}\,\frac{\xi'}{T'}\right) - \frac{3}{2^{\frac{4}{3}}} \Gamma\left(\frac{4}{3}\right) H_{-\frac{4}{3}}\left(-\mathrm{i}\,\frac{\xi'}{T'}\right) \frac{1}{T'^{\frac{2}{3}}} + \right.$$

$$\left. \frac{1}{2!}\frac{3^2}{2^{\frac{8}{3}}} \Gamma(2) H_{-2}\left(-\mathrm{i}\,\frac{\xi'}{T'}\right) \frac{1}{T'^{\frac{4}{3}}} - \frac{1}{3!}\frac{3^2}{2^4} \Gamma\left(\frac{8}{3}\right) H_{-\frac{8}{3}}\left(-\mathrm{i}\,\frac{\xi'}{T'}\right) \frac{1}{T'^2} + \cdots \right] \tag{6.85}$$

其中,我们使用了如下关系(列别杰夫,1965 年):

$$H_{-v}(z) = \frac{1}{\Gamma(v)} \int_0^\infty \exp(-t^2 - 2tz) t^{v-1} \mathrm{d}t, \quad \mathrm{Re}\{v\} > 0 \tag{6.86}$$

将式(6.85)中的负阶埃尔米特函数替换为正阶埃尔米特函数(列别杰夫,1965 年):

$$H_{-v}(-\mathrm{i}z) = \frac{\Gamma(-v+1)}{2^v \pi^{\frac{1}{2}}} \exp(-z^2) \exp\left(-\mathrm{i}\,\frac{v\pi}{2}\right) \left[H_{v-1}(z) - \mathrm{e}^{\mathrm{i}(v-1)\pi} H_{v-1}(-z) \right] \tag{6.87}$$

使用式(6.76)、式(6.85),公式

$$\Gamma(z)\Gamma(1-z) = \frac{\pi}{\sin \pi z} \tag{6.88}$$

以及(列别杰夫,1965 年)

$$H_v(z) = \frac{2^v \Gamma(v+1)}{\pi^{\frac{1}{2}}} \mathrm{e}^{z^2} \left[\mathrm{e}^{\mathrm{i}\frac{\pi v}{2}} H_{-v-1}(\mathrm{i}z) + \mathrm{e}^{-\mathrm{i}\frac{\pi v}{2}} H_{-v-1}(-\mathrm{i}z) \right] \tag{6.89}$$

我们得到

$$I_5 - I_6 = -2^{\frac{1}{3}}\pi^{\frac{1}{2}} \exp\left(-\frac{\xi'^2}{T'^2}\right) \left\{ \frac{1}{T'^{\frac{2}{3}}} \left[H_{-\frac{1}{3}}\left(-\frac{\xi'}{T'}\right) - H_{-\frac{1}{3}}\left(-\frac{\xi'}{T'}\right) \right] + \right.$$

$$\left. \frac{3}{4}\frac{1}{T'^{\frac{4}{3}}} \left[H_{\frac{1}{3}}\left(\frac{\xi'}{T'}\right) - H_{\frac{1}{3}}\left(-\frac{\xi'}{T'}\right) \right] + \frac{1}{2!}\left(\frac{3}{4}\right)^2 \frac{1}{T'^2} H_1\left(\frac{\xi'}{T'}\right) \cdots \right\} \tag{6.90}$$

使用式(6.75)和式(6.76),我们得到

$$I_1 - I_4 = 2^{\frac{1}{3}}\pi^{\frac{1}{2}} \exp\left(-\frac{\xi'^2}{T'^2}\right) \left[\frac{1}{T'^{\frac{2}{3}}} H_{-\frac{1}{3}}\left(\frac{\xi'}{T'}\right) + \frac{3}{4}\frac{1}{T'^{\frac{4}{3}}} H_{\frac{1}{3}}\left(\frac{\xi'}{T'}\right) + \frac{1}{2!}\left(\frac{3}{4}\right)^2 \frac{1}{T'^2} H_1\left(\frac{\xi'}{T'}\right) \cdots \right]$$

$$\tag{6.91}$$

使用式(6.75)~式(6.78),通过将 ξ' 变为 $-\xi'$ 并改变符号,可由 $I_1 - I_4$ 得到 $I_3 - I_2$。我们发现,在 $I_1 - I_2 + I_3 - I_4 + I_5 - I_6$ 求和项中,每三次消去所有非整数阶的埃尔米特函数并保留所有奇整数阶埃尔米特多项式:

$$I_1 - I_2 + I_3 - I_4 + I_5 - I_6 = 3 \cdot 2^{\frac{1}{3}} \cdot \pi^{\frac{1}{2}} \exp\left(-\frac{\xi'^2}{T'^2}\right) \sum_{k=0}^\infty \frac{1}{(3k+2)!} \left(\frac{3}{4}\right)^{3k+2} \frac{1}{T'^{2k+2}} H_{2k+1}\left(\frac{\xi'}{T'}\right) \tag{6.92}$$

式(6.92)左侧的求和项可表示为线积分:

$$I_1 - I_2 + I_3 - I_4 + I_5 - I_6 = \int_{C_1+C_2+C_3} \left[\exp\left(-\lambda^2 T'^2 + 2\mathrm{i}\lambda\xi' + \gamma\lambda^{\frac{2}{3}} + \mathrm{i}\,\frac{\pi}{6}\right) - \right.$$

$$\left. \exp\left(-\lambda^2 T'^2 - 2\mathrm{i}\lambda\xi' + \gamma\lambda^{\frac{2}{3}} + \mathrm{i}\,\frac{\pi}{6}\right) \right] \lambda^{-\frac{1}{3}} \mathrm{d}\lambda \tag{6.93}$$

其中，C_1、C_2、C_3 依次是解析函数 $\lambda^{\frac{1}{3}}$ 在三个黎曼叶上从 0 到 ∞ 的实轴，认为该解析函数在从 $-\infty$ 到 0 的平面中是唯一的。根据式（6.71）对 $I_1+I_1^*$ 展开，从而渐近解式（6.69）必须由级数来代替，该级数只包含乘以 3 的整数阶埃尔米特函数。我们将该级数的第一项记为 * ：

$$V(\xi',T')=\epsilon^{\frac{1}{2}}\frac{C}{2T'^2}\exp\left(\frac{\xi'^2}{T'}\right)H_1\left(-\frac{\xi'}{T'}\right)+O(\epsilon)=\epsilon^{\frac{1}{2}}C\frac{\xi'}{T'^3}\exp\left(-\frac{\xi'^2}{T'}\right)+O(\epsilon) \qquad (6.94)$$

其中，渐近常数由下式给出：

$$C=\frac{27}{16}\frac{1}{\sqrt{6e}}\approx 0.4178 \qquad (6.95)$$

萨契戴夫和泽巴斯（1973 年）首先对柱面 N 波进行了数值研究。对 C 进行数值计算（萨契戴夫、泰克卡尔和奈尔，1986 年；哈默顿·克里顿，1989 年），发现常数 C 等于 0.34 或 0.35。如果将击波结构解式（6.30）展开到 ϵ 阶（克里顿、斯科特，1979 年），则得到 ϵ^0 阶和 ϵ 阶的对 C 的修正。这样的计算是由恩弗洛（1998 年）给出的，结果是

$$C=\frac{27}{16}\frac{1}{\sqrt{6e}}\left[1+2\epsilon-\frac{1}{2}\left(1+\frac{8}{3}\epsilon\right)\left(\frac{\pi^2}{6}-\ln 2-\frac{11}{36}\right)\right]=0.2828+O(\epsilon) \qquad (6.96)$$

对于非常小的 ϵ，渐进常数的值为 0.34。然而，对于 $\epsilon=0.1$，我们通过使用式（6.96）可使 C 增强 20%。这种增强是由哈默顿和克里顿（1989 年）在数值计算中发现的，他们发现 $\epsilon=0.1$ 时，$C=0.43$，而当 $\epsilon=0.001$ 时，$C=0.35$。

因此，当前 C 的计算结果与数值计算结果是一致的。解析方法的主要优点是：

（1）已发现渐近常数 C 对 ϵ 的依赖性为 ϵ 的 1 次方，并与数值计算结果一致。

（2）一个有趣的问题如下：由数值运算可知，在极限 $\epsilon\rightarrow0$ 的条件下 $C\approx0.34$，C 由有理数和 π 等表示。该问题的式（6.95）和式（6.96）形式的部分解给出了仅通过数值计算无法获得的一种理解。

6.3　超音速抛射体冲击波的衰减

初始柱面 N 波的广义伯格斯方程的解［式（6.94）］可用于计算超音速抛射体衰减的冲击波。初始柱面 N 波的参数取决于抛射体的形状和速度。非线性效应在波的传播过程中积累。

这就是在距振源较近的距离处非线性可被忽略的原因。惠特姆（1950 年，1952 年）对无耗散情况下超音速抛射体波的非线性理论进行了研究。因此，为了找到非线性柱面波的适当边界条件，我们首先研究由线性声学理论建模的超音速抛射体产生的波。

6.3.1　超音速抛射体波的线性理论

1. 用脉动体积模拟声源

作为声源的抛射体可用脉动体积进行模拟，在该脉动体积中，质量以一种长期不变的

净质量的方式产生和湮灭。可通过如下方式改变质量守恒方程(2.1)来考虑这一现象:

$$\frac{\partial}{\partial t}\int_V \rho \mathrm{d}V = -\int \rho v_i \mathrm{d}S_i + \frac{\mathrm{d}}{\mathrm{d}t}m_S(t) \tag{6.97}$$

其中,我们假设体积 V 内的一点 $\boldsymbol{r}=\boldsymbol{r}_S$ 处质量是不守恒的,而是根据函数 $m_S(t)$ 随时间变化。式(6.97)的微分形式为

$$\frac{\partial}{\partial t}[\rho - m_S(t)\delta(\boldsymbol{r}-\boldsymbol{r}_S)] + \frac{\partial}{\partial t}(\rho v_i) = 0 \tag{6.98}$$

其中,$\delta(\boldsymbol{r}-\boldsymbol{r}_S)$ 是三维狄拉克 δ 函数。使用式(6.98)代替式(2.6)和式(2.41),得到式(2.55)的变换形式:

$$\frac{\mathrm{D}}{\mathrm{D}t}[h-\gamma T_0(s-s_0)] - (\gamma-1)\frac{h}{\rho}[\rho\Delta\Phi + \dot{m}_S(t)\delta(\boldsymbol{r}-\boldsymbol{r}_S)] = 0 \tag{6.99}$$

然后,方程(2.56)获得一个附加项:

$$\frac{\partial h}{\partial t} - \mathrm{grad}\ \Phi \cdot \mathrm{grad}\ \frac{\partial\Phi}{\partial t} - \frac{\gamma\kappa}{\rho_0 c_p}\Delta\frac{\partial\Phi}{\partial t} - (\gamma-1)\left(c_p T_0 + \frac{\partial\Phi}{\partial t}\right)\Delta\Phi -$$
$$\frac{\gamma-1}{\rho}\left(c_p T_0 + \frac{\partial\Phi}{\partial t}\right)\dot{m}_S(t)\delta(\boldsymbol{r}-\boldsymbol{r}_S) = 0 \tag{6.100}$$

使用式(6.100)而不是式(2.56)来推导式(2.60)的一般形式,在仅保留线性最低阶项之后得到

$$\frac{\partial^2\Phi}{\partial t^2} - c_0^2\Delta\Phi - \frac{c_0^2}{\rho}\dot{m}_S(t)\delta(\boldsymbol{r}-\boldsymbol{r}_S) = 0 \tag{6.101}$$

波动方程(6.101)描述了来自点 $\boldsymbol{r}-\boldsymbol{r}_S$ 处脉动点质量的声音。这种情况将推广到质量沿 x 轴延伸并沿相同方向移动的情况。这意味着在式(6.101)中进行以下交换:

$$m_S(t)\delta(x-x_S) \rightarrow \rho_0 a(x,t) \tag{6.102}$$

其中,ρ_0 是源的质量密度(与未受扰动流体的质量密度相同),并假定为常数。这意味着 $a(x,t)$ 是一个绕 x 轴旋转对称的物体的相交面积,并且非常细长,因此实际中,因子 $\delta(y-y_S)\delta(z-z_S)$(其中 $y_S = z_S = 0$)可用在波动方程的源项中。通过如下变换可发现式(6.102)的正确性:

$$\rho A \rightarrow m_S\delta(x-x_S)\delta(y-y_S)\delta(z-z_S)a$$
$$\rightarrow m_S\delta(x-x_S)\int_a \delta(y-y_S)\delta(z-z_S)\mathrm{d}y\mathrm{d}z$$
$$= m_S\delta(x-x_S) \tag{6.103}$$

我们现在假设抛射体具有恒定速度 V 以及在距离前方 ξ 处的相交面积 $A(\xi)$。然后

$$a(x,t) = A(Vt-x) \tag{6.104}$$

其中,选定坐标系的原点,使得在 $t=0$ 时刻抛射体的前部位于 $x=0$ 处。对于介于 0 和 L 之间的 ξ 值,函数 $A(\xi)$ 不等于零,其中 L 是抛射体的长度(图6.1)。

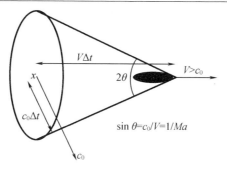

$$\sin\theta = c_0/V = 1/Ma$$

图6.1 马赫锥

2. 声场方程、冯·卡曼声学类比

由式（6.101）、式（6.102）和式（6.103）得到线性区域内超音速抛射体的声场方程：

$$\frac{\partial^2 \boldsymbol{\Phi}}{\partial t^2} - c_0^2 \Delta \boldsymbol{\Phi} = c_0^2 \dot{A}(Vt-x)\delta(y)\delta(z) \qquad (6.105)$$

式（6.105）的右侧在如下变换时是不变的：

$$t \to t + \Delta t, \quad x \to x + V\Delta t \qquad (6.106)$$

式（6.106）的不变性也适用于式（6.105）左侧的导数。从而它必须对 $\boldsymbol{\Phi}$ 有效，因此 $\boldsymbol{\Phi}$ 取决于因式 $Vt-x$ 中的 x 和 t。基于如下替换：

$$t_1 = t - \frac{x}{V} \qquad (6.107)$$

方程（6.105）变为

$$\frac{\partial^2 \boldsymbol{\Phi}}{\partial y^2} + \frac{\partial^2 \boldsymbol{\Phi}}{\partial z^2} - \left(\frac{1}{c_0^2} - \frac{1}{V^2}\right)\frac{\partial^2 \boldsymbol{\Phi}}{\partial t_1^2} = -\frac{\mathrm{d}}{\mathrm{d}t_1}A(Vt_1)\delta(y)\delta(z) \qquad (6.108)$$

对于 $V>c_0$，方程（6.108）在形式上是一个二维波的波动方程，其中波速 c^* 定义为

$$c^* = \frac{V}{\sqrt{Ma^2-1}} \qquad (6.109)$$

其中，Ma 是抛射体的马赫数［恩斯特·马赫（1838—1917年），奥地利物理和哲学家］：

$$Ma = \frac{V}{c_0} \qquad (6.110)$$

线性超音速波问题的重新表述［式（6.108）］称为冯·卡曼（1947年）声学类比。

3. 声场方程的格林函数法解

皮尔斯（1981年）给出了式（6.108）的解，并在此给出了一些提示。将方程（6.108）视为具有三个空间变量的相应波动方程的特例。该方程通过使用如下格林函数进行求解：

$$G(\boldsymbol{r},t;\boldsymbol{r}_0,t_0) = \frac{\delta\left(t-t_0-\dfrac{|\boldsymbol{r}-\boldsymbol{r}_0|}{c_0}\right)}{4\pi|\boldsymbol{r}-\boldsymbol{r}_0|} \qquad (6.111)$$

上式为如下方程的解，并在无限远处消失：

$$\left(\Delta - \frac{1}{c_0^2}\frac{\partial^2}{\partial t^2}\right)G(\boldsymbol{r},t;\boldsymbol{r}_0,t_0) = -\delta(\boldsymbol{r}-\boldsymbol{r}_S)\delta(t-t_0) \qquad (6.112)$$

利用式(6.112)和式(6.111),我们得到如下方程的解,该解在无穷远处消失:

$$\left(\Delta - \frac{1}{c_0^2}\frac{\partial^2}{\partial t^2}\right)\boldsymbol{\Phi}(\boldsymbol{r},t) = -4\pi s(\boldsymbol{r},t) \tag{6.113}$$

其中,源函数 $s(\boldsymbol{r},t)$ 在有限空间区域内不等于零。则式(6.113)的解为

$$\boldsymbol{\Phi}(\boldsymbol{r},t) = 4\pi\iiint G(\boldsymbol{r},t;\boldsymbol{r}_0,t_0)s(\boldsymbol{r}_0,t_0)\,\mathrm{d}x_0\mathrm{d}y_0\mathrm{d}z_0\mathrm{d}t_0 \tag{6.114}$$

或

$$\boldsymbol{\Phi}(\boldsymbol{r},t) = \iiint \frac{s\left(\boldsymbol{r}_0,t-\dfrac{|\boldsymbol{r}-\boldsymbol{r}_0|}{c_0}\right)}{|\boldsymbol{r}-\boldsymbol{r}_0|}\,\mathrm{d}x_0\mathrm{d}y_0\mathrm{d}z_0 \tag{6.115}$$

为了使用求解公式(6.115)求解式(6.108),我们在式(6.108)中引入虚构坐标 x^*:

$$\frac{\partial^2\boldsymbol{\Phi}}{\partial x^{*2}}+\frac{\partial^2\boldsymbol{\Phi}}{\partial y^2}+\frac{\partial^2\boldsymbol{\Phi}}{\partial z^2}-\frac{1}{c^{*2}}\frac{\partial^2\boldsymbol{\Phi}}{\partial t_1^2} = -\frac{\mathrm{d}}{\mathrm{d}t_1}A(Vt_1)\delta(y)\delta(z) \tag{6.116}$$

然后,我们使用式(6.115)和式(6.113)用类比法求解式(6.116):

$$\boldsymbol{\Phi}(x^*,y,z,t) = \frac{V}{4\pi}\int_{-\infty}^{\infty}\frac{A'\left[V\left(t_1-\dfrac{R}{c^*}\right)\right]}{R}\,\mathrm{d}x_S \tag{6.117}$$

其中,A' 表示关于 A 的自变量的导数,而 R 由下式给出:

$$R = \sqrt{(x^*-x_S)^2+y^2+z^2} \tag{6.118}$$

通过将式(6.117)中的积分变量由 x_S 变为 $X=x_S-x^*$,我们发现式(6.117)的右侧不依赖于 x^*。因此,$\boldsymbol{\Phi}(x^*,y,z,t)$ 必须与我们期望的式(6.108)的解 $\boldsymbol{\Phi}(y,z,t)$ 相同。将式(6.117)中的积分变量改为 ξ,ξ 定义为

$$\xi = \left(t_1-\frac{R}{c^*}\right)V \tag{6.119}$$

并且,利用圆柱的对称性

$$r = \sqrt{y^2+z^2} \tag{6.120}$$

由式(6.117)得到

$$\boldsymbol{\Phi}(r,Vt-x) = \frac{V}{2\pi}\int_{-\infty}^{\xi_m}\frac{A'(\xi)\,\mathrm{d}\xi}{\sqrt{(Vt-x-\xi)^2-(Ma^2-1)r^2}} \tag{6.121}$$

式(6.121)中积分的上限 ξ_m 为

$$\xi_m = Vt-x-(Ma^2-1)^{\frac{1}{2}}r = V\left(t-\frac{\boldsymbol{n}\cdot\boldsymbol{r}}{c_0}\right),\quad \boldsymbol{r}=x\boldsymbol{e}_x+r\boldsymbol{e}_r \tag{6.122}$$

其中

$$\boldsymbol{n} = \frac{1}{Ma}\boldsymbol{e}_x+\frac{(Ma^2-1)^{\frac{1}{2}}}{Ma}\boldsymbol{e}_r \tag{6.123}$$

$\boldsymbol{n}$ 与抛射体路径(即 x 轴)间的夹角为 $\arccos(1/Ma)$。

4. 马赫锥、惠特姆 F 函数

由于在 $0<\xi<L$ 以外的区域 $A'(\xi)$ 均为零,所以除非 $\xi_m>0$,否则式(6.20)中的积分不存在。这意味着,可在如下区域中根据式(6.122)、式(6.123)测量抛射体的影响:

$$(Ma^2-1)^{\frac{1}{2}} r < Vt-x \tag{6.124}$$

由式(6.124)给出的区域是一个锥体,其顶点位于 x 轴的 $x=Vt$ 处,该锥体称为马赫锥(图 6.1)。马赫锥体的开角为 $2\theta_M$,其中

$$\theta_M = \arccos \frac{(Ma^2-1)^{\frac{1}{2}}}{Ma} \tag{6.125}$$

积分式(6.121)是线性区域内计算超音速抛射体声场问题的精确解,如果抛射体的尺寸与从抛射体到声波接收点的距离相比较小,则可对该积分进行近似计算。为此,我们将式(6.122)代入式(6.121)积分中的分母:

$$\left[(Vt-x-\xi)^2-(Ma^2-1)r^2\right]^{\frac{1}{2}} = \left\{\left[\xi_m+(Ma^2-1)^{\frac{1}{2}}r-\xi\right]^2-(Ma^2-1)r^2\right\}^{\frac{1}{2}}$$

$$= (\xi_m-\xi)^{\frac{1}{2}}\left[2(Ma^2-1)^{\frac{1}{2}}r+\xi_m-\xi\right]^{\frac{1}{2}} \tag{6.126}$$

利用式(6.126)并与 $2(Ma^2-1)^{\frac{1}{2}}r$ 相比忽略 ξ 和 ξ_m,式(6.121)的积分近似为

$$\boldsymbol{\Phi}(r,Vt-x) = \frac{V}{2\pi\sqrt{2}(Ma^2-1)^{\frac{1}{4}}} r^{-\frac{1}{2}} \int_{-\infty}^{\xi_m} \frac{A'(\xi)\,\mathrm{d}\xi}{(\xi_m-\xi)^{\frac{1}{2}}}$$

$$= \frac{V}{2\pi\sqrt{2}(Ma^2-1)^{\frac{1}{4}}} r^{-\frac{1}{2}} \int_0^{\infty} \frac{A'(\xi_m-\eta)\,\mathrm{d}\eta}{\eta^{\frac{1}{2}}} \tag{6.127}$$

式(6.127)的近似建立在不等式 $0<\xi<L$,假设 $L\ll(Ma^2-1)^{\frac{1}{2}}r$ 以及 ξ_m 与 L 量级相同的基础上。式(6.127)中的积分仅取决于声源的几何形状。有趣的是,在式(6.127)中使用式(6.122)时,对于恒定的 $t-\boldsymbol{n}\cdot\boldsymbol{r}/c_0$,速度势 $\boldsymbol{\Phi}$ 以 $r^{-\frac{1}{2}}$ 的形式衰减。$\boldsymbol{\Phi}$ 与压力 p 间最低阶的联系由式(2.47)给出:

$$p = \rho_0 \frac{\partial \boldsymbol{\Phi}}{\partial t} \tag{6.128}$$

其中,p 表示与平衡压力的偏差。因此,由式(6.127)和式(6.122)得到

$$p(r,Vt-x) = \frac{V^2\rho_0}{\sqrt{2}(Ma^2-1)^{\frac{1}{4}}r^{\frac{1}{2}}} F_W\left[Vt-x-(Ma^2-1)^{\frac{1}{2}}r\right] \tag{6.129}$$

其中,F_W 为惠特姆 F 函数,其定义为(惠特姆,1974 年;皮埃尔斯,1981 年)

$$F_W(\xi) = \frac{1}{2\pi} \frac{\mathrm{d}^2}{\mathrm{d}\xi^2} \int_0^{\infty} \frac{A(\xi-\eta)\,\mathrm{d}\eta}{\eta^{\frac{1}{2}}} \tag{6.130}$$

我们注意到,当 $\xi<0$ 时,$F_W(\xi)=0$;假设,当 $\xi\to0$ 时,$A(\xi)$ 比 $\xi^{\frac{3}{2}}$ 更快地逼近零。于是,当 $\xi=0$ 时,$F_W(\xi)$ 是有限的。式(6.129)由皮尔斯(1981 年)的公式(11-10.9)导出。

6.3.2 超音速抛射体波的非线性理论

1. 超音速抛射体波的广义伯格斯方程

经过一定距离 $r > r_0$ 的传播后,第 6.3.1 节中计算出来的抛射体辐射波必须用非线性理论来描述。对于这一描述,我们从库兹涅佐夫方程(2.60)开始。假设圆柱对称,类似于式(6.121)的解,我们根据 r 和 $Vt-x$ 求式(2.60)的解。在式(2.60)中,我们做式(6.120)的替换和如下替换(恩弗洛,1985 年[b,c]):

$$X = c_0\left(t - \frac{V}{c_0^2}x\right) \tag{6.131}$$

$$T = \frac{1}{c_0}(x - Vt) \tag{6.132}$$

与式(6.127)中计算的波一样,非线性波仅依赖于 r 和 $Vt-x$。因此,我们需要

$$\frac{\partial \Phi(r, X, T)}{\partial X} = 0 \tag{6.133}$$

在式(2.60)中使用式(6.131)~式(6.133)得到

$$\frac{\partial^2 \Phi}{\partial r^2} + \frac{1}{r}\frac{\partial \Phi}{\partial r} - \frac{Ma^2-1}{c_0^2}\frac{\partial^2 \Phi}{\partial T^2} = \frac{2V}{c_0^5}\left(1 - \frac{\gamma-1}{2}Ma^2\right)\frac{\partial \Phi}{\partial T}\frac{\partial^2 \Phi}{\partial T^2} + \frac{V}{c_0^5}\frac{b}{\rho_0}\frac{\partial^3 \Phi}{\partial T^3} +$$

$$\frac{V}{c_0^3}\frac{\partial}{\partial T}\left(\frac{\partial \Phi}{\partial r}\right)^2 + \frac{b}{\rho_0}\frac{V}{c_0^3}\frac{\partial}{\partial T}\left(\frac{\partial^2 \Phi}{\partial r^2} + \frac{1}{r}\frac{\partial \Phi}{\partial r}\right) \tag{6.134}$$

现在,在式(6.134)中引入新的变量:

$$\tau = -T - \frac{r-r_0}{c_0}(Ma^2-1)^{\frac{1}{2}} = \frac{1}{c_0}\left[Vt - x - (Ma^2-1)^{\frac{1}{2}}(r-r_0)\right] \tag{6.135}$$

$$r_1 = \nu r \tag{6.136}$$

其中,ν 是一个小的无量纲参数。我们将看到,最终结果对 r_0 的选取不敏感,r_0 是距飞行路径的距离,非线性累积效应对该距离变得重要。将式(6.135)和式(6.136)代入式(6.134),并将小量 ν、Φ 和 b 扩展至二阶,我们得到了一个广义伯格斯方程:

$$\frac{\partial v}{\partial r} + \frac{1}{2}\frac{v}{r} - \frac{Ma^3}{c_0^2(Ma^2-1)}\frac{\gamma+1}{2}v\frac{\partial v}{\partial \tau} = \frac{Ma^3 b}{2c_0^3\rho_0\sqrt{Ma^2-1}}\frac{\partial^2 \nu}{\partial \tau^2} \tag{6.137}$$

其中

$$v = v_r = -\frac{\partial \Phi}{\partial r} = \frac{\sqrt{Ma^2-1}}{c_0}\frac{\partial \Phi}{\partial \tau} - \nu\frac{\partial \Phi}{\partial r_1} \tag{6.138}$$

方程(6.137)是 $n=1$ 时式(2.85)的推广。因为式(6.137)中 Ma 大于 1,我们不能通过式(6.137)中的极限跃迁获得式(2.85)。我们注意到,式(6.137)适用于边值问题,而方程(6.6)(在 5.2 节中,我们得到了渐近波)源于初值问题。从数学的角度来看,这两个问题是相同的。

现在,将用式(6.129)导出的适当边界条件来研究广义伯格斯方程(6.137)。为此,我

们使用式(6.128)、式(6.132)、式(6.135)以及式(6.129)中 p 对 r 和 $Vt\text{-}x$ 的依赖性得到

$$p=\rho_0\left(\frac{\partial\Phi}{\partial t}\right)_{x,y,z}=-\rho_0\frac{V}{c_0}\left(\frac{\partial\Phi}{\partial T}\right)_r=\rho_0\frac{V}{c_0}\left(\frac{\partial\Phi}{\partial\tau}\right)_r \tag{6.139}$$

式(6.139)和式(6.138)的比较得出 ν 的最低阶表示:

$$v=\frac{p}{\rho_0c_0}\frac{\sqrt{Ma^2-1}}{Ma} \tag{6.140}$$

使用式(6.129)、式(6.135)和式(6.140)得到边界 $r=r_0$ 处的流体速度:

$$v(r=r_0,\tau)=\frac{V(Ma^2-1)^{\frac{1}{4}}}{(2r_0)^{\frac{1}{2}}}F_{\mathrm{W}}\left[c_0\left(\tau-\frac{r_0}{c_0}\sqrt{Ma^2-1}\right)\right] \tag{6.141}$$

图 6.2 给出了函数 F_{W} 的一个实例,该函数由一个表面为抛物线旋转表面的抛物体得到。从图中可以发现,在略大于 L 的长度以外 F_{W} 为零,并且在这个区间的中间有一个负导数的零值。为了使该零值位置获得零坐标值,我们做以下坐标转换:

$$\theta=\tau-\frac{r_0}{c_0}\sqrt{Ma^2-1}-\frac{L}{2c_0} \tag{6.142}$$

通过如下变换消除式(6.137)中没有导数的项:

$$U=v\left(\frac{r}{r_0}\right)^{\frac{1}{2}} \tag{6.143}$$

$$\zeta=2(rr_0)^{\frac{1}{2}} \tag{6.144}$$

将式(6.142)、式(6.143)和式(6.144)代入式(6.137)得到

$$\frac{\partial U}{\partial\zeta}-\frac{Ma^3}{Ma^2-1}\frac{\gamma+1}{2c_0^2}U\frac{\partial U}{\partial\theta}=\frac{Ma^2}{\sqrt{Ma^2-1}}\frac{b\zeta}{4c_0^3\rho_0r_0}\frac{\partial^2U}{\partial\theta^2} \tag{6.145}$$

方程(6.145)是鲁坚科和索卢扬(1977 年)著作的第三章中,方程(1.6)在 $Ma>1$ 情况下的推广。

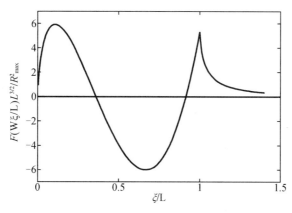

图 6.2　依据方程(6.174)和(6.130)计算的函数 $F_{\mathrm{W}}(\xi/L)L^{3/2}/R_{\max}^2$

2. 惠特姆 F 函数边值问题到 N 波边值问题的变换

从数学角度看,式(6.145)的 N 波边值问题与式(6.20)和式(6.23)的 N 波初值问题是相同的。该问题已在第 5.2 节中得到了解决,如果我们将 N 波边界条件应用于式(6.145),则该问题的解可应用于式(6.145)。式(6.141)的边界波通常不是 N 波,然而,正如后面将给出的,它将发展为一个 N 波。

为了描述式(6.141)的波向 N 波的演变,我们使用由忽略式(6.145)的右侧所得的无黏方程:

$$\frac{\partial U}{\partial \zeta}-\Gamma U\frac{\partial U}{\partial \theta}=0, \quad \Gamma=\frac{Ma^3}{Ma^2-1}\frac{\gamma+1}{2c_0^2} \tag{6.146}$$

式(6.141)的边界条件由式(6.142)、式(6.143)和式(6.144)给出:

$$U(\zeta-2r_0=0,\theta)=G(\theta) \tag{6.147}$$

其中

$$G(\theta)=\frac{V(Ma^2-1)^{\frac{1}{4}}}{(2r_0)^{\frac{1}{2}}}F_{\mathrm{W}}\left[c_0\left(\theta+\frac{L}{2c_0}\right)\right] \tag{6.148}$$

在式(6.147)的边界条件下式(6.146)的解类似于式(4.33)和式(4.34):

$$U=G(\Psi) \tag{6.149}$$

其中,Ψ 作为以 τ 和 ζ 为变量的函数,通过如下关系隐式地给出:

$$\Psi=\theta+\Gamma G(\Psi)(\zeta-2r_0) \tag{6.150}$$

对于以下的初步讨论,我们选择一种理想化的 $G(\theta)$ 的形式,如图 6.3 所示。

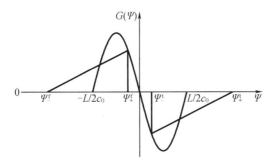

图 6.3　前冲击和后冲击位置的构造

函数 $G(\theta)$ 满足如下零面积条件,并发展为具有正前冲击不连续、线性衰减和正后冲击不连续的 N 波:

$$\int_{-\infty}^{\infty}G(\Psi)\mathrm{d}\Psi=0 \tag{6.151}$$

由于 $\Psi=0$ 附近波的反对称性,则研究前冲击就足够了。前冲击的位置 $\theta_{\mathrm{f\,sh}}$ 类似于式(3.39):

$$\theta_{\mathrm{f\,sh}}=\Psi_-^{\mathrm{f}}-\Gamma G(\Psi_-^{\mathrm{f}})(\zeta-2r_0)=\Psi_+^{\mathrm{f}}-\Gamma G(\Psi_+^{\mathrm{f}})(\zeta-2r_0) \tag{6.152}$$

从图 6.3 中可明显看出 $G(\Psi_-^{\mathrm{f}})=0$,因此根据式(6.152)可知 $\Psi_-^{\mathrm{f}}=\theta_{\mathrm{f\,sh}}$。应用于前冲击

的等面积法则式(3.53)变成

$$\int_{\Psi_-^f}^{\Psi_+^f} G(\Psi)\,\mathrm{d}\Psi = \frac{1}{2}(\Psi_+^f - \Psi_-^f)\left[G(\Psi_+^f) + G(\Psi_-^f)\right] \tag{6.153}$$

由于从式(6.152)我们有

$$\Psi_+^f - \Psi_-^f = \Gamma(\zeta - 2r_0)\left[G(\Psi_+^f) - G(\Psi_-^f)\right] \tag{6.154}$$

且使用 $G(\Psi_-^f) = 0$，我们可将式(6.153)写为

$$\int_{-\infty}^{\Psi_+^f} G(\Psi)\,\mathrm{d}\Psi \equiv I_+^f = \frac{1}{2}\Gamma(\zeta - 2r_0)G^2(\Psi_+^f) \tag{6.155}$$

对于前击波的间断 $U_{f\,sh} = G(\Psi_+^f)$，方程(6.155)给出

$$U_{f\,sh} = \left[\frac{2I_+^f}{\Gamma(\zeta - 2r_0)}\right]^{\frac{1}{2}} \tag{6.156}$$

对于足够大的 ζ，在充分考虑不连续性的情况下，式(6.149)、式(6.150)接近 N 波。

3. N 波生成的示例

为了研究由式(6.147)和式(6.148)发展而来的波产生 N 波的现象，我们选择函数 $G(\Psi)$ 的一个例子：

$$\left.\begin{array}{l} G(\Psi) = -U_0 \sin \Omega\Psi, \quad -\pi < \Omega\Psi < \pi, \Omega = 2\pi c_0/L = 2\pi V/(MaL) \\ G(\Psi) = 0, \qquad\qquad -\infty < \Omega\Psi < -\pi, \pi < \Omega\Psi < \infty \end{array}\right\} \tag{6.157}$$

根据式(6.157)，等面积法则式(6.153)变成

$$\frac{1}{2}(\Psi_+^f - \Psi_-^f)\left[-U_0\sin(\Omega\Psi_+^f)\right] = \int_{-\pi/\Omega}^{\Psi_+^f}\left[-U_0\sin(\Omega\Psi)\right]\mathrm{d}\Psi \tag{6.158}$$

或

$$\Psi_-^f\sin(-\Omega\Psi_+^f) = \Psi_+^f\sin(-\Omega\Psi_+^f) + \frac{2}{\Omega}\left[-1-\cos(\Omega\Psi_+^f)\right] \tag{6.159}$$

由式(6.152)和式(6.157)我们得到

$$\Psi_+^f = \Psi_-^f - \Gamma U_0\sin(\Omega\Psi_+^f)(\zeta - 2r_0) \tag{6.160}$$

我们将从方程组(6.159)和(6.160)中解出 Ψ_+^f 和 Ψ_-^f。为此，假设 $\Omega\Psi_+^f$ 很小，从而可使用如下近似：

$$\sin \Omega\Psi_+^f \approx \Omega\Psi_+^f, \quad \cos \Omega\Psi_+^f \approx 1 - \frac{1}{2}(\Omega\Psi_+^f)^2 \tag{6.161}$$

由近似式(6.161)可得式(6.159)与式(6.160)的最低阶解为

$$\Psi_+^f = -\frac{2}{\Omega^{\frac{3}{2}}\Gamma^{\frac{1}{2}}U_0^{\frac{1}{2}}(\zeta - 2r_0)^{\frac{1}{2}}} \tag{6.162}$$

$$\Psi_-^f = \theta_{f\,sh} = -\frac{2\Gamma^{\frac{1}{2}}U_0^{\frac{1}{2}}(\zeta - 2r_0)^{\frac{1}{2}}}{\Omega^{\frac{1}{2}}} \tag{6.163}$$

这样由式(6.149)和式(6.150)得到 N 波方程：

$$U = -U_0\sin \Omega\Psi = \frac{\Psi - \theta}{\Gamma(\zeta - 2r_0)} \tag{6.164}$$

因为 $\sin \Omega\Psi \approx \Omega\Psi$,我们可从式(6.164)得到

$$\Psi \approx -\frac{U}{U_0\Omega} \qquad (6.165)$$

因此,由式(6.164)得到最低阶 $(\zeta-2r_0)^{-1}$ 形式的 N 波方程:

$$U = -\frac{\theta}{\Gamma(\zeta-2r_0)} \qquad (6.166)$$

其中, θ 位于区间

$$-\frac{2\Gamma^{\frac{1}{2}}U_0^{\frac{1}{2}}(\zeta-2r_0)^{\frac{1}{2}}}{\Omega^{\frac{1}{2}}} < \theta < \frac{2\Gamma^{\frac{1}{2}}U_0^{\frac{1}{2}}(\zeta-2r_0)^{\frac{1}{2}}}{\Omega^{\frac{1}{2}}} \qquad (6.167)$$

对于区间式(6.167)之外的 θ,我们有

$$U = 0 \qquad (6.168)$$

前冲击的高度从式(6.166)和式(6.167)得到

$$U_{f\,sh} = \frac{2U_0^{\frac{1}{2}}}{\Omega^{\frac{1}{2}}\Gamma^{\frac{1}{2}}(\zeta-2r_0)^{\frac{1}{2}}} \qquad (6.169)$$

该结果与式(6.157)条件下的式(6.156)相同。

4. 可判为 N 波的距离的确定

式(6.146)的 N 波解式(6.166)~式(6.168)的推导取决于 $\Omega\Psi_+^f$ 足够小的假设,以使式(6.161)的近似有效。这是 ζ 值足够大的情况。如果我们想在 $r>R_0$ 时使用式(6.161),即 $\zeta > 2R_0^{\frac{1}{2}}r_0^{\frac{1}{2}}$,那么我们必须要求

$$\frac{1}{6}\Omega^2\Psi_+^{f2} \ll 1 \qquad (6.170)$$

以便可以忽略正弦和余弦函数展开式中的下一项。将式(6.162)代入式(6.170)并分别使用式(6.146)和式(6.157)中 Γ 和 Ω 的表达式得出

$$\frac{(Ma^2-1)Lc_0}{6\beta Ma^3\pi U_0\sqrt{R_0r_0}} \ll 1, \quad \beta = \frac{\gamma+1}{2} \qquad (6.171)$$

从式(6.157)得到 U_0 的估计,这告诉我们 U_0 是 $G(\theta)$ 的最大值。因为根据式(6.141)、式(6.142)、式(6.143)和式(6.148)可得

$$U_0 = v_{max}(r=r_0,\tau) \qquad (6.172)$$

我们得到结果

$$U_0 = \frac{V(Ma^2-1)^{\frac{1}{4}}}{(2r_0)^{\frac{1}{2}}}F_W^{max}\left[c_0\left(\tau-\frac{r_0}{c_0}\sqrt{Ma^2-1}\right)\right] \qquad (6.173)$$

为了了解不等式(6.171)的满足程度,我们必须将式(6.173)代入式(6.171)。因此,我们必须对式(6.130)中定义的惠特姆函数 F_W 的最大值 F_W^{max} 进行一些现实的估计。假设式(6.130)中的面积函数 $A(\xi)$ 描述了具有圆形截面的抛射体,并令(皮尔斯,1981 年)

$$A(\xi) = 4\pi R_{\max}^2 \frac{\xi}{L}\left(1 - \frac{\xi}{L}\right), \quad 0 \leqslant \xi \leqslant L$$

$$A(\xi) = 0, \quad \xi < 0, \quad \xi > L \tag{6.174}$$

将式(6.174)代入式(6.130)得到

$$\frac{L^{3/2}}{R_{\max}^2} F_{\mathrm{W}}\left(\frac{\xi}{L}\right) = 2 \frac{\mathrm{d}^2}{\mathrm{d}\left(\frac{\xi}{L}\right)^2} \int_{\frac{\xi}{L}=0}^{\frac{\xi}{L}=1} \left[\frac{\xi - \eta}{L}\left(1 - \frac{\xi - \eta}{L}\right)\right] \Big/ \left(\frac{\eta}{L}\right)^{1/2} \mathrm{d}\left(\frac{\eta}{L}\right) \tag{6.175}$$

由式(6.175)求得的无量纲函数 $F_{\mathrm{W}}(\xi/L)L^{3/2}/R_{\max}^2$,如图 6.2 所示。

从图 6.2 我们可以发现:

$$F_{\mathrm{W}}^{\max} \frac{L^{3/2}}{R_{\max}^2} \approx 6 \tag{6.176}$$

其中,$R_{\max}$ 是抛射体圆形相交区域的最大半径。在式(6.171)中替换式(6.173)和式(6.176)得到

$$\frac{(Ma^2 - 1)^{\frac{3}{4}}}{\pi \beta Ma^4} \frac{\sqrt{2}}{36} \frac{L^{\frac{5}{2}}}{R_{\max}^2 R_0^{\frac{1}{2}}} \ll 1 \tag{6.177}$$

当 $Ma^2 = 1.6$ 时,$(Ma^2 - 1)^{3/4}/Ma^4$ 的极大值是 0.266 3。对于空气,$\beta = 1.2$,我们将式(6.177)写为

$$0.002\ 77\left(\frac{L}{R_{\max}}\right)^2\left(\frac{L}{R_0}\right)^{\frac{1}{2}} \ll 1 \tag{6.178}$$

$L/R_{\max}$ 的合理值为 10,这意味着式(6.178)可写成

$$\frac{1}{3.6}\left(\frac{L}{R_0}\right)^{\frac{1}{2}} \ll 1 \tag{6.179}$$

如果 5%的误差水平是可接受的,公式(6.179)表明,比率 L/R_0 变成

$$\frac{L}{R_0} = 3.6^2 \cdot \frac{1}{400} \tag{6.180}$$

因此,当 $L = 10$ m 时,我们得到 $R_0 \approx 300$ m。

近似 N 波式(6.166)~式(6.168)将在 $r = R_0$(即 $\zeta = 2R_0^{\frac{1}{2}} r_0^{\frac{1}{2}}$)时给出广义伯格斯方程(6.145)解的边界条件。

5. 无量纲波动方程,边界条件和解

为了得到一个无量纲方程,我们对式(6.137)中的变量进行了类似于式(6.2)~式(6.5)的变换。方程(6.2)对应于

$$W = \left(\frac{r}{R_0}\right)^{\frac{1}{2}} \cdot \frac{v(r, \tau)}{v_0} = \left(\frac{r_0}{R_0}\right)^{\frac{1}{2}} \cdot \frac{U}{v_0} \tag{6.181}$$

其中,v_0 为速度,正如我们将在下面看到的,该速度值必须适当选择。变换式(6.3),我们有[参考式(6.142)]:

$$s = \frac{c_0}{L}\left(\tau - \frac{r_0}{c_0}\sqrt{Ma^2-1} - \frac{L}{2c_0}\right) = \frac{c_0}{L}\theta \tag{6.182}$$

并且变换式(6.4)和式(6.5)，我们引入无量纲参数 η_0 和无量纲变量 η：

$$\eta_0 = 2\beta\frac{Ma^3}{Ma^2-1}\frac{v_0R_0}{c_0L} \tag{6.183}$$

$$\eta = 1+2\beta\frac{Ma^3}{Ma^2-1}\frac{v_0R_0^{\frac{1}{2}}}{c_0L}(r^{\frac{1}{2}}-R_0^{\frac{1}{2}}) = 1+2\beta\frac{Ma^3}{Ma^2-1}\frac{v_0R_0^{\frac{1}{2}}}{c_0L}\left(\frac{\zeta}{2r_0^{\frac{1}{2}}}-R_0^{\frac{1}{2}}\right) \tag{6.184}$$

将式(6.181)~式(6.184)代入式(6.137)得到

$$\frac{\partial W}{\partial \eta} - W\frac{\partial W}{\partial s} = \epsilon\frac{\eta-1+\eta_0}{2}\frac{\partial^2 W}{\partial s^2} \tag{6.185}$$

其中，无量纲小量 ϵ 由下式给出：

$$\epsilon = \frac{\sqrt{Ma^2-1}\,b}{\beta\eta_0\rho_0v_0L} \tag{6.186}$$

对于 $\eta=1$，式(6.166)~式(6.168)描述了一个 N 波可给出式(6.185)的边界条件，这意味着 $\zeta = 2R_0^{\frac{1}{2}}r_0^{\frac{1}{2}}$。边界波是近似 N 波的条件为式(6.177)，如果给定参数 β、L、Ma 和 $R_{\max}$，则这是 R_0 的一个条件。速度 v_0 可由我们支配，用于选择 $\eta=1$ 时的无量纲前冲击波振幅 $W_{\mathrm{f\,sh}}$ 为单位值。在式(6.169)中使用式(6.181)、式(6.184)和式(6.173)得到

$$W = \left(\frac{r_0}{R_0}\right)^{\frac{1}{2}}\frac{U_{\mathrm{f\,sh}}}{v_0} = \frac{2^{\frac{1}{4}}Ma^{\frac{1}{2}}(Ma^2-1)^{\frac{1}{8}}(F_{\mathrm{W}}^{\max})^{\frac{1}{2}}c_0^{\frac{1}{2}}}{\pi^{\frac{1}{2}}v_0^{\frac{1}{2}}R_0^{\frac{1}{4}}\left[\eta-1+\eta_0-\eta_0\left(\frac{r_0}{R_0}\right)^{\frac{1}{2}}\right]^{\frac{1}{2}}} \tag{6.187}$$

条件

$$W_{\mathrm{f\,sh}}(\eta=1) = 1 \tag{6.188}$$

与式(6.183)，得

$$v_0 = \frac{(Ma^2-1)^{\frac{5}{8}}(F_{\mathrm{W}}^{\max})^{\frac{1}{2}}c_0L^{\frac{1}{2}}}{2^{\frac{1}{4}}\pi^{\frac{1}{2}}\beta^{\frac{1}{2}}MaR_0^{\frac{3}{4}}\left[1-\left(\frac{r_0}{R_0}\right)^{\frac{1}{2}}\right]^{\frac{1}{2}}} \tag{6.189}$$

由式(6.189)和式(6.183)得到

$$\eta_0 = \frac{2^{\frac{3}{4}}\beta^{\frac{1}{2}}Ma^2(F_{\mathrm{W}}^{\max})^{\frac{1}{2}}R_0^{\frac{1}{4}}}{\pi^{\frac{1}{2}}(Ma^2-1)^{\frac{3}{8}}L^{\frac{1}{2}}\left[1-\left(\frac{r_0}{R_0}\right)^{\frac{1}{2}}\right]^{\frac{1}{2}}} \tag{6.190}$$

我们需要记住，式(6.177)的条件对于产生 N 波式(6.166)~式(6.168)至关重要，并且对于 $\eta=1$，可用作式(6.185)的边界条件。我们研究了选择 $\eta_0=1$ 时式(6.177)的满足程度。使用式(6.190)、式(6.176)和式(6.177)得出

$$\frac{2}{3\pi^2} \ll 1 \tag{6.191}$$

这意味着误差水平与式(6.179)、式(6.180)相同。将 $\eta_0 = 1$ 代入式(6.185)，我们可使用初始条件式(6.26)、式(6.27)以及式(6.23)时无量纲广义伯格斯方程(6.20)的外解[式(6.28)、式(6.29)]。因此，$\eta_0 = 1$ 时式(6.185)的边界条件为

$$W(s, \eta = 1) = -s, \quad |s| < 1 \tag{6.192}$$

$$W(s, \eta = 1) = 0, \quad |s| > 1 \tag{6.193}$$

并且外解为

$$W(s, \eta = 1) = -\frac{s}{\eta} + O(\epsilon^n), \quad |s| < \eta^{\frac{1}{2}} \tag{6.194}$$

$$W(s, \eta = 1) = 0, \quad |s| > \eta^{\frac{1}{2}} \tag{6.195}$$

类似于式(6.30)~式(6.32)，内解为

$$W^*(s^*, \eta) = -\frac{1}{2} \eta^{-\frac{1}{2}} \left[1 - \tanh \frac{s^* - A(\eta)}{2\eta^{\frac{3}{2}}} \right] + O(\epsilon) \tag{6.196}$$

其中

$$s^* = \frac{s - \eta^{\frac{1}{2}}}{\epsilon} \tag{6.197}$$

并且

$$A(\eta) = -\frac{1}{2} \eta(\eta - 1) \tag{6.198}$$

将 $\eta_0 = 1$ 代入式(6.190)，仅根据给定的空气和抛射体数据，我们即可得到 R_0 的表达式。使用式(6.189)中的这个表达式，我们由式(6.186)得到

$$\epsilon = \frac{(Ma^2 - 1)\pi^2 b}{4\beta^2 Ma^5 \rho_0 c_0 (F_W^{\max})^2} \tag{6.199}$$

在式(6.173)给出 U_0 的情况下，表达式(6.199)对于依据式(6.157)选择的 $G(\Psi)$ 有效。使用由式(6.148)和式(6.155)获得的公式，可以得到 ϵ 更一般的表达式：

$$I_f^+(2r_0)^{\frac{1}{2}} = V(Ma^2 - 1)^{\frac{1}{2}} \int_{-\infty}^{\Psi_+^f} F_W \left(\theta + \frac{L}{2c_0} \right) d\theta \tag{6.200}$$

以及由式(6.155)、式(6.157)和式(6.173)得到的公式：

$$I_f^+(2r_0)^{\frac{1}{2}} = \frac{Ma(Ma^2 - 1)^{\frac{1}{2}} L}{\pi} F_W^{\max} \tag{6.201}$$

在式(6.199)中使用式(6.200)和式(6.201)给出 ϵ 的一个新的表达式：

$$\epsilon = \frac{(Ma^2 - 1)^{\frac{1}{2}} L^2 b}{4\beta^2 Ma^3 \rho_0 c_0 V^2 (I_W^+)^2} \tag{6.202}$$

其中，I_W^+ 定义为积分

$$I_W^+ = \int_{-\infty}^{\Psi_+^f} F_W \left(\theta + \frac{L}{2c_0} \right) d\theta, \quad \Psi_+^f \to 0 \tag{6.203}$$

实际上，式(6.203)中的积分指的是惠特姆函数 F_W 正值部分下的面积。

对于 $\eta \gg 1/\epsilon, \eta_0 = 1$ 条件下式(6.185)的渐近解现在可以类似于式(6.94)地写成

$$W(\eta, s) \approx -\epsilon^{-2} C \frac{s}{\eta^3} \exp\left(-\frac{s^2}{\epsilon \eta^2}\right) \tag{6.204}$$

其中,C 是结合式(6.95)、式(6.96)讨论的渐近常数。

6. 以物理量表示的渐近解

在式(6.204)中,仍然通过给定的物理量来表示 W、s、η。由 $\eta_0 = 1$ 时的式(6.190),式(6.189)、式(6.200)、式(6.201)和式(6.203),我们得到($r_0 \to 0$)

$$R_0^{\frac{1}{2}} v_0 = \frac{(Ma^2 - 1)^{\frac{1}{4}} c_0 V I_W^+}{2^{\frac{1}{2}} L} \tag{6.205}$$

利用式(6.205),令 $\eta_0 = 1$、$r_0 \to 0$,由式(6.181)和式(6.184)得到

$$W = \frac{2^{\frac{1}{2}} L}{(Ma^2 - 1)^{\frac{1}{4}} c_0 V I_W^+} r^{\frac{1}{2}} v(r, \tau) \tag{6.206}$$

$$\eta = \frac{2^{\frac{1}{2}} \beta Ma^3 V I_W^+}{(Ma^2 - 1)^{\frac{3}{4}} L^2} r^{\frac{1}{2}} \tag{6.207}$$

对于 s,我们在式(6.204)中使用了式(6.182)中给出的表达式。因此,对于式(6.202)、式(6.203)、式(6.206)和式(6.207),方程(6.204)给出了 $r \to \infty$ 时 $v(r, \tau)$ 的渐近形式。

7. 讨论

现在,对寻找超音速抛射体渐近波与距飞行路径距离间依赖性的问题进行总结。我们比较三种情况:

(1)无耗散的线性理论。

(2)无耗散的非线性理论。

(3)有耗散的非线性理论。

式(6.129)给出了情况(1)中渐近波的 r 依赖性,展示了渐近依赖性 $r^{-1/2}$。我们期望考虑非线性的情况下会有更快的衰减。该衰变由惠特姆(1974 年)发现,给出了情况(2)中的依赖性 $r^{-3/4}$。从最终的公式(6.204)~(6.207)可找到情况(3)中 $v(r, \tau)$ 的渐近 r 依赖性,结果是 r^{-1}。当然,希望同时考虑非线性和耗散的情况下给出波最快的衰减。超音速飞机会产生音爆,上述研究与音爆问题有关;然而,除了柱面波在无限空间中的传播外,该问题的还有许多方面有待研究。皮尔斯(1993 年)研究了其中的一些方面。鲁坚科和恩弗洛(2000 年)研究了湍流层影响下的音爆问题。

6.4　周期柱面波和球面波

作为由没有适当精确解的类伯格斯方程控制的非线性周期波演化的例子,我们选择了球面和柱面正弦波的边值问题。式(6.18)给出了球面波相应的波动方程,而式(6.15)给出了柱面波相应的波动方程。在这两种情况下,波动方程都包含两个参数。由于圆柱源或球源半径的存在,除了声学雷诺数的倒数,该问题还包含一个参数。这个新参数对应柱面初始波问题[式(6.6)]中的新参数 T_0。

6.4.1　球面周期波

1. 近似费伊解

我们从球面波问题开始,因为它在文献中有更多的记载(舒特、缪尔和布莱克斯托克,1974 年),并且在 $\epsilon^{(4)}=\epsilon$ 条件下研究式(6.18)给出的方程:

$$\frac{\partial V}{\partial R}-V\frac{\partial V}{\partial \theta}=\epsilon\exp\left(\frac{R}{R_0}\right)\frac{\partial^2 V}{\partial \theta^2} \tag{6.208}$$

对于 $r=r_0$,即 $R=0$,采用正弦边界条件:

$$V(0,\theta)=\sin\theta \tag{6.209}$$

现在,寻找式(6.208)的解的近似傅里叶展开问题,可使用第 5 章中相应平面波问题的解来解决。因此,对于 $R<1$ 和 $\epsilon\ll1$,我们得到了贝塞尔-富比尼解[参见式(4.46)]

$$V=2\sum_{n=1}^{\infty}\frac{J_n(nR)}{nR}\sin n\theta \tag{6.210}$$

对于 $R\gg1$ 和 $\epsilon\ll1$,我们可使用得到霍赫洛夫-索卢扬解[式(5.160)]的式(5.151)~式(5.160)中描述的过程。我们仅需进行 $\epsilon\to\epsilon\exp(R/R_0)$ 的替换,式(6.209)条件下式(6.208)的近似霍赫洛夫-索卢扬解为

$$V=\frac{1}{R+1}\left(-\theta+\pi\tanh\frac{\pi\theta\exp\left(-\frac{R}{R_0}\right)}{2\epsilon(R+1)}\right)[1+O(\epsilon)] \tag{6.211}$$

为了便于与其他作者的结果进行比较,我们进行变量替换

$$Z=R/R_0 \tag{6.212}$$

并且引入新的常量 a:

$$a=\epsilon R_0,\quad a=O(1) \tag{6.213}$$

因此,对于球面伯格斯方程

$$\frac{\partial V}{\partial z}-a\epsilon^{-1}V\frac{\partial V}{\partial \theta}=ae^z\frac{\partial^2 V}{\partial \theta^2} \tag{6.214}$$

结合边界条件

$$V(z=0,\theta)=\sin\theta \qquad (6.215)$$

我们得到如下的近似霍赫洛夫-索卢扬解[式(6.216)]以及近似费伊解[式(6.217)][参见式(5.85)]:

$$V=\frac{\epsilon}{\epsilon+az}\left[-\theta+\pi\tanh\frac{\pi e^z\theta}{2(\epsilon+az)}\right][1+O(\epsilon)] \qquad (6.216)$$

$$V=2\epsilon e^z\sum_{n=1}^{\infty}\frac{\sin n\theta}{\sinh[\epsilon e^z n(1+a\epsilon^{-1}z)]}[1+O(\epsilon)] \qquad (6.217)$$

将式(6.216)代入式(6.214)表明,式(6.216)是一个好的近似的条件是

$$\frac{\epsilon+az}{a}\ll 1 \qquad (6.218)$$

不等式(6.218)给出了对式(6.216)有用的 z 区域。由于 a 为 $O(1)$,我们选择

$$z=\delta\zeta,\quad \frac{\epsilon}{\delta}\ll 1,\quad \delta\ll 1 \qquad (6.219)$$

使用式(6.219),级数式(6.217)可写为

$$V=4\epsilon\sum_{n=1}^{\infty}\sin n\theta\sum_{v=0}^{\infty}\exp[-(1+2v)n(\epsilon+\delta a\zeta)][1+O(\delta)] \qquad (6.220)$$

2. 由渐近解构造级数解

现在通过使用级数式(6.220)来确定渐近方程解的振幅常数[参见式(6.214)]:

$$\frac{\partial V}{\partial z}=ae^z\frac{\partial^2 V}{\partial\theta^2} \qquad (6.221)$$

其中,z 足够大,以至于式(6.214)中的非线性项可被忽略。式(6.221)的解应由式(6.216)推导得到,并具有以下形式:

$$V=\frac{\epsilon}{a}C\exp(-ae^z)\sin\theta \qquad (6.222)$$

很容易发现,式(6.222)同样满足式(6.221)。由式(6.222)我们得到式(6.214)(恩弗洛,1996年)级数解的第一项:

$$V=\frac{\epsilon}{a}C\exp(-ae^z)[f_1(\theta)+\exp(-ae^z)f_2(z,\theta)+\exp(-2ae^z)f_3(z,\theta)+\cdots] \qquad (6.223)$$

通过将式(6.223)代入式(6.214),我们发现若式(6.223)级数中的函数 $f_n(z,\theta)$ 满足下面的微分方程,则得到式(6.214)的解:

$$ae^z\frac{\partial^2 f_n}{\partial\theta^2}-\frac{\partial f_n}{\partial z}+nae^z f_n=-C\left(f_{n-1}\frac{\partial f_1}{\partial\theta}+f_{n-2}\frac{\partial f_2}{\partial\theta}+\cdots+f_1\frac{\partial f_{n-1}}{\partial\theta}\right) \qquad (6.224)$$

方程组(6.224)必须以 δ 的最低阶给出与式(6.220)相同的解。若我们寻找满足如下条件的式(6.224)的解,就可实现这一点:

$$\left(\frac{\partial f}{\partial z}\right)_{z=0}=0 \qquad (6.225)$$

令

$$e^z \approx 1+\delta\zeta, \quad \frac{\partial f}{\partial z} \approx \delta\zeta\left(\frac{\partial^2 f}{\partial z^2}\right)_{z=0} \tag{6.226}$$

我们以 δ 的最低阶形式由式(6.224)得到

$$\frac{\partial^2 f_n}{\partial\theta^2}+nf_n = -\frac{C}{a}\left(f_{n-1}\frac{\partial f_1}{\partial\theta}+\cdots+f_1\frac{\partial f_{n-1}}{\partial\theta}\right) \tag{6.227}$$

使用式(6.226),级数解式(6.223)变为

$$V = \frac{\epsilon}{a}Ce^{-a}\left[e^{-a\delta\zeta}\sin\theta+e^{-a}e^{-2a\delta\zeta}f_2(\zeta=0,\theta)+e^{-2a}e^{-3a\delta\zeta}f_3(\zeta=0,\theta)+\cdots\right]\left[1+O(\delta)\right]$$
$$\tag{6.228}$$

3. 渐近解振幅的确定

然而,给出级数式(6.228)系数的式(6.227)的解可由第 5 章伯格斯方程得到:

$$\frac{\partial U}{\partial x}-U\frac{\partial U}{\partial\vartheta}=\frac{\partial^2 U}{\partial\vartheta^2} \tag{6.229}$$

为了实现这一点,我们首先声明,级数式(6.230)

$$U(x,\vartheta)=Ke^{-x}\left[g_1(\vartheta)+e^{-x}g_2(\vartheta)+e^{-2x}g_3(\vartheta)+\cdots\right] \tag{6.230}$$

满足式(6.229),如果 $g_n(\vartheta)$ 满足方程组

$$\frac{\mathrm{d}^2 g_n}{\mathrm{d}\vartheta^2}+ng_n(\vartheta)=-K(g_{n-1}g_1'+g_{n-2}g_2'+\cdots+g_1g_{n-1}') \tag{6.231}$$

对于 $g_1(\vartheta)=\sin\vartheta$,式(6.230)中级数的第一项 $Ke^{-x}\sin\vartheta$ 是如下线性方程的一个解:

$$\frac{\partial U}{\partial x}=\frac{\partial^2 U}{\partial\vartheta^2} \tag{6.232}$$

在这种情况下,式(6.230)中的级数必须与费伊解式(6.229)[见式(5.85),其中 $\epsilon=1$]相同:

$$U(x,\vartheta)=2\sum_{n=1}^{\infty}\frac{\sin n\vartheta}{\sinh nx}$$

$$=4\sum_{n=1}^{\infty}\sin n\vartheta\sum_{v=1}^{\infty}\exp\left[-(1+2v)nx\right]$$

$$=4\sum_{n=1}^{\infty}e^{-nx}\sum_{\substack{k=0,1,\cdots,\\ \frac{n}{2k+1}为整数}}^{2k+1\leqslant n}\sin\frac{n\vartheta}{2k+1} \tag{6.233}$$

式(6.233)与式(6.230)的确定给出了所有的 $g_n(\vartheta)$ 以及 K 的值:$K=4$。另一方面,用 $g_1(\vartheta)=\sin\vartheta$ 求解方程组(6.231)而不使用其与伯格斯方程的联系是复杂的。然而,由式(6.233)很容易发现,$g_1(\vartheta)=\sin\vartheta$ 时式(6.231)的解为

$$g_n(\vartheta)=\left(\frac{K}{4}\right)^{n-1}\sum_{\substack{k=0,1,\cdots,\\ \frac{n}{2k+1}为整数}}^{2k+1\leqslant n}\sin\frac{n\vartheta}{2k+1} \tag{6.234}$$

与式(6.234)类似,式(6.227)的解为

$$f_n(\delta\zeta,\theta) = \left(\frac{C}{4a}\right)^{n-1} \sum_{\substack{k=0,1,\cdots, \\ \frac{n}{2k+1}为整数}}^{2k+1 \leqslant n} \sin\frac{n\vartheta}{2k+1} + O(\delta) \tag{6.235}$$

将式(6.235)代入式(6.228),我们发现如果 C 满足如下条件,则对于 $\epsilon/\delta \ll 1$,级数式(6.228)与式(6.220)相同:

$$C = 4ae^a \tag{6.236}$$

因此,$z\to\infty$ 时,在式(6.215)条件下式(6.214)的渐近解为(斯科特,1981年;恩弗洛,1996年)

$$V = 4\epsilon e^a \exp(-ae^z)\sin\theta \tag{6.237}$$

用物理术语来说,求解的问题意味着寻找球面伯格斯方程的渐近解[参见式(2.85)]:

$$\frac{\partial v}{\partial r} + \frac{v}{r} - \frac{\gamma+1}{2c_0^2}v\frac{\partial v}{\partial\tau} = \frac{b}{2c_0^3\rho_0}\frac{\partial^2 v}{\partial\tau^2} \tag{6.238}$$

且以 $r=r_0$ 处的下式为边界条件:

$$v(r_0,\tau) = v_0\sin\omega\tau \tag{6.239}$$

利用式(6.11)~式(6.13)、式(6.17)、式(6.19)、式(6.212)和式(6.213),我们得到渐近波 v_∞:

$$v_\infty = 8ae^a\frac{c_0^2}{r\omega(\gamma+1)}\exp\left(-a\frac{r}{r_0}\right)\sin\omega\tau \tag{6.240}$$

其中[参见式(6.213)]

$$a = \frac{b\omega^2 r_0}{2c_0^3\rho_0} \tag{6.241}$$

4. 与早期结果的比较

舒特、缪尔和布莱克斯托克(1974年)给出了渐近球面非线性正弦波的近似解。他们忽略了式(6.238)中 $r<r_{max}$ 时的耗散项以及 $r>r_{max}$ 时的非线性项。基波 $\sin\omega\tau$ 的振幅在 $r<r_{max}$ 时以 $r^{-1}[1+R_0\ln(r/r_0)]^{-1}$ 形式衰减,在 $r>r_{max}$ 时以 $r^{-1}\exp(-ar/r_0)$ 形式衰减。两个待定参数——r_{max} 和 $\sin\omega\tau$ 的渐近振幅——是由振幅的连续性条件及其在 $r=r_{max}$ 处关于 r 的导数决定的。若将该方法应用于平面波,在这种情况下的精确渐近振幅是已知的,得到了近似解与精确解的比值 e/2;对于球面波,得到以下称为 v_∞^{SMB} 的渐近波:

$$v_\infty^{SMB} = 4\Gamma(a)\exp[\Gamma(a)]\frac{c_0^2}{r\omega(\gamma+1)}\exp\left(-a\frac{r}{r_0}\right)\sin\omega\tau \tag{6.242}$$

其中,$\Gamma(a)$ 满足方程

$$\Gamma(a) = \frac{1}{\ln\left[\dfrac{\Gamma(a)}{a}\right]} \tag{6.243}$$

比较表达式(6.242)和(6.240)是很有趣的,因为从式(6.213)、式(6.13)和式(6.19)中可以发现,对于大的 a 值,球面波接近平面波。令:

$$\frac{\Gamma(a)}{a} = 1+\alpha, \quad \alpha \ll 1 \tag{6.244}$$

则我们由式(6.243)得到

$$a=\frac{1-\dfrac{\alpha}{2}}{\alpha}\left[1+O(\alpha)\right] \tag{6.245}$$

$$\Gamma(a)=\frac{1+\dfrac{\alpha}{2}}{\alpha}\left[1+O(\alpha)\right] \tag{6.246}$$

因此,正如期望的(恩弗洛,1996 年):

$$\frac{v_{\infty}^{\mathrm{SMB}}}{v_{\infty}}\xrightarrow[a\to\infty]{}\frac{\mathrm{e}}{2} \tag{6.247}$$

对于有限的 a 值,我们有

$$\frac{v_{\infty}^{\mathrm{SMB}}}{v_{\infty}}>\frac{\mathrm{e}}{2} \tag{6.248}$$

因此,将舒特–缪尔–布莱克斯托克近似用于平面波比用于球面波更好。

6.4.2　柱面周期波

1. 近似费伊解

现在,令 $\epsilon^{(3)}=\epsilon$,并对柱面波动方程(6.15)

$$\frac{\partial V}{\partial R}-V\frac{\partial V}{\partial\theta}=\epsilon\left(\frac{R}{2}+R_0\right)\frac{\partial^2 V}{\partial\theta^2} \tag{6.249}$$

进行研究,采用 $r=r_0$ 处的正弦边界条件,也就是 $R=0$:

$$V(0,\theta)=\sin\theta \tag{6.250}$$

对于 $R\gg1$ 且 $\epsilon\ll1$,我们从式(5.124)发现一个近似霍赫洛夫–索卢扬解,做 $\epsilon\to\epsilon(R/2+R_0)$ 的变换得

$$V\approx\frac{1}{R+1}\left[-\theta+\pi\tanh\frac{\pi\theta}{2\epsilon\left(\dfrac{R}{2}+R_0\right)(R+1)}\right] \tag{6.251}$$

新变量通过如下公式定义:

$$R=2R_0(y-1) \tag{6.252}$$

$$R_0=\frac{1}{2}d\epsilon^{-\frac{1}{2}} \tag{6.253}$$

其中

$$d^2=\frac{2b\omega^2 r_0}{c_0^3\rho_0}=O(1) \tag{6.254}$$

$$\epsilon=\frac{bc_0}{2\beta^2 v_0^2 r_0\rho_0} \tag{6.255}$$

使用变换式(6.252)~式(6.255)后,柱面广义伯格斯方程(6.249)变为

$$\frac{\partial V}{\partial y} - d\epsilon^{-\frac{1}{2}} V \frac{\partial V}{\partial \theta} = \frac{1}{2} d^2 y \frac{\partial^2 V}{\partial \theta^2} \tag{6.256}$$

在式(6.250)的边界条件下,方程(6.256)有近似霍赫洛夫-索卢扬解:

$$V \approx \frac{1}{1 + d\epsilon^{-\frac{1}{2}} (y-1)} \left[-\theta + \pi \tanh \frac{\pi\theta}{d\epsilon^{\frac{1}{2}} [1 + d\epsilon^{-\frac{1}{2}} (y-1)] y} \right] \tag{6.257}$$

以及一个近似费伊解:

$$V = d\epsilon^{\frac{1}{2}} y \sum_{n=1}^{\infty} \frac{\sin n\theta}{\sinh\left\{ \frac{n}{2} d\epsilon^{\frac{1}{2}} [1 + d\epsilon^{-\frac{1}{2}} (y-1)] y \right\}} \tag{6.258}$$

将式(6.257)代入式(6.249)表明,式(6.247)为良好近似的条件是

$$\frac{1}{2\pi \frac{1}{2} d\epsilon^{-\frac{1}{2}}} \frac{1 + 2d\epsilon^{-\frac{1}{2}} (y-1)}{y} \ll 1 \tag{6.259}$$

不等式(6.259)给出了 y 区域,对于该区域近似解式(6.257)是有效的。因为 d 为 $O(1)$,我们选择

$$y - 1 = \delta\eta, \quad \frac{\epsilon^{\frac{1}{2}}}{\delta} \ll 1, \quad \delta \ll 1 \tag{6.260}$$

使用式(6.260),级数(6.258)可写成

$$V = 2d\epsilon^{\frac{1}{2}} \sum_{n=1}^{\infty} \sin n\theta \sum_{v=0}^{\infty} \exp\left[-\left(\frac{1}{2} + v\right) nd\epsilon^{\frac{1}{2}} (1 + d\epsilon^{-\frac{1}{2}} \delta\eta) \right] [1 + O(\delta)] \tag{6.261}$$

2. 由渐近解构造级数解

现通过使用级数式(6.261),来确定渐近方程解的振幅常数[参见式(6.256)]:

$$\frac{\partial V}{\partial y} = \frac{1}{2} d^2 y \frac{\partial^2 V}{\partial \theta^2} \tag{6.262}$$

其中,y 足够大,以至于式(6.256)中的非线性项可忽略。式(6.262)的解应从式(6.257)发展而来,并具有以下形式:

$$V = \epsilon^{\frac{1}{2}} C \exp\left(-\frac{d^2}{4} y^2\right) \sin \theta \tag{6.263}$$

显然,式(6.263)同样满足式(6.262)。由式(6.263)给出的第一项,式(6.256)的级数解为

$$V = \epsilon^{\frac{1}{2}} C \exp\left(-\frac{d^2 y^2}{4}\right) \left[g_1(\theta) + \exp\left(\frac{d^2 y^2}{4}\right) g_2(y,\theta) + \exp\left(-2\frac{d^2 y^2}{4}\right) g_3(y,\theta) + \cdots \right] \tag{6.264}$$

3. 渐近解振幅的确定

通过将式(6.264)代入式(6.256),我们发现,如果式(6.264)中的函数 $g_n(y,\theta)$ 满足下面的微分方程,则得到式(6.256)的解:

$$\frac{d^2 y}{2} \left[\frac{\partial^2 g_n}{\partial \theta^2} + n g_n(y,\theta) \right] - \frac{\partial g_n}{\partial y} = -dC\left(g_{n-1} \frac{\partial g_1}{\partial \theta} + g_{n-2} \frac{\partial g_2}{\partial \theta} + \cdots + g_1 \frac{\partial g_{n-1}}{\partial \theta} \right) \tag{6.265}$$

方程组(6.265)必须以 δ 的最低阶给出与式(6.261)相同的式(6.256)的解。如果我们找到满足如下条件的式(6.265)的解,就可以实现这一点:

$$\left(\frac{\partial g_n}{\partial y}\right)_{y=1} = 0 \qquad (6.266)$$

在式(6.265)中使用式(6.260)、式(6.266)和单项泰勒展开

$$\left(\frac{\partial g_n}{\partial y}\right) = \delta\eta\left(\frac{\partial^2 g_n}{\partial y^2}\right)_{y=1} \qquad (6.267)$$

我们由 δ 的最低阶得到

$$\frac{\partial^2 g_n}{\partial \theta^2} + n g_n = -\frac{2C}{d}\left[g_{n-1}\frac{\partial g_1}{\partial \theta} + g_{n-2}\frac{\partial g_2}{\partial \theta} + \cdots + g_1\frac{\partial g_{n-1}}{\partial \theta}\right] \qquad (6.268)$$

式(6.268)的解可采用与式(6.227)的球面波解[式(6.235)]相同的方式进行构造。于是得到式(6.264)所示的解,该解可在 δ 的最低阶条件下与式(6.261)进行比较。与获得式(6.236)采用相同的方式,该比较给出

$$C = 2d\exp\left(\frac{d^2}{4}\right) \qquad (6.269)$$

因此,对于 $y \to \infty$,在式(6.250)条件下式(6.256)的渐近解符合式(6.263)和式(6.269)(斯科特,1981 年;恩弗洛,1996 年):

$$V = 2\epsilon^{\frac{1}{2}} d\exp\left(\frac{d^2}{4}\right)\exp\left(-\frac{d^2}{4}y^2\right)\sin\theta \qquad (6.270)$$

从物理意义上讲,所求解的问题就是寻找 $n=1$ 时柱面伯格斯方程(2.85)的渐近解。边界条件在形式上与式(6.239)相同。在式(6.270)中使用式(6.252)、式(6.253)、式(6.254)、式(6.255)以及式(6.11)、式(6.12),我们得到渐近柱面波 v_∞:

$$v_\infty = \frac{c_0^2}{(\gamma+1)\omega(rr_0)^{\frac{1}{2}}} 8\alpha r_0 \exp(\alpha r_0)\exp(-\alpha r)\sin\omega\tau \qquad (6.271)$$

其中,α 表示为

$$\alpha = \frac{b\omega^2}{2c_0^3\rho_0} \qquad (6.272)$$

4. 与前期结果的比较

由舒特、缪尔和布莱克斯托克(1974 年)的近似方法得到的正弦边界条件下柱面波方程式(2.85)的渐近解 v_∞^{SMB} 为

$$v_\infty^{\text{SMB}} = v_0\left(\frac{r_0}{r}\right)^{\frac{1}{2}}\frac{2}{1+(\gamma+1)\dfrac{v_0\omega}{c_0^2}r_0^{\frac{1}{2}}(r_{\max}^{\frac{1}{2}}-r_0^{\frac{1}{2}})}\exp\left[-\alpha(r-r_{\max})\right]\sin\omega\tau \qquad (6.273)$$

其中,$r_{\max}$ 由如下表达式给出:

$$r_{\max} = \frac{1}{2\alpha} + \frac{1}{2}r_0\left(1-\frac{1}{R_0}\right)^2\left[1+\sqrt{1+\frac{2R_0^2}{\alpha r_0(R_0-1)^2}}\right] \qquad (6.274)$$

因为 $R_0 = O(\epsilon^{-1/2})$ [参见式(6.253)],我们可将式(6.273)写成

$$v_\infty^{\mathrm{SMB}} = \left(\frac{r_0}{r}\right)^{\frac{1}{2}} \frac{2c_0^2 \exp[-\alpha(r-r_{\max})]}{c_0^2 + (\gamma+1)v_0\omega r_0}\left[\left(\frac{r_{\max}}{r_0}\right)^{\frac{1}{2}} - 1\right]^{-1}\sin\omega\tau[1 + O(\epsilon^{\frac{1}{2}})] \qquad (6.275)$$

当 $\alpha r_0 \to \infty$ 时,柱面波接近平面波。由式(6.274)我们发现

$$\frac{r_{\max}}{r_0} = 1 + \frac{1}{\alpha r_0} + O(\epsilon^{\frac{1}{2}}) + O(\alpha^{-2}r_0^{-2}) \qquad (6.276)$$

在 $\epsilon^{\frac{1}{2}}$ 的最低阶条件下,我们由式(6.271)和式(6.275)发现

$$\frac{v_\infty^{\mathrm{SMB}}}{v_\infty} = \mathrm{e}^{\alpha r_{\max}}\left[\left(\frac{r_{\max}}{r_0}\right)^{\frac{1}{2}} - 1\right]^{-1}\frac{1}{4\alpha r_0 \mathrm{e}^{\alpha r_0}}\xrightarrow[\alpha r_0 \to \infty]{}\frac{\mathrm{e}}{2} \qquad (6.277)$$

因此,如在式(6.247)中,期望的结果是得到接近平面波的柱面波并且类似于式(6.248),对于 αr_0 有限的值,我们有

$$\frac{v_\infty^{\mathrm{SMB}}}{v_\infty} > \frac{\mathrm{e}}{2} \qquad (6.278)$$

因此,将舒特-缪尔-布莱克斯托克(1974年)近似用于平面波比用于柱面波更好。

5. 相关研究

恩弗洛(1985年[a])采用一系列方法对 $\epsilon \ll 1$、$\epsilon R_0^2 \ll 1$ 的情况进行了研究。在这种情况下,与式(6.269)相反,渐近常数不依赖于参量,而只是一个数字。恩弗洛(1985年[a])研究得到的数字是2,后来通过数值计算得到的数字是1.856(哈默顿和克里顿,1989年)和1.85(萨契戴夫和奈尔,1989年)。这一差异尚未得到解释。

第7章 非线性有界声束

有界声束在水下声学(诺维科夫、鲁坚科和季莫申科,1987 年)和医学(艾弗基乌和克利夫兰,1999 年;卡斯滕森、劳、麦凯和缪尔,1980 年)中都有重要应用。它由第 2.3.3 节推导的 KZK 方程建模(扎博洛茨卡亚和霍赫洛夫,1969 年;库兹涅佐夫,1971 年)。KZK 方程是许多研究的主题,汉密尔顿(1997 年)对其进行了综述。从这篇综述文章中可以清楚地看到,在大多数研究中,KZK 方程中的非线性项被视为扰动(弱非线性)。于是,该方程的求解过程包括求解不同近似程度的线性方程。

对于弱非线性,准线性理论被纳泽·泰塔、滕卡特和泰塔(1991 年)以及福达(1996 年)应用于非耗散的情况(KZ 方程),以研究半无限长矩形截面管道中双频激励的演化。使用准线性近似,达尔文内斯、汉密尔顿、纳泽·泰塔和泰塔(1991 年)利用 KZK 方程研究了声束的非线性相互作用。纳泽·泰塔、泰塔和维弗林(1991 年)将这些研究扩展至聚焦效应。

在强非线性情况下,一些分析技术已用于求解 KZ 方程。具有冲击波前的渐近波形由马科夫(1997 年)给出。汉密尔顿、霍赫洛娃和鲁坚科(1997 年)给出了冲击前区域基于非线性几何声学和近轴法的解,这意味着该解被展开为横向变量的级数。

弗柔泽和库卢夫拉特(1996)提出了一种对横向变量具有高斯依赖性的声源产生脉冲声束有效的分析技术。他们使用重整化程序(金斯伯格,1997 年)来平衡规则扰动解中的非均匀项。库卢夫拉特(1991 年[b])利用重整化技术和弱冲击理论研究了高斯声束。

数值技术已广泛用于求解强非线性情况下的 KZ 方程和 KZK 方程(巴赫瓦洛夫、志雷金和扎博洛茨卡亚,1987 年)。巴赫瓦洛夫、志雷金、扎博洛茨卡亚和霍赫洛夫(1976 年)对 KZ 方程进行了早期的数值积分,给出了声束中非线性失真与平面波失真间的差异。安森、巴克韦、纳泽·泰塔和泰塔(1984 年)以及汉密尔顿、纳泽·泰塔和泰塔(1985 年)给出了基于近场傅里叶级数展开的 KZK 方程数值解。哈特和汉密尔顿(1988 年)将该方法推广到了聚焦声束。李和汉密尔顿(1995 年)以及艾弗基乌和克利夫兰(1999 年)给出了圆形活塞辐射脉冲的 KZK 方程数值解。卡希尔和贝克(1999 年)对 KZK 方程的小角度交叉声束进行了数值研究。为了理解发现的谐波振荡的起源,他们利用傅里叶分解法研究了 KZ 方程的准线性近似。

因此,KZK 方程(2.84)的主要求解方法的尝试包括直接数值积分、非线性被视为扰动的扰动理论(对于弱非线性)或傅里叶级数解(对于强非线性)。最后两种方法产生了偏微分方程组,这些方程组已被截断并进行了数值求解。

根据本书的一般思想,在本章中将使用一种分析技术,在强非线性情况下利用 KZK 方程研究非线性有界声束。该技术基于类似于汉密尔顿、霍赫洛娃和鲁坚科(1997 年)提出技术的扩展,并推广了西奥诺伊德(1992 年,1993 年)提出的一种方法。

7.1 KZK 方程

7.1.1 无量纲 KZK 方程

包含耗散效应的非线性声束的数学描述由 KZK 方程(2.91)给出,在式(7.1)中重写为

$$\frac{\partial}{\partial \tau}\left(\frac{\partial v}{\partial x} - \frac{\beta}{c_0^2}v\frac{\partial v}{\partial \tau} - \frac{b}{2\rho_0 c_0^3}\frac{\partial^2 v}{\partial \tau^2}\right) = \frac{c_0}{2}\left(\frac{\partial^2 v}{\partial y^2} + \frac{\partial^2 v}{\partial z^2}\right) \tag{7.1}$$

以无量纲变量描述方程有助于对方程进行数学处理。为此,我们引入了介质的特征速度 v_0,波束的特征半径 a 和特征频率 ω。通过用 v_0、a 和 ω 进行缩放,变量 v、y、z 和 τ 分别被无量纲变量代替。对于沿声束的坐标 x,我们选择与非线性平面无损波相同的缩放。这种缩放在式(4.37)中完成。第 4.3 节的分析表明,当 $\sigma = 1$ 时出现冲击,这意味着波已传播了距离 x_{sh}(冲击距离,不连续长度),定义为

$$x_{\text{sh}} = \frac{c_0^2}{\beta \omega v_0} \tag{7.2}$$

因此,我们的新无量纲变量为

$$X - X_0 = \frac{\beta \omega v_0}{c_0^2}x \tag{7.3}$$

(引入常量 X_0 是出于实际原因,如第 7.2 节所示)

$$Y = \frac{y}{a} \tag{7.4}$$

$$Z = \frac{z}{a} \tag{7.5}$$

$$\theta = \omega \tau \tag{7.6}$$

$$V = \frac{v}{v_0} \tag{7.7}$$

在把式(7.3)~式(7.7)代入式(7.1)后,我们得到适用于如下边界条件的无量纲形式的 KZK 方程:

$$\frac{\partial}{\partial \theta}\left(\frac{\partial V}{\partial X} - V\frac{\partial V}{\partial \theta} - \epsilon\frac{\partial^2 V}{\partial \theta^2}\right) = \frac{N}{4}\left(\frac{\partial^2 V}{\partial Y^2} + \frac{\partial^2 V}{\partial Z^2}\right) \tag{7.8}$$

其中,无量纲参数 ϵ 与式(2.77)中的定义相同,且新的无量纲参数 N 定义为

$$N = \frac{2c_0^3}{\beta a^2 \omega^2 v_0} \tag{7.9}$$

在适用于初值问题的 KZK 方程(2.97)中,不采用式(7.3),而是做如下替换:

$$X = \frac{\omega \xi}{c_0} \tag{7.10}$$

不用式(7.6),而是做以下替换:

$$\theta = \omega t \frac{v_0 \beta}{c_0} \tag{7.11}$$

通过替换式(7.4)、式(7.5)和式(7.7),我们可由式(2.97)得到适用于初始条件的 KZK 方程的另一种形式:

$$\frac{\partial}{\partial X}\left(\frac{\partial V}{\partial \theta} + V \frac{\partial V}{\partial X} - \epsilon \frac{\partial^2 V}{\partial X^2}\right) = -\frac{N}{4}\left(\frac{\partial^2 V}{\partial Y^2} + \frac{\partial^2 V}{\partial Z^2}\right) \tag{7.12}$$

除了式(7.8)和式(7.12)外,KZK 方程还有另外两种写法。通过改变 KZK 方程式(7.8)中 V 和 θ 的符号以及式(7.12)中 V 和 X 的符号,我们改变了这些方程右边的符号。如果我们给式(7.8)和式(7.12)中的 $\frac{\partial^2 V}{\partial X \partial \theta}$ 项一个正号,给耗散项一个负号,那么每个 KZK 方程(7.8)和(7.12)就有 4 种可能的写法:非线性项和等式右侧可以有任何符号。

除了式(7.2)中定义的冲击距离 x_{sh} 外,还定义其他两个物理上感兴趣的距离。一个是特征吸收距离

$$x_{abs} = \frac{2c_0^3 \rho_0}{b\omega^2} \tag{7.13}$$

由式(2.75)和式(2.77)我们发现

$$\frac{x}{x_{abs}} = \epsilon \sigma \tag{7.14}$$

并且从费伊解式(5.85)的前导项中我们发现,由于耗散吸收,大 x 值的前导项会按 $\exp\left(-\dfrac{x}{x_{abs}}\right)$ 衰减。

第三个物理上感兴趣的距离是衍射长度 x_{dif},定义为

$$x_{dif} = \frac{\omega a^2}{2c_0} \tag{7.15}$$

量值 x_{dif} 可由线性理论得到。考虑一个半径为 a 的圆形传感器,其振动发出声束。传输距离 x_{dif} 后,声束开始呈球面扩展传播,且以特征孔径角 $\phi \sim a/x_{dif}$ 在锥形区域中传播(诺维科夫,鲁坚科和季莫申科,1987 年,第 4.1 章)。

数字 ϵ 和 N 新的物理意义由以下表达式给出:

$$\epsilon = \frac{x_{sh}}{x_{abs}} \tag{7.16}$$

$$N = \frac{x_{sh}}{x_{dif}} \tag{7.17}$$

在导出无量纲 KZK 方程(7.8)和(7.12)的分析中,假设

$$N = O(1) \tag{7.18}$$

沿声束的坐标必须以 x_{sh}、x_{dif} 和 x_{abs} 中最小的特征距离进行缩放。由于式(7.17)和式(7.18),x_{sh} 和 x_{dif} 具有相同的量级,因此缩放式(7.3)是适当的。式(7.8)和式(7.12)对于强非线性是有效的,这表现为可能除了含 ϵ 的项外,式(7.8)中的所有项都具有相同的

量级。

另一方面,在弱非线性条件下,衍射长度 x_{dif} 远远小于冲击距离 x_{sh},所以我们有

$$N \gg 1 \tag{7.19}$$

参照式(7.3)进行如下缩放:

$$X - X_0 = \frac{x}{x_{\text{dif}}} = \frac{2c_0 x}{\omega a^2} \tag{7.20}$$

参照式(7.8)我们得到无量纲方程

$$\frac{\partial}{\partial \theta}\left(N\frac{\partial V}{\partial X} - V\frac{\partial V}{\partial \theta} - \epsilon\frac{\partial^2 V}{\partial \theta^2}\right) = N\left(\frac{\partial^2 V}{\partial Y^2} + \frac{\partial^2 V}{\partial Z^2}\right) \tag{7.21}$$

在式(7.19)的条件下,式(7.21)的解的第一个近似值是如下方程的解:

$$\frac{\partial^2 V}{\partial \theta \partial X} = \frac{\partial^2 V}{\partial Y^2} + \frac{\partial^2 V}{\partial Z^2} \tag{7.22}$$

将

$$V(X, Y, Z, \theta) = A(X, Y, Z)\,e^{-i\Omega\theta} \tag{7.23}$$

代入式(7.22),我们得到关于 $A(X, Y, Z)$ 的"抛物方程":

$$-i\Omega\frac{\partial A}{\partial X} = \frac{\partial^2 A}{\partial Y^2} + \frac{\partial^2 A}{\partial Z^2} \tag{7.24}$$

将式(7.23)条件下式(7.24)的解作为第一近似,可通过逐次逼近得到式(7.21)的解(鲁坚科、诺维科夫和季莫申科,1987 年)。

7.1.2　KZK 方程至广义伯格斯方程的变换

多名研究人员(鲁坚科、诺维科夫和季莫申科,1987 年;巴赫瓦洛夫、志雷金和扎博洛茨卡亚,1987 年)已对不同边界条件或初始值条件下式(7.8)式(7.12)形式的 KZK 方程进行了数值求解。到目前为止,还没有太多关于该方程的分析工作。然而,西奥诺伊德(1993 年)采用了一种分析方法,他研究了仅在 Y 方向有界的波束的初始值问题。这个问题的方程是不含 Z 导数的式(7.12)。在如下替换后:

$$Y = \sqrt{2}\,y^{*}N \tag{7.25}$$

我们得到

$$\frac{\partial}{\partial X}\left(\frac{\partial V}{\partial \theta} + V\frac{\partial V}{\partial X} - \epsilon\frac{\partial^2 V}{\partial X^2}\right) = -\frac{1}{2}\,\frac{\partial^2 V}{\partial y^{*2}} \tag{7.26}$$

替换

$$\xi = X + \frac{y^{*2}}{2\theta} \tag{7.27}$$

和

$$V(\theta, X, y^{*}) \equiv G(\theta, \xi(\theta, X, y^{*})) \tag{7.28}$$

西奥诺伊德(1993 年)得到了柱面波广义伯格斯方程[参见式(2.87)]:

$$G_\theta + \frac{1}{2\theta}G + GG_\xi - \epsilon G_{\xi\xi} = 0 \tag{7.29}$$

如果波函数 V 在每个抛物面 ξ 为常数且 $\theta = 1$ 时具有可描述的值,这种处理是合适的。在这种情况下,式(7.29)的解给出了根据式(7.26)的波束演化。

7.1.3　波束中心周边解的扩展

现在,将推广 KZK 方程的西奥诺伊德方法(恩弗洛,2000 年)。式(7.27)和式(7.28)的变换表明了进行泰勒展开的可能性:

$$V(\theta,X,y^*) = G\left(\theta,\xi = X + \frac{y^{*2}}{2\theta}\right) = G(\theta,X) + \frac{y^{*2}}{2\theta}G_\xi(\theta,X) + \frac{1}{2}\left(\frac{y^{*2}}{2\theta}\right)^2 G_{\xi\xi}(\theta,X) + \cdots \tag{7.30}$$

通过求解广义伯格斯方程(7.29)得出泰勒展开式(7.30)的系数这一事实表明,有可能得到式(7.26)的更一般的解,即关于波束中心 $y^* = 0$ 的 $W(\theta,X,y)$ 的展开式:

$$V(\theta,X,y^*) = V_0(\theta,X) + \frac{y^{*2}}{2\theta}V_1(\theta,X) + \frac{1}{2!}\left(\frac{y^{*2}}{2\theta}\right)^2 V_2(\theta,X) + \frac{1}{3!}\left(\frac{y^{*2}}{2\theta}\right)^3 V_3(\theta,X) + \cdots \tag{7.31}$$

将式(7.31)代入式(7.26),并使方程两侧 y^2 的各次方的系数相等,我们得到两个一阶方程:

$$\frac{\partial}{\partial X}(V_{0\theta} + V_0 V_{0X} - \epsilon V_{0XX}) = -\frac{1}{2\theta}V_1 \tag{7.32}$$

$$\frac{\partial}{\partial X}\left(V_{1\theta} - \frac{1}{\theta}V_1 + V_0 V_{1X} + V_1 V_{0X} - \epsilon V_{1XX}\right) = -\frac{3}{2\theta}V_2 \tag{7.33}$$

方程组(7.32)、式(7.33)的推广导致了一个具有无穷多个未知数 $V_0, V_1, V_2 \cdots$ 的无限微分方程组。然而,该方程组的一个解是已知的,即

$$V_1 = V_{0X}, \quad V_2 = V_{0XX}, \quad V_3 = V_{0XXX}, \cdots \tag{7.34}$$

其中,在 G 变换为 V_0 且 ξ 变换为 X 的条件下,V_0 满足方程(7.29)。

通过令

$$V_1 = \kappa_1 V_{0X}, \quad V_2 = \kappa_2 V_{0XX} \tag{7.35}$$

将推广得到的解式(7.34)代入式(7.32)和式(7.33)方程:

$$\frac{\partial}{\partial X}\left(V_{0\theta} + \frac{1}{2}\frac{\kappa_1}{\theta}V_0 + V_0 V_{0X} - \epsilon V_{0XX}\right) = 0 \tag{7.36}$$

$$\frac{\partial}{\partial X}\left[V_{0X\theta} + \frac{1}{\theta}\left(\frac{3}{2}\frac{\kappa_2}{\kappa_1} - 1\right)V_{0X} + V_0 V_{0XX} + V_{0X}^2 - \epsilon V_{0XXX}\right] = 0 \tag{7.37}$$

方程(7.37)由式(7.36)导出,不仅满足 $\kappa_2 = \kappa_1 = 1$ 时式(7.34)的选择,而且通常也适用

$$\kappa_2 = \frac{2}{3}\kappa_1\left(1 + \frac{\kappa_1}{2}\right) \tag{7.38}$$

因此,有可能找到 KZK 方程(7.26)的一类解,表示为 $\frac{y^{*2}}{2\theta}$ 的平方级数展开的形式,其系

数由 κ_1 为任意条件下的广义伯格斯方程(7.36)的解得到。由式(2.86)我们知道,$\kappa_1=1$ 对应于柱面波广义伯格斯方程,$\kappa_1=2$ 对应于球面波广义伯格斯方程。

如果我们想在展开式(7.31)中找到比式(7.35)~式(7.37)更多的项,发现展开式(7.31)中的系数 V_3 不仅必须包含 V_{0XXX},还必须包含一个新的贡献项,在式(7.26)右侧给出一个非线性项。由于这一新贡献,V_3 的方程与式(7.36)和式(7.37)相符。

我们使用式(7.35)和式(7.38)表示扩展式(7.31):

$$V(\theta,X,y)=V_0(\theta,X)+\kappa_1\frac{y^{*2}}{2\theta}V_{0X}(\theta,X)+\kappa_2\frac{1}{2}\frac{y^{*4}}{4\theta^2}V_{0XX}(\theta,X)+$$

$$\kappa_3\frac{1}{3!}\frac{y^{*6}}{8\theta^3}V_{0XXX}(\theta,X)+\lambda_3\frac{y^{*6}}{8\theta^2}(V_{0X}V_{0XX})_X+\cdots \tag{7.39}$$

将式(7.39)代入式(7.26),并使方程两侧 y^{*2} 的系数相等,除了在式(7.36)和式(7.38)条件下的式(7.37)外,我们发现:

$$\frac{\partial}{\partial X}\left(V_{0XX\theta}-\frac{2}{\theta}V_{0XX}+V_0V_{0XXX}+2\frac{\kappa_1^2}{\kappa_2}V_{0X}V_{0XX}+V_{0X}V_{0XX}-\epsilon X_{0XXX}+\frac{\kappa_3}{\kappa_2}\frac{6\cdot5}{2\cdot3!}V_{0XX}+\frac{\lambda_3}{\kappa_2}\frac{6\cdot5}{2}V_{0X}V_{0XX}\right)=0$$

$$\tag{7.40}$$

要求式(7.40)是式(7.37)关于 X 的导数,使用式(7.38)我们发现

$$\kappa_3=\frac{2}{3}\cdot\frac{2}{5}\kappa_1\left(1+\frac{\kappa_1}{2}\right)\left(2+\frac{\kappa_1}{2}\right) \tag{7.41}$$

$$\lambda_3=-\frac{4}{3\cdot15}\kappa_1(\kappa_1-1) \tag{7.42}$$

以类似的方式,可计算系数 $V_4(\theta,X)$。我们总结如下:

非线性波束方程

$$\frac{\partial}{\partial X}(V_\theta+VV_X-\epsilon V_{XX})=-\frac{1}{2}\frac{\partial^2}{\partial y^{*2}}V \tag{7.43}$$

有幂级数解

$$V(\theta,X,y)=V_0(\theta,X)+\kappa\frac{y^{*2}}{2\theta}V_{0X}(\theta,X)+\frac{1}{2!}\frac{2}{3}\kappa\left(1+\frac{\kappa}{2}\right)\frac{y^{*4}}{4\theta^2}V_{0XX}(\theta,X)+$$

$$\frac{1}{3!}\kappa y^{*6}\left[\frac{2^2}{5!!}\left(1+\frac{\kappa}{2}\right)\left(2+\frac{\kappa}{2}\right)\frac{1}{8\theta^3}V_{0XXX}(\theta,X)-\frac{2^3}{5!!}(\kappa-1)\frac{1}{8\theta^2}(V_{0X}V_{0XX})_X\right]+$$

$$\frac{1}{4!}\kappa y^{*8}\left(\frac{2^3}{7!!}\left(1+\frac{\kappa}{2}\right)\left(2+\frac{\kappa}{2}\right)\left(3+\frac{\kappa}{2}\right)\frac{1}{16\theta^4}V_{0XXXX}(\theta,X)+\frac{2^4}{7!!}(\kappa-1)\frac{1}{16\theta^2}\right.$$

$$\left.\left\{(V_{0X}V_{0XX})_{XX\theta}-(3\kappa+2)\frac{1}{2\theta}(V_{0X}V_{0XX})_{XX}+[V_0(V_{0X}V_{0XX})_X]_{XX}-\epsilon(V_{0X}V_{0XX})_{XXXX}\right\}\right)+\cdots$$

$$\tag{7.44}$$

其中,$V_0(\theta,X)$ 由广义伯格斯方程给出:

$$V_{0\theta}+\frac{\kappa}{2\theta}V_0+V_0V_{0X}-\epsilon V_{0XX}=f(\theta) \tag{7.45}$$

其中，$f(\theta)$ 是任意的。

7.1.4　圆形波束的解

对于描述圆形对称波束的 KZK 方程，将给出一个类似于式（7.44）的解。在这种情况下，我们令

$$Y^2 + Z^2 = R^2 = \frac{1}{2} N r^2 \qquad (7.46)$$

且

$$\frac{\partial^2}{\partial Y^2} + \frac{\partial^2}{\partial Z^2} = \frac{\partial^2}{\partial R^2} + \frac{1}{R} \frac{\partial}{\partial R} = \frac{2}{N} \left(\frac{\partial^2}{\partial r^2} + \frac{1}{r} \frac{\partial}{\partial r} \right) \qquad (7.47)$$

使用式（7.47），KZK 方程（7.12）变为

$$\frac{\partial}{\partial X} \left(\frac{\partial V}{\partial \theta} + V \frac{\partial V}{\partial X} - \epsilon \frac{\partial^2 V}{\partial X^2} \right) = -\frac{1}{2} \left(\frac{\partial^2 V}{\partial r^2} + \frac{1}{r} \frac{\partial V}{\partial r} \right) \qquad (7.48)$$

圆形对称波束方程（7.48）有幂级数解

$$
\begin{aligned}
V(\theta, X, r) = {} & V_0(\theta, X) + k \frac{r^2}{2\theta} V_{0X}(\theta, X) + \frac{1}{2!} \frac{k(k+1)}{2} \frac{r^4}{4\theta^2} V_{0XX}(\theta, X) + \\
& \frac{1}{3!} k r^6 \left[\frac{(k+1)(k+2)}{3!} \frac{1}{8\theta^3} V_{0XXX}(\theta, X) - \frac{k-1}{3} \frac{1}{8\theta^2} (V_{0X} V_{0XX})_X \right] + \\
& \frac{1}{4!} k r^8 \left(\frac{(k+1)(k+2)(k+3)}{4!} \frac{1}{16\theta^4} V_{0XX\theta}(\theta, X) + \frac{k-1}{12} \frac{1}{16\theta^2} \left\{ (V_{0X} V_{0XX})_{XX\theta} - \right. \right. \\
& \left. \left. \frac{3k+5}{\theta} (V_{0X} V_{0XX})_{XX} + \left[V_0 (V_{0X} V_{0XX})_X \right]_{XX} - \epsilon (V_{0X} V_{0XX})_{XXXX} \right\} \right) + \cdots
\end{aligned}
\qquad (7.49)
$$

V_0 为如下方程的解：

$$V_{0\theta} + \frac{k}{\theta} V_0 + V_0 V_{0X} - \epsilon V_{0XX} = f(\theta) \qquad (7.50)$$

其中，$f(\theta)$ 是任意的。当给出波函数 V 的初始条件时，方程（7.44）和（7.49）是适用的。

式（7.8）的边界条件形式下的平面波束方程的解的展开式

$$\frac{\partial}{\partial \theta} \left(\frac{\partial V}{\partial X} - V \frac{\partial V}{\partial \theta} - \epsilon \frac{\partial^2 V}{\partial \theta^2} \right) = \frac{1}{2} \frac{\partial^2}{\partial y^2} V \qquad (7.51)$$

由式（7.44）得到，这一过程使用了如下变换：

$$\kappa \to -\kappa, \quad \frac{\partial}{\partial X} \to -\frac{\partial}{\partial X}, \quad \theta \leftrightarrow X \qquad (7.52)$$

类似地，边界条件形式下的圆形波束方程的解的展开式

$$\frac{\partial}{\partial \theta} \left(\frac{\partial V}{\partial X} - V \frac{\partial V}{\partial \theta} - \epsilon \frac{\partial^2 V}{\partial \theta^2} \right) = \frac{1}{2} \left(\frac{\partial^2 V}{\partial r^2} - \frac{1}{r} \frac{\partial V}{\partial r} \right) \qquad (7.53)$$

由式（7.49）得到，这一过程使用了如下变换：

$$k \to -k, \quad \frac{\partial}{\partial X} \to -\frac{\partial}{\partial X}, \quad \theta \leftrightarrow X \qquad (7.54)$$

利用 KZK 方程的边界条件形式有助于研究波束的传播,该波束是通过在曲面上规定具有相同相位的扰动以及规定的振幅横向依赖性基础上给出的。

7.2 声束中冲击波的传播

7.2.1 由级数解确定边界条件

这里将给出一个实际的边界值问题的例子。使用式(7.49)中的式(7.54),我们得到式(7.53)的级数解:

$$
V(X,\theta,r^2) = V_0(X,\theta) + k\frac{r^2}{2X}V_{0\theta}(X,\theta) + \frac{1}{2!}\frac{k(k-1)}{2}\frac{r^4}{4X^2}V_{0\theta\theta}(X,\theta) +
$$

$$
\frac{1}{3!}kr^6\left[\frac{(k-1)(k-2)}{3!}\frac{1}{8X^3}V_{0\theta\theta\theta}(X,\theta) - \frac{k+1}{3}\frac{1}{8X^2}(V_{0\theta}V_{0\theta\theta})_\theta\right] +
$$

$$
\frac{1}{4!}kr^8\left(\frac{(k-1)(k-2)(k-3)}{4!}\frac{1}{16X^4}V_{0\theta\theta\theta\theta}(X,\theta) + \frac{k+1}{12}\frac{1}{16X^2}\left\{-(V_{0\theta}V_{0\theta\theta})_{\theta\theta X} - \right.\right.
$$

$$
\left.\left.(3k-5)\frac{1}{X}(V_{0\theta}V_{0\theta\theta})_{\theta\theta} + \left[V_0(V_{0\theta}V_{0\theta\theta})_\theta\right]_{\theta\theta} + \epsilon(V_{0\theta}V_{0\theta\theta})_{\theta\theta\theta\theta}\right\}\right) + \cdots \tag{7.55}
$$

其中,$V_0(X,\theta)$ 由如下方程求解:

$$
V_{0X} - k\frac{V_0}{X} - V_0V_{0\theta} - \epsilon V_{0\theta\theta} = f(X) \tag{7.56}
$$

其中,$f(X)$ 被设置为零。

对于 $k=-1$、$k=-\frac{1}{2}$ 和 $k=0$ 的特殊情况,广义伯格斯方程(7.56)分别描述球面、柱面和平面波[参见式(2.85)和式(2.76)]。在本例中,方程(7.56)具有形式意义,与物理球面波、柱面波或平面波无关。

我们同样注意到,对于 $k=1$ 的情况,方程(7.55)变为

$$
V(X,\theta,r^2) = V_0(X,\theta) + \frac{r^2}{2X}V_{0\theta}(X,\theta) - \frac{1}{72}\frac{r^6}{X^2}(V_{0\theta}V_{0\theta\theta})_\theta + \cdots \tag{7.57}
$$

因此,该级数中的前两项可能是总解的有用近似。

现在,我们将观察从哪一个边界条件我们可得到式(7.55)形式的解。为此,我们使用物理变量,并针对圆形波束将式(7.1)写为

$$
\frac{\partial}{\partial\tau}\left(\frac{\partial v}{\partial x} - \frac{\gamma+1}{2c_0^2}v\frac{\partial v}{\partial\tau} - \frac{b}{2c_0^3\rho_0}\frac{\partial^2 v}{\partial\tau^2}\right) = \frac{c_0}{2}\left(\frac{\partial^2 v}{\partial r_\perp^2} + \frac{1}{r_\perp}\frac{\partial v}{\partial r_\perp}\right) \tag{7.58}
$$

其中[参见式(7.4)、式(7.5)和式(7.46)]

$$
r_\perp^2 = y^2 + z^2 = a^2\frac{N}{2}r^2 \tag{7.59}
$$

如图 7.1 所示,波束由半径为 d 的球面边界上具有同相位的时变扰动开始。边界面方程为

$$(x-d)^2+y^2+z^2=d^2 \tag{7.60}$$

或者,在 $y\ll d$, $z\ll d$ 时

$$x\approx\frac{y^2+z^2}{2d} \tag{7.61}$$

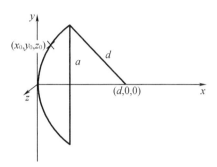

图 7.1 波束开始的球冠

代替在曲面(7.61)上设定边界条件,我们在平面 $x=0$ 上建立等效边界条件(于斯塔德和贝恩特森,1995 年)。这很容易通过曲面上 (x_0,y_0,z_0) 处波的相位 ωt 与平面 $x=0$ 处的相位 $\omega t+\dfrac{\omega x_0}{c_0}$ 的对应关系来实现。利用式(7.61),平面 $x=0$ 上式(7.58)中 v 的等效边界条件可写为

$$v(x=0,r_\perp,t)=v_0 g\left(\frac{r_\perp^2}{a^2}\right)F\left(\omega t+\frac{1}{2}\frac{\omega r_\perp^2}{c_0 d}\right), \quad r_\perp<a \tag{7.62}$$

$$v(x=0,r_\perp,t)=0, \qquad\qquad\qquad r_\perp>a$$

其中, a 是等效平面震源的半径。将式(7.3)~式(7.7)和式(7.46)代入式(7.58),我们得到以下边界条件下的式(7.53)[使用式(7.59)]:

$$V(X=X_0,r,\theta)=g\left(\frac{1}{2}Nr^2\right)F\left(\theta+\frac{1}{2}\frac{x_{\text{sh}}}{d}r^2\right), \quad r<\frac{\sqrt{2}}{N} \tag{7.63}$$

$$V(X=X_0,r,\theta)=0, \qquad\qquad\qquad r>\frac{\sqrt{2}}{N}$$

采用符号

$$G(r^2)\equiv g\left(\frac{1}{2}Nr^2\right) \tag{7.64}$$

由式(7.63)得

$$V(X=X_0,r,\theta)=G(r^2)F\left(\theta+\frac{1}{2}\frac{x_{\text{sh}}}{d}r^2\right)$$

$$=\left[G(0)+r^2 G'(0)+\cdots\right]\left[F(\theta)+\frac{1}{2}\frac{x_{\text{sh}}}{d}r^2 F'(\theta)+\cdots\right]$$

$$= G(0)F(\theta) + r^2\left[G'(0)F(\theta) + \frac{1}{2}\frac{x_{sh}}{d}G(0)F'(\theta)\right] +$$

$$\frac{r^4}{2}\left[G''(0)F(\theta) + \frac{x_{sh}}{d}G'(0)F'(\theta) + \frac{x_{sh}^2}{4d^2}G(0)F''(\theta)\right]\cdots, r < \frac{\sqrt{2}}{N} \quad (7.65)$$

我们将需要函数 $G(r^2)$ 和 $F(\theta)$ 具有这样的性质，即式(7.55)中给出的级数解可由曲面(7.60)上给出的具有时间依赖性和 r^2 依赖性的扰动推导得出。我们引入一个 N 波边界条件，这意味着对于 $X=X_0, V_0$ 对 θ 的依赖性是线性的。因此，导数 $V_{0\theta\theta}(X_0,\theta), V_{0\theta\theta\theta}(X_0,\theta)\cdots$ 消失，且级数解[式(7.55)]在 $X=X_0$ 处的精确边界条件为

$$V(X=X_0, r, \theta) = V_0(X_0,\theta) + \frac{kr^2}{2X_0}V_{0\theta}(X_0,\theta), \quad r < \frac{\sqrt{2}}{N}$$

$$V(X=X_0, r, \theta) = 0, \qquad\qquad r > \frac{\sqrt{2}}{N} \quad (7.66)$$

将式(7.65)与式(7.66)进行比较，我们现在可以看到如何准备满足式(7.66)的 N 波边界条件。要求 $F(\theta)$ 在 θ 范围内是线性的，并且 $G(r^2)$ 等于常数 G，我们发现含 $r^4, r^6, \cdots$ 的项在式(7.65)中消失，于是式(7.65)的边界条件变为

$$V(X=X_0, r, \theta) = G\left[F(\theta) + \frac{1}{2}\frac{x_{sh}}{d}r^2F'(\theta)\right] \quad (7.67)$$

式(7.66)和式(7.67)用标识符号给出：

$$V_0(X_0,\theta) = GF(\theta) \quad (7.68)$$

$$X_0 = \frac{kd}{x_{sh}} = \frac{k\beta\omega v_0 d}{c_0^2} \quad (7.69)$$

假设原始 N 波的持续时间为 $2T$，现在我们可以令 $\omega = \frac{1}{T}$。这意味着边界条件下的 N 波在区间 $-1 < \theta < 1$ 内是不等于零的。

7.2.2 广义伯格斯方程的解

现在求解方程(7.56)。通过以下变量变换，可将其转换为广义伯格斯方程的标准形式：

$$W = -\frac{V_0}{X^k} \quad (7.70)$$

$$\xi = \frac{1}{k+1}X^{k+1} \quad (7.71)$$

在式(7.56)中将变量 V_0 和 X 变换为 W 和 ξ，我们得到 W 的广义伯格斯方程：

$$W_\xi + WW_\theta - \epsilon\left[(k+1)\xi\right]^{-k/(k+1)}W_{\theta\theta} = 0 \quad (7.72)$$

对于任意的 $k \neq -1$，波动方程(7.72)形式上描述了变黏度介质中的平面波传播。

对于 $k \leqslant 0$，式(7.72)的解给出了衰减中的冲击，正如我们在渐近 N 波解式(5.41)（对

于平面波)和式(6.94)(对于柱面波)中所看到的。另一方面,对于 $k>0$,存在式(7.72)的解给出了持续的冲击。如在本小节中将看到的,$k=1$ 是传播过程中冲击宽度不增加的下限条件,我们将 $k=1$ 代入式(7.72)中得到

$$W_{\xi}+WW_{\theta}-(\epsilon/\sqrt{2\xi})W_{\theta\theta}=0 \tag{7.73}$$

其中,将对 N 波边界条件下的方程进行研究。对应于式(4.28)、式(4.29)的边界条件分别为

$$W(1,\theta)=\theta, \quad |\theta|<1 \tag{7.74}$$

$$W(1,\theta)=0, \quad |\theta|>1 \tag{7.75}$$

得到对应于式(4.26)、式(4.27)的外部解:

$$W^{(e)}(\xi,\theta)=\frac{\theta}{\xi}+O(\epsilon^n), \quad |\theta|<\sqrt{\xi} \tag{7.76}$$

$$W^{(e)}(\xi,\theta)=0, \quad |\theta|>\sqrt{\xi} \tag{7.77}$$

通过与式(7.76)、式(7.77)匹配,得到式(7.73)的内部解,与获得式(5.14)的方法相同。内解 W^* 为

$$W^*=\frac{1}{2\sqrt{\xi}}\left[1-\tanh\frac{\theta^*-\sqrt{2}(1-\xi^{\frac{1}{2}})}{2\sqrt{2}}\right]+\epsilon W_1^*+O(\epsilon^2) \tag{7.78}$$

其中

$$\theta^*=\frac{\theta-\sqrt{\xi}}{\epsilon} \tag{7.79}$$

在式(7.78)的渐近级数第二项与第一项的量级相同之前,式(7.76)~式(7.78)所示的解是有效的。从克里顿和斯科特(1979 年)对式(7.78)中下一项的计算可以看出,$\xi=O(\epsilon^{-2})$ 时会发生这种情况。为了得到式(7.72)对 $\xi=O(\epsilon^{-2})$ 有效的解,我们进行新的缩放:

$$\xi_1=\epsilon^2\xi \tag{7.80}$$

从式(7.72)式(7.80)开始,θ 和 W 新的缩放为

$$\theta_1=\epsilon\theta \tag{7.81}$$

$$W_1=\epsilon^{-1}W \tag{7.82}$$

由式(7.72)和式(7.80)~式(7.82)得到新的广义伯格斯方程:

$$\frac{\partial W_1}{\partial\xi_1}+W_1\frac{\partial W_1}{\partial\theta_1}-\frac{\epsilon^2}{\sqrt{2\xi_1}}\frac{\partial^2 W_1}{\partial\theta_1^2}=0 \tag{7.83}$$

式(7.83)的外部解与式(7.76)、式(7.77)相同。用与式(7.78)相同的变量,式(7.83)的内部解为

$$\epsilon W_1^*=\frac{1}{2\sqrt{\xi}}\left[1-\tanh\frac{(\theta-\sqrt{\xi})/\epsilon-\sqrt{2}(1-\epsilon\xi^{\frac{1}{2}})}{2\sqrt{2}}\right]+O(\epsilon^2) \tag{7.84}$$

当 $\sqrt{\xi}=O\left(\dfrac{1}{\epsilon}\right)$ 时,式(7.84)表明我们可得到断点为 $\dfrac{1}{\sqrt{\xi}}$ 的击波解。式(7.78)中击波的中心位于

$$\theta=\theta_\mathrm{C}\equiv\sqrt{\xi}+\epsilon\sqrt{2}\left(1-\sqrt{\xi}\right), \quad \xi=O(1) \tag{7.85}$$

而在式(7.84)中击波的中心位于

$$\theta=\sqrt{\xi}+\epsilon\sqrt{2}\left(1-\epsilon\sqrt{\xi}\right), \quad \xi=O(\epsilon^2) \tag{7.86}$$

因此,在式(7.84)中,由于 $\xi=O(\epsilon^{-2})$,通过对比式(7.85)和式(7.86)可发现,与式(7.78)中移动的距离相比,冲击并未从位置 $\theta=\sqrt{\xi}$ 移得更远。由式(7.78)和式(7.84)我们还发现,式(7.72)中二阶导数的系数 $\dfrac{\epsilon}{\sqrt{2\xi}}$ 具有随 ξ 增大而减小的关系,从而给出非增长的冲击宽度 $2\sqrt{2}\epsilon$。由于 $\xi=O(\epsilon^{-4})$,式(7.84)不再适用,并且必须做类似式(7.80)~式(7.82)中的重缩放。对于每一个新的重新缩放,小参数都被乘方($\epsilon,\epsilon^2,\epsilon^4,\cdots$),并且冲击中心不会从 $\theta=\sqrt{\xi}$ 移得更远。

因此,我们得出结论: $k\geqslant1$ 时冲击在式(7.72)中保持。

7.2.3　冲击保持的条件

在物理变量中,仍然需要公式化边界条件,通过该条件保持冲击的波束得以准备。选择式(7.62)中引入的函数 $F(\theta)$,从而其最大值等于1。通过使用式(7.71),边界 $X=X_0$ 对应于边界 $\xi=1$,其意思是

$$X_0=(k+1)^{1/(k+1)}, \quad k\geqslant1 \tag{7.87}$$

因为 W 的最大值等于1,那么通过使用式(7.87)和式(7.70)我们发现, V_0 的最大值等于 $(k+1)^{k/(k+1)}$,因此使用式(7.68)和式(7.64)得

$$G(r)=(k+1)^{k/(k+1)}, \quad r^2<\frac{2}{N}$$
$$G(r)=0, \quad\quad\quad\quad r^2>\frac{2}{N} \tag{7.88}$$

使用符号

$$u_0=(k+1)^{k/(k+1)}v_0 \tag{7.89}$$

并假设 $k\geqslant1$,对于保持 N 波的波束,式(7.58)的边界条件[式(7.62)]可被公式化,使用式(7.70)、式(7.74)、式(7.75)、式(7.88)和式(7.89):

$$v(x=0,r_\perp,t)=u_0F\left(\omega t+\frac{1}{2}\frac{\omega r_\perp^2}{c_0 d}\right), \quad r_\perp<a$$
$$v(x=0,r_\perp,t)=0, \quad\quad\quad\quad\quad\quad\quad r_\perp>a \tag{7.90}$$

其中

$$F(s)=-s, \quad |s|<1$$
$$F(s)=0, \quad\ |s|>1 \tag{7.91}$$

源的焦距长度由式(7.69)和式(7.87)给出,即

$$d=\frac{(k+1)c_0^2 T}{k\beta u_0} \tag{7.92}$$

其中,$2T \equiv \dfrac{2}{\omega}$是 N 波脉冲的持续时间,$u_0$ 为脉冲中的最大速度,c_0 为声速,β 由式(2.72)(恩弗洛,2000 年)给出。还假设式(7.2)、式(7.13)和式(7.16)给出的 ϵ 远小于单位值。将冲击保持的条件 $k \geqslant 1$ 代入式(7.92)中有:

$$d \leqslant \frac{2c_0^2 T}{\beta u_0} \tag{7.93}$$

式(7.92)给出了维持冲击形成的源的最大可聚焦长度。对于 $k<1$,对应于式(7.72)中的二阶导数项没有足够快地减小,以使冲击宽度保持恒定且聚焦长度 d 变得大于式(7.92)中给出的最大值。图 7.2 中给出了一个非保持冲击($k<1$)的示例,图 7.3 中给出了一个保持冲击($k>1$)的示例。

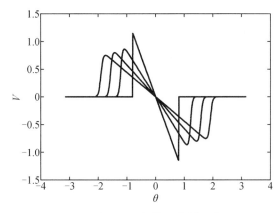

图 7.2　$\epsilon = 0.02$ 时 $X_0 = 1.310\,4$、$k = 0.5$(即 $k<1$)条件下传播距离 $X-X_0 = 0,1,2,3$ 处方程(7.56)给出的发散波束

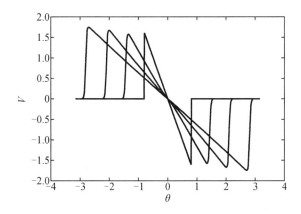

图 7.3　$\epsilon = 0.02$ 时 $X_0 = 1.436\,4$、$k = 1.3$(即 $k>1$)条件下传播距离 $X-X_0 = 0,1,2,3$ 处方程(7.56)给出的会聚波束

第8章 封闭管中的非线性驻波

当介质的振荡振幅足够大时，必须使用非线性声学理论，因此式(2.77)中定义的声学雷诺数至少是一个数量级。这意味着，在保持所有其他参数不变的情况下，振荡的振幅可以增加到需要使用非线性声学理论的水平。在封闭管中，这种振幅的增加可通过选择管子的谐振频率为振荡频率来实现。许多学者已对有限长管中气体的非线性振荡进行了实验和理论研究。对于1964年以前的工作以及开放管中的气体振荡，我们参考伊尔加莫夫、扎里波夫、加利乌林和雷宾(1996年)的综述文章。

如今，共振管中的有限振幅声学现象对于热声热机具有特殊意义(盖坦和阿奇利，1993年)。腔体内非线性驻波需要考虑空腔壁处热损耗和黏性损耗的非线性波动方程的三维解，并通过边界层建模。这使问题变得相当复杂，必须通过简化近似加以解决。

切斯特(1964年)提出了一种计算封闭管中谐振振荡的有效近似方法。壁面摩擦由边界层处理，即假设边界层对主要的一维流动具有较小的位移效应。该流动被建模为一端封闭另一端振荡的管道内基本流体动力学方程的边值问题。分析了三种情况；无黏性情况、压缩黏性情况和边界层效应。

切斯特的研究指导了许多后来的实验和理论研究工作。切斯特的理论结果与弱冲击波试验数据非常吻合，如特姆金(1968年)、克鲁克柄(1972年)和劳伦森、利普金斯、卢卡斯、帕金斯和范·多伦(1998年)等人的试验数据。切斯特工作的理论发展是在无黏性情况下进行的，希门内斯(1973年)对管道非振荡端从闭口和开口的各种边界条件开展了研究；凯勒(1976年)对任意强度的管壁摩擦效应进行研究；范·维因加登(1978年)对闭口和开口非振荡端冲击解进行研究；倪(1983年)对未扰动气体逐次近似得到连续波和冲击波进行研究以及尼伯格(1999年)对封闭管端双频振荡进行研究等。范希尔和坎波斯-波祖埃洛(2001年)提出了基于拉格朗日坐标系中非线性微分方程的非线性驻波数值模型。古瑟夫(1984年)首次从库兹涅佐夫方程而非基本气体动力学方程出发，对管道中的非线性振荡进行了理论研究，推导了无黏性情况下表示驻波的反向传播简单波的叠加。后来，科彭斯和阿奇利(1997年)使用库兹涅佐夫方程对封闭管中非线性振荡进行理论建模，他们用微扰法产生连续线性方程；尼伯格(1999年)以及伊林斯基、利普金斯、卢卡斯、范·多伦、扎博洛茨卡亚(1998年)在数值研究中考虑了无损模型中的附加三阶项。

科彭斯和桑德斯(1968年)对管中有限振幅驻波进行了早期的研究。他们提出了扰动展开式以得到二阶一维非线性波动方程。通过引入一个额外的吸收过程来处理壁面摩擦，以产生与边界层内相同的能量损失。在后来的研究中，科彭斯和桑德斯(1975年)将上述研究扩展到有损腔的三维模型。贝德纳里克和塞文卡(1999年)研究了不同共振器形状和边界层效应。

如果管末端的振动是由其边界的有限位移产生的,即便介质可能会发生线性形变,移动端的边界条件本身也会激发非线性振荡。鲁坚科(1999 年)以及鲁坚科和沙宁(2000 年)研究了这个问题,他们找到了非稳态问题和稳态振荡解。鲁坚科、赫德伯格和恩弗洛(2001年)给出了一个对应于介质非线性变形情况下边界锯齿状周期振动的精确非稳态解。

本章将在忽略管壁摩擦情况下,阐述对切斯特(1964 年)理论模型进行完善和发展的情况。研究的起点是库兹涅佐夫方程(1971 年)。展示了库兹涅佐夫方程如何导出鲁坚科、赫德伯格和恩弗洛(2001 年)采用的演化方程。与切斯特(1964 年)方法相比,对于无黏解给出了一种新的数学处理方法。对于耗散介质中的稳态解,给出了一个比切斯特方法更精细的微扰展开式。

8.1　非共振和共振驱动频率下的非线性和耗散效应

非线性驻波数学分析的起点是库兹涅佐夫方程(2.60),在式(8.1)中重写为

$$\frac{\partial^2 \Phi}{\partial t^2} - c_0^2 \Delta \Phi = \frac{\partial}{\partial t}\left[(\mathrm{grad}\ \Phi)^2 + \frac{1}{2c_0^2}(\gamma-1)\left(\frac{\partial \Phi}{\partial t}\right)^2 + \frac{b}{\rho_0}\Delta \Phi\right] \tag{8.1}$$

此式将用来描述一端为活塞振荡的封闭充气管中的驻波。令封闭管的两端分别位于 $x=0$ 和 $x=L$ 处。

8.1.1　驻波的线性理论

由于起始研究的原因,我们首先在线性理论的框架内研究该问题。因此,忽略式(8.1)中的非线性项,并忽略壁效应,以速度 $v(x,t)$ [参见式(2.44)] 为因变量,我们将式(8.1)表示为

$$\frac{\partial^2 v}{\partial t^2} - c_0^2 \frac{\partial^2 v}{\partial x^2} - \frac{b}{\rho_0}\frac{\partial^3 v}{\partial t \partial x^2} = 0 \tag{8.2}$$

边界条件假定为

$$v(0,t) = 0$$
$$v(L,t) = l\omega\cos\ \omega t = v_0\cos\ \omega t \tag{8.3}$$

这里 l 为活塞的最大位移。寻找如下形式的解:

$$v(x,t) = U(x)\mathrm{e}^{-\mathrm{i}\omega t} \tag{8.4}$$

将式(8.4)代入式(8.2),我们得到

$$U'' + \frac{\omega^2}{c_0^2 - \mathrm{i}\omega b/\rho_0}U = 0 \tag{8.5}$$

将耗散参数 δ 定义为

$$\delta \equiv \frac{\omega b}{2\rho_0 c_0^2}\ \frac{\omega L}{c_0} \ll 1 \tag{8.6}$$

并保留由式(8.5)得到的含有 δ^2 的因式：

$$U''+\left[\frac{\omega}{c_0}\left(1+\mathrm{i}\,\frac{c_0}{\omega L}\delta-\frac{3}{2}\,\frac{c_0^2}{\omega^2 L^2}\delta^2\right)\right]^2 U=0 \qquad (8.7)$$

求解式(8.7)并使用式(8.3)的边界条件，将结果修正至 δ^2，我们得到式(8.2)的解：

$$v(x,t)=l\omega/\left[\left(1+\frac{\delta^2}{2}\right)\sin^2\frac{\omega'L}{c_0}+\delta^2\cos^2\frac{\omega'L}{c_0}\right]\left\{\left[\left(1+\frac{\delta^2 x^2}{2L^2}\right)\sin\frac{\omega'L}{c_0}\sin\frac{\omega'x}{c_0}+\right.\right.$$

$$\left.\delta^2\frac{x}{L}\cos\frac{\omega'L}{c_0}\cos\frac{\omega'x}{c_0}\right]\cos\,\omega t+\delta\left[\frac{x}{L}\sin\frac{\omega'L}{c_0}\cos\frac{\omega'x}{c_0}-\cos\frac{\omega'L}{c_0}\sin\frac{\omega'x}{c_0}\right]\sin\,\omega t\right\} \quad (8.8)$$

其中，ω' 定义为

$$\omega'\equiv\omega\left(1-\frac{3}{2}\,\frac{\delta^2 c_0^2}{\omega^2 L^2}\right) \qquad (8.9)$$

只有式(8.8)中的分母为 $O(1)$ 时，即当 ω' 不在 $\pi c_0/L$ 附近时，式(8.8)才会有效。在写式(8.2)之前，我们已假设与耗散效应相比非线性效应可被忽略。为了定量表述这一假设，我们将在式(8.1)的右侧估计非线性项和耗散项。我们注意到，这两个非线性项具有相同的数量级，因此我们只需要讨论其中的一个。

对于式(8.1)右侧的第一个非线性项，我们发现在当前情况下利用式(8.8)，在一个空间维度得到

$$\frac{\partial}{\partial t}(\mathrm{grad}\,\Phi)^2=\frac{\partial}{\partial t}\left(\frac{\partial\Phi}{\partial x}\right)^2=\frac{\partial}{\partial t}(v^2)\approx\frac{\partial}{\partial t}(l^2\omega^2\cos^2\omega t)=\frac{\partial}{\partial t}\left(l^2\omega^2\frac{1+\cos\,2\omega t}{2}\right)\sim l^2\omega^3$$
$$(8.10)$$

利用式(8.8)估算得式(8.1)右侧的耗散项为

$$\frac{b}{\rho_0}\frac{\partial}{\partial t}(\Delta\Phi)=\frac{b}{\rho_0}\frac{\partial}{\partial t}\frac{\partial^2\Phi}{\partial x^2}=\frac{b}{\rho_0}\frac{\partial^2 v}{\partial t\partial x}\approx\frac{b}{\rho_0}\frac{\omega^2}{c_0}v\approx\frac{bl\omega^3}{\rho_0 c_0} \qquad (8.11)$$

与远离共振的耗散效应相比，非线性效应可被忽略的条件即 ω' 不在 $\omega c_0/L$ 附近，这需要满足式(8.10)和式(8.11)右侧之间的商 η 很小，即

$$\eta\equiv\frac{\rho_0 l c_0}{b}\ll1 \qquad (8.12)$$

式(8.12)左侧的数字与非共振时的声学雷诺数[参见式(2.77)]相关。它与 ω 无关，仅取决于流体参数和管道末端活塞的最大位移。

对于共振频率附近的 ω' 值，由下式[参见式(8.8)]给出：

$$\omega'=N\frac{\pi c_0}{L},\quad N\text{ 为整数} \qquad (8.13)$$

从而获得了共振。对于无黏情况，共振频率为 $N\pi c_0/L$。对于非零耗散，式(8.9)和式(8.13)的组合给出了对谐振频率的校正，我们称其为 ω_N[假设式(8.6)中定义的 δ 对于适当的频率很小]：

$$\omega_N=N\frac{\pi c_0}{L}\left[1+\frac{3}{8}\,\frac{b^2 N^2\pi^2}{\rho_0^2 c_0^2 L^2}+O(\delta^4)\right] \qquad (8.14)$$

8.1.2 非线性驻波问题中小数值的讨论

切斯特(1964 年)首先讨论了共振频率下的非线性驻波问题。共振发生在频率 $\omega \approx \omega_N$ 时,$\sin \omega L/c_0$ 为 $O(\delta)$。[ω' 和 ω 的差值为 $O(\delta^2)$(参见式(8.9)),这里可被忽略。] 我们对该问题的研究始于以下陈述,即根据式(8.8),当 $\omega \approx \omega_N$ 时,流体微元的位移随因子 δ^{-1} 的增加而增加。然后,在式(8.10)~式(8.12)中进行的非线性与耗散的比较,可能不再给出与耗散相比非线性可被忽略的结论。本章的其余部分将讨论非线性不能被忽略的情况。

在研究非线性驻波之前,我们将先讨论小数值的问题及它们之间的关系。我们已经在式(8.6)中定义了与耗散相关的数值 δ,以及在式(8.12)中定义了与非共振时的声雷诺数相关的数值 η。马赫数 Ma 被定义为活塞处最大流体速度与流体中声速之比:

$$Ma \equiv \frac{l\omega}{c_0} \ll 1 \tag{8.15}$$

利用式(8.6)、式(8.12)和式(8.15),活塞处最大流体位移与管长度之比 l/L 可用 δ、η 和 Ma 表示为

$$\frac{l}{L} = \frac{Ma^2}{2\delta\eta} \tag{8.16}$$

在活塞频率接近共振频率 ω_N 的情况下,上述频率间相对差值度量的数值 Δ 很小:

$$\Delta \equiv \pi \frac{\omega - \omega_N}{\omega_1} \ll 1 \tag{8.17}$$

其中,ω_N 在式(8.14)中定义。由于 ω 在共振频率附近:

$$\omega = \frac{N\pi c_0}{L} + \Delta \frac{c_0}{L} \tag{8.18}$$

我们由式(8.6)、式(8.12)和式(8.18)可知:

$$\frac{l}{L} = \frac{2\delta\eta}{N^2\pi^2\left(1+\dfrac{\Delta}{N\pi}\right)^2} \tag{8.19}$$

且由式(8.15)和式(8.18)可得

$$Ma = 2\frac{\delta\eta}{N\pi\left(1+\dfrac{\Delta}{N\pi}\right)} \tag{8.20}$$

现在,我们将以研究式(8.10)~式(8.12)中非共振频率 ω 相同的方法,比较共振频率附近 ω 的非线性和耗散的重要性。不同之处是,依据式(8.8),流体的位移被系数 δ^{-1} 增强[1],因此,我们在 $\omega \approx \omega_N$ 时得到下式[而不是式(8.12)]:

---

[1] 正如本章后面将要说明的,真正的增强量是 $(\delta\eta)^{-\frac{1}{2}}$。线性理论在共振时给出了过高的增强,是无效的。这种差异不会改变结论。

$$\frac{\left|\dfrac{\partial}{\partial t}(\operatorname{grad}\Phi)^2\right|}{\left|\dfrac{b}{\rho_0}\dfrac{\partial}{\partial t}(\Delta\Phi)\right|}\approx\frac{\rho_0 l c_0}{b\delta}=\frac{\eta}{\delta} \tag{8.21}$$

为了得到在共振时非线性效应比耗散效应更重要的结果，我们假设，对于小数值 η 和 δ 满足：

$$\frac{\eta}{\delta}\gg1 \tag{8.22}$$

由于这个假设，非线性声学理论必须用于驻波描述；式(8.8)在 $\omega\approx\omega_N$ 时无效，必须用含有高次谐波的解替代。

8.2　非线性驻波方程

8.2.1　库兹涅佐夫方程的微扰解和边界条件

如何以一致的方式考虑共振时的非线性效应？合适的模型是具有一个空间维度的库兹涅佐夫方程(8.1)：

$$\frac{\partial^2\Phi}{\partial t^2}-c_0^2\frac{\partial^2\Phi}{\partial x^2}=\frac{\partial}{\partial t}\left[\left(\frac{\partial\Phi}{\partial x}\right)^2+\frac{1}{2c_0^2}(\gamma-1)\left(\frac{\partial\Phi}{\partial t}\right)^2+\frac{b}{\rho_0}\frac{\partial^2\Phi}{\partial x^2}\right] \tag{8.23}$$

其中

$$\frac{\partial\Phi}{\partial x}=-v_x\equiv-v \tag{8.24}$$

我们将研究在什么条件下式(8.23)右侧可被视为共振时的微扰。由于我们已经假设共振时非线性比耗散更重要，因此估计式(8.23)右侧的一个非线性项和左侧的一个线性项之间的比值就足够了。为得到简化形式，我们使用式(8.10)和式(8.8)进行估算：

$$\left|c_0^2\frac{\partial^2\Phi}{\partial x^2}\right|=c_0^2\left|\frac{\partial v}{\partial x}\right|\sim c_0^2\frac{\omega}{c_0}v_0=v_0c_0\omega \tag{8.25}$$

因此，利用式(8.10)我们得到 ω 远离 ω_N 的情况：

$$\frac{\left|\dfrac{\partial}{\partial t}\left(\dfrac{\partial\Phi}{\partial x}\right)^2\right|}{\left|c_0^2\dfrac{\partial^2\Phi}{\partial x^2}\right|}\sim\frac{l^2\omega^3}{v_0c_0\omega}\sim\frac{l\omega}{c_0} \tag{8.26}$$

对于 $\omega\approx\omega_N$，式(8.26)的比值必须乘以 δ^{-1}，并使用式(8.14)和式(8.19)：

$$\frac{\left|\dfrac{\partial}{\partial t}\left(\dfrac{\partial\Phi}{\partial x}\right)^2\right|}{\left|c_0^2\dfrac{\partial^2\Phi}{\partial x^2}\right|}\sim\frac{l\omega_N}{c_0\delta}\approx\frac{2}{N\pi}\eta\ll1 \tag{8.27}$$

（近似的情况仍然更好，如稍后所示，共振时式(8.26)的比值会被 $(\delta\eta)^{-\frac{1}{2}}$ 增强。）因此，我们尝试利用没有式(8.23)右侧因式的等式的解开始的微扰过程来求解式(8.23)，以解决封闭管中共振频率下的非线性驻波问题。忽略式(8.23)右侧的情况下，式(8.23)的第一次近似为

$$\Phi(x,t)=\Phi_1(x,t)\equiv F_1\left(t-\frac{x}{c_0}\right)+F_2\left(t+\frac{x}{c_0}\right) \tag{8.28}$$

其中，F_1 和 F_2 是任意函数。将第一次近似式(8.28)代入式(8.23)的右侧，经过一定计算后得到如下的非齐次方程：

$$\frac{\partial^2\Phi}{\partial t^2}-c_0^2\frac{\partial^2\Phi}{\partial x^2}=\frac{1}{c_0^2}\left\{(\gamma+1)\left[f_1\left(t-\frac{x}{c_0}\right)f_1'\left(t-\frac{x}{c_0}\right)+f_2\left(t+\frac{x}{c_0}\right)f_2'\left(t+\frac{x}{c_0}\right)\right]+\right.$$

$$(\gamma-3)\left[f_1\left(t-\frac{x}{c_0}\right)f_2'\left(t+\frac{x}{c_0}\right)+f_1'\left(t-\frac{x}{c_0}\right)f_2\left(t+\frac{x}{c_0}\right)\right]+$$

$$\left.\frac{b}{\rho_0}\left[f_1''\left(t-\frac{x}{c_0}\right)+f_2''\left(t+\frac{x}{c_0}\right)\right]\right\} \tag{8.29}$$

其中

$$f_{1,2}\left(t\mp\frac{x}{c_0}\right)\equiv F_{1,2}'\left(t\mp\frac{x}{c_0}\right) \tag{8.30}$$

为了对方程(8.29)进行积分，我们对变量做了如下变换：

$$\xi=t-\frac{x}{c_0},\quad \eta=t+\frac{x}{c_0} \tag{8.31}$$

得到

$$4\frac{\partial^2\Phi}{\partial\eta\partial\xi}=\frac{1}{c_0^2}\left\{(\gamma+1)\left[f_1(\xi)f_1'(\xi)+f_2'(\eta)f_2(\eta)\right]+(\gamma-3)\left[f_1(\xi)f_2'(\eta)+f_1'(\xi)f_2(\eta)\right]+\right.$$

$$\left.\frac{b}{\rho_0}\left[f_1''(\xi)+f_2''(\eta)\right]\right\} \tag{8.32}$$

现在可关于 η 和 ξ 对式(8.32)进行积分。通过选择合适的积分常数，并使用原变量对解进行表示，我们得到

$$\Phi(x,t)=F_1\left(t-\frac{x}{c_0}\right)+F_2\left(t+\frac{x}{c_0}\right)+\frac{1}{4c_0^2}\left\{(\gamma+1)\frac{x}{c_0}\left[f_1^2\left(t-\frac{x}{c_0}\right)-f_2^2\left(t+\frac{x}{c_0}\right)\right]+\right.$$

$$(\gamma-3)\left[F_1\left(t-\frac{x}{c_0}\right)f_2\left(t+\frac{x}{c_0}\right)+f_1\left(t-\frac{x}{c_0}\right)F_2\left(t+\frac{x}{c_0}\right)\right]+$$

$$\left.\frac{2bx}{\rho_0c_0}\left[f_1'\left(t-\frac{x}{c_0}\right)-f_2'\left(t+\frac{x}{c_0}\right)\right]\right\} \tag{8.33}$$

边界条件与式(8.3)中给出的相同。由式(8.24)得到第一个条件：

$$\frac{\partial\Phi}{\partial x}=0,\quad x=0 \tag{8.34}$$

将式(8.34)代入式(8.33)我们得到

$$f_2(t)=f_1(t) \tag{8.35}$$

设 $f_1(t) \equiv f(t) = F'(t)$，我们可以得到流体速度的如下解：

$$v(x,t) \equiv -\frac{\partial \Phi(x,t)}{\partial x}$$

$$= \frac{1}{c_0}\left\{f\left(t-\frac{x}{c_0}\right) - f\left(t+\frac{x}{c_0}\right)\right\} - \frac{\gamma+1}{4c_0^3}\left\{f^2\left(t-\frac{x}{c_0}\right) - f^2\left(t+\frac{x}{c_0}\right) - \right.$$

$$\left. \frac{2x}{c_0}\left[f\left(t-\frac{x}{c_0}\right)f'\left(t-\frac{x}{c_0}\right) + f\left(t+\frac{x}{c_0}\right)f'\left(t+\frac{x}{c_0}\right)\right]\right\} -$$

$$\frac{\gamma-3}{4c_0^3}\left\{F\left(t-\frac{x}{c_0}\right)f'\left(t+\frac{x}{c_0}\right) - f_1'\left(t-\frac{x}{c_0}\right)F\left(t+\frac{x}{c_0}\right)\right\} -$$

$$\frac{b}{2\rho_0 c_0^3}\left\{f'\left(t-\frac{x}{c_0}\right) - f'\left(t+\frac{x}{c_0}\right) - \frac{x}{c_0}\left[f''\left(t-\frac{x}{c_0}\right) + f''\left(t+\frac{x}{c_0}\right)\right]\right\} \tag{8.36}$$

式(8.36)中的未知函数 f 将由第二个边界条件式(8.3)确定。由式(8.36)可以清楚地发现，方程右侧的第 2 项和第 5 项与第 1 项具有相同的结构。正因如此，以及实际上剩下的第 2、4、6 项是二阶项，则式(8.36)右侧的第 2 项和第 5 项可省略。函数 f 接下来的重新定义将不会影响第 3、4、6 这三项。于是，给出应用于式(8.36)的第二个边界条件[式(8.3)]：

$$l\omega\sin\omega t = \frac{1}{c_0}\left[f\left(t-\frac{L}{c_0}\right) - f\left(t+\frac{L}{c_0}\right)\right] + \frac{\gamma+1}{2}\frac{L}{c_0^4}\left[f\left(t-\frac{L}{c_0}\right)f'\left(t-\frac{L}{c_0}\right) + f\left(t+\frac{L}{c_0}\right)f'\left(t+\frac{L}{c_0}\right)\right] +$$

$$\frac{bL}{2\rho_0 c_0^4}\left[f''\left(t-\frac{L}{c_0}\right) + f''\left(t+\frac{L}{c_0}\right)\right] +$$

$$\frac{\gamma-3}{4c_0^4}\left\{f'\left(t-\frac{L}{c_0}\right)F\left(t+\frac{L}{c_0}\right) - f'\left(t+\frac{L}{c_0}\right)F\left(t-\frac{L}{c_0}\right)\right\} \tag{8.37}$$

为了将式(8.37)写成无量纲形式，我们引入下列符号：

$$U(\zeta) = \frac{f\left(\dfrac{\zeta}{\omega}\right)}{c_0^2} \tag{8.38}$$

$$\omega\left(t-\frac{L}{c_0}\right) = \zeta_1, \quad \omega\left(t+\frac{L}{c_0}\right) = \zeta_2 \tag{8.39}$$

将式(8.39)代入式(8.37)，利用式(8.15)和式(8.6)得到耗散流体中驻波的无量纲方程：

$$Ma\sin\omega t = U(\zeta_1) - U(\zeta_2) + \pi\beta[U(\zeta_1)U'(\zeta_1) + U(\zeta_2)U'(\zeta_2)] +$$

$$\delta[U''(\zeta_1) + U''(\zeta_2)] + \frac{\beta-2}{2}[U'(\zeta_1)\hat{U}(\zeta_2) - U'(\zeta_2)\hat{U}(\zeta_1)] \tag{8.40}$$

其中，$\hat{U}' = U$，我们使用了 $\dfrac{(\gamma+1)}{2} = \beta$ [式(2.72)]。

8.2.2 谐振驻波方程

现在，我们假设活塞振动频率 ω 在第一共振频率附近，这意味着式(8.18)中 N 等于 1。

$$\omega = \frac{\pi c_0}{L}, \quad \Delta \ll 1 \tag{8.41}$$

由式(8.41)我们可从式(8.39)得到

$$\zeta_1 = \omega t - \pi - \Delta \tag{8.42}$$

$$\zeta_2 = \omega t + \pi + \Delta \tag{8.43}$$

一方面因为 U 很小,并且共振时 $U(\zeta_2)$ 接近 $U(\zeta_1)$,式(8.40)右侧最后一个括号项在共振时变得比式(8.40)中的其他项小,即 $\Delta \ll 1$。另一方面,远离共振时,这一项与式(8.40)中的其他项在量级上是相同的。

由于式(8.41)和式(8.43)中的 Δ 很小,为将式(8.40)右侧的 $U(\zeta_1)$ 和 $U(\zeta_2)$ 替换为它们级数展开式中的如下两项提供了可能:

$$U(\omega t - \pi - \Delta) - U(\omega t + \pi + \Delta) \approx U(\omega t - \pi) - U(\omega t + \pi) - \Delta \left[U(\omega t - \pi) + U(\omega t + \pi) \right] \tag{8.44}$$

与累积的能量相比,一个周期内从振动边界流入共振器的能量必须很小。因此,由于式(8.40)的左侧是一个周期函数,未知函数 U 一定是一个准周期函数。从而,U 在一个周期内的变化可近似为

$$U(\omega t - \pi) - U(\omega t + \pi) \approx -2\pi\mu \frac{\partial U(\omega t + \pi)}{\partial(\mu \omega t)} \tag{8.45}$$

其中,μ 是一个小的参数,$\mu \ll 1$。利用式(8.44)和式(8.45),方程(8.40)采用如下形式(鲁坚科、赫德伯格和恩弗洛,2001 年):

$$\frac{\partial U}{\partial T} + \Delta \frac{\partial U}{\partial \zeta} - \pi\beta U \frac{\partial U}{\partial \zeta} - \delta \frac{\partial^2 U}{\partial \zeta^2} = \frac{Ma}{2} \sin \zeta \tag{8.46}$$

其中,引入了"慢时间"

$$T \equiv \frac{\omega t}{\pi} \tag{8.47}$$

和"快时间"

$$\zeta = \omega t + \pi \tag{8.48}$$

方程(8.48)称为非齐次伯格斯方程(卡拉布托夫和鲁坚科,1979 年)。鲁坚科(1974 年)以及卡拉布托夫、拉普申和鲁坚科(1976 年)研究了非齐次伯格斯方程。本章其余部分将研究非耗散和耗散介质中的稳态振动。

共振器中稳态场的建立是来自振动源的能量流入与由非线性吸收和线性耗散引起的损耗之间竞争的结果。$T \to \infty$ 时达到的平衡状态可以在 $\frac{\partial U}{\partial T} = 0$ 时通过对式(8.46)进行积分得到的如下方程进行描述:

$$\delta \frac{dU}{d\zeta} + \pi\beta(U^2 - C^2) - \Delta U = \frac{Ma}{2} \cos \zeta \tag{8.49}$$

其中,C 是任意常数,其物理意义将在后面讨论。

8.3 非耗散介质中的稳态共振

在无耗散情况下，我们将 δ 代入式(8.49)，并且得到代数方程

$$\frac{\pi\beta}{2}(U^2 - C^2) - \Delta U = \frac{Ma}{2}\cos\zeta \tag{8.50}$$

其中，C^2 的物理意义通过在一个周期内对式(8.49)进行积分得出

$$\overline{U^2} \equiv \frac{1}{2\pi}\int_{-\pi}^{\pi} U^2 \mathrm{d}\zeta = C^2 \tag{8.51}$$

因此，C^2 是两个相向传播的波之一的归一化强度[参见式(8.36)]。假设 U 的均值为 0，即

$$\overline{U} = 0 \tag{8.52}$$

则方程(8.50)的解为

$$U = \frac{\Delta}{\pi\beta} \pm \sqrt{\left(\frac{\Delta}{\pi\beta}\right)^2 + C^2 + \frac{Ma}{\pi\beta}\cos\zeta} \tag{8.53}$$

式(8.53)中的符号和 C 的大小由式(8.52)的条件决定(切斯特，1964 年)。

8.3.1 连续解

对于小马赫数，$Ma \ll \dfrac{\Delta^2}{\pi\beta}$，该解由式(8.53)的一个分支给出，即由 $\Delta > 0$ 的"−"分支以及由 $\Delta < 0$ 的"+"分支命名：

$$U = -\frac{Ma}{2|\Delta|}\operatorname{sgn}\Delta\cos\zeta, \quad C^2 = \overline{U^2} = \frac{M^2}{8\Delta^2} \ll \frac{Ma^2}{\pi\Delta} \tag{8.54}$$

式(8.54)中的不等式证明了，在从式(8.53)推导式(8.54)第一个方程中 U 的表达式时忽略 C^2 的合理性。

为了增加马赫数，式(8.54)中的谐波声场被式(8.53)给出的变形场代替。只要通过使用式(8.53)中的负平方根就能满足式(8.52)的条件，解中就不存在不连续，并且也不存在冲击。现在，我们将式(8.52)和式(8.53)与负根一起使用，以获得常数 C：

$$2\pi\overline{U} = \int_{-\pi}^{\pi} U \mathrm{d}\zeta$$

$$= 2\frac{\Delta}{\beta} - 2\int_0^{\pi}\sqrt{\left(\frac{\Delta}{\pi\beta}\right)^2 + C^2 + \left(\frac{Ma}{\pi\beta}\right)\cos\zeta}\,\mathrm{d}\zeta$$

$$= 2\frac{\Delta}{\beta} - 2\int_0^{\pi}\sqrt{\left(\frac{\Delta}{\pi\beta}\right)^2 + C^2 + \frac{Ma}{\pi\beta} - \left(\frac{Ma}{\pi\beta}\right)(1 - \cos\zeta)}\,\mathrm{d}\zeta$$

$$= 2\frac{\Delta}{\beta} - 2\sqrt{\left(\frac{\Delta}{\pi\beta}\right)^2 + C^2 + \frac{Ma}{\pi\beta}}\int_0^{\pi}\sqrt{1 - \frac{2Ma}{\pi\beta\left[\left(\frac{\Delta}{\pi\beta}\right)^2 + C^2 + \frac{Ma}{\pi\beta}\right]}\sin^2\frac{\zeta}{2}}\,\mathrm{d}\frac{\zeta}{2}\cdot 2$$

$$= 2\frac{\Delta}{\beta} - 4\sqrt{\left(\frac{\Delta}{\pi\beta}\right)^2 + C^2 + \frac{Ma}{\pi\beta}} \int_0^{\pi/2} \sqrt{1 - \frac{2Ma}{(\pi\beta)\left[\left(\frac{\Delta}{\pi\beta}\right)^2 + C^2 + \frac{Ma}{\pi\beta}\right]}\sin^2\theta}\,d\theta$$

$$= 0 \tag{8.55}$$

定义第二类完全椭圆积分为(阿布拉莫维茨和斯特根,1964 年,p.590,17.3.4):

$$E(m) = \int_0^{\pi/2} \sqrt{1 - m\sin^2\theta}\,d\theta \tag{8.56}$$

从式(8.55)和式(8.56)中,我们可以找到含有 C^2 的方程:

$$\frac{\Delta}{2\beta} = \sqrt{\left(\frac{\Delta}{\pi\beta}\right)^2 + C^2 + \frac{Ma}{\pi\beta}}\, E\left[\frac{\frac{2Ma}{\pi\beta}}{\left(\frac{\Delta}{\pi\beta}\right)^2 + C^2 + \frac{Ma}{\pi\beta}}\right] \tag{8.57}$$

式(8.57)的解可用以下参数形式表示:

$$\frac{\Delta}{\pi\beta} = \pm\frac{2\sqrt{2}}{\pi}\sqrt{\frac{Ma}{\pi\beta}}\frac{E(m)}{\sqrt{m}} \tag{8.58}$$

$$C^2 = \frac{Ma}{\pi\beta}\left[\frac{2}{m} - 1 - 8E^2(m)/(\pi^2 m)\right] \tag{8.59}$$

由式(8.56)可知,椭圆积分 E 的自变量 m 定义在区间 $0 \leqslant m \leqslant 1$ 上。从式(8.56)可以看出,当 $E(1) = 1$ 时,很明显存在不等式:

$$\frac{E(m)}{\sqrt{m}} \geqslant 1 \tag{8.60}$$

结合式(8.58)~式(8.60)我们得到

$$\frac{2\sqrt{2}}{\pi}\sqrt{\frac{Ma}{\pi\beta}} \leqslant \frac{|\Delta|}{\pi\beta} \Rightarrow Ma \leqslant Ma_* \equiv \frac{\pi}{8\beta}\Delta^2 \tag{8.61}$$

8.3.2　冲击解

在图 8.1 中,分别给出了 $\Delta > 0$ 和 $\Delta < 0$ 的三条 U 曲线。曲线 3 对应 $Ma = Ma_*$,此时出现 Ma 值分岔,稳态波形变得不连续。然后,必须在每个周期中从"+"解转换到"−"解,以及从"−"解到"+"解。

然而,只有通过从"−"解到"+"解的跳转,才能实现意味着压缩的转换。稀疏激波,即从"+"解到"−"解的跳转,在具有二次非线性的常规介质中是被禁止的,其中传播速度随着扰动幅度的增加而增加。事实上,目前的情况类似于第 4.2.3 节和 4.2.4 节所述的无损流体中正弦波向锯齿波的转变。压缩冲击如图 4.6 所示。因此,从"+"解到"−"解的必要转换必须在无跳转的情况下进行。

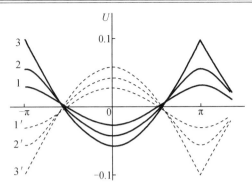

图 8.1 共振腔中的声速剖面

(实线 1、2 和 3 为正频率差 $\Delta = 0.1\pi\beta$。虚线为负频差 $\Delta = -0.1\pi\beta$。曲线序号的增加对应于边界 $x = L$；$10^3(Ma/\pi\beta) = 5.6,9.1,12.3$ 处振动幅度的增加)

对于 $Ma \geqslant Ma_*$，函数 $E(m)$ 的自变量 m 有最大值 1。使用式(8.58)和式(8.59)，该条件直接给出了 C^2 条件：

$$C^2 = \frac{Ma}{\pi\beta} - \left(\frac{\Delta}{\pi\beta}\right)^2 \tag{8.62}$$

比较式(8.62)和式(8.53)，我们发现对于 $\zeta = \pm\pi$，两条 U 曲线存在一个共同的点，在这种情况下，式(8.53)的平方根等于零。因此，对于 $\zeta = \pm\pi$，我们实现了由式(8.53)给出的 U 的"+"解到"−"解的连续转换。将式(8.62)代入式(8.53)，我们得到如下两个解：

$$U = \frac{\Delta}{\pi\beta} \pm \sqrt{\frac{2Ma}{\pi\beta}} \cos\frac{\zeta}{2} \tag{8.63}$$

现在可用式(8.52)的条件来确定点 $\zeta = \zeta_H$，其中从"−"到"+"解的跳转由下式给出：

$$\int_{-\pi}^{\zeta_H} \left(\frac{\Delta}{\pi\beta} - \sqrt{\frac{2Ma}{\pi\beta}} \cos\frac{\zeta}{2}\right) d\zeta + \int_{\zeta_H}^{\pi} \left(\frac{\Delta}{\pi\beta} + \sqrt{\frac{2Ma}{\pi\beta}} \cos\frac{\zeta}{2}\right) d\zeta = 0 \tag{8.64}$$

由式(8.64)可得

$$\sin\frac{\zeta_H}{2} = \frac{\Delta}{2}\sqrt{\frac{\pi}{2\beta Ma}} \tag{8.65}$$

式(8.65)的结果在 $Ma \geqslant Ma_*$ 时有效，并且对于 $\zeta_H = \pm\pi$，相应 $\Delta > 0$ 和 $\Delta < 0$ 时，$Ma = Ma_*$ 同样使其有效[参见式(8.61)]。

式(8.65)给出的 $\zeta = \zeta_H$ 处从"−"解到"+"解跳转的解[式(8.63)]，如图 8.2 所示，图 8.2 是图 8.1 更大马赫数的延续。

在图 8.2 中，曲线 3 对应于 $Ma = Ma_*$，与图 8.1 中的曲线 3 相同。随着 $Ma > Ma_*$ 增加，冲击由最初出现在 $\zeta = \pi$(对于 $\Delta > 0$)处移至位置 $\zeta = 0$ 处，但只有 $Ma \to \infty$ 时才能达到该位置。$10^2\left(\dfrac{Ma}{\pi\beta}\right) = 1.5$ 分别对应 $\Delta = 0.1\pi\beta$ 时的实曲线 4、5 和 6。虚线显示了 $\Delta = -0.1\pi\beta$ 时波形的类似行为。在这种情况下，当 $Ma = Ma_*$ 时，在 $\zeta = -\pi$ 处出现冲击，并且对于 $Ma \to \infty$，冲击向 $\zeta = 0$ 处移动。

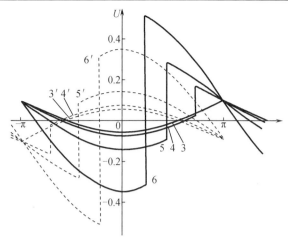

图 8.2　共振腔中的声速剖面

(曲线 3 与图 8.1 中的曲线 3 相同;曲线 4、5 和 6 对应于 $10^2\left(\dfrac{Ma}{\pi\beta}\right)=1.5,3$ 和 10,其中实线为 $\Delta=0.1\pi\beta$,虚线为 $\Delta=$
$-0.1\pi\beta$)

在图 8.3 中,在不同马赫数 $10^2\left(\dfrac{Ma}{\pi\beta}\right)=1,4,9,16$ 和 25 处构建了相应的非线性频率响应

曲线 1~5,演示了 $C=\sqrt{\overline{U^2}}$ 对式(8.17)与第一共振频率 ω_1 间差值的依赖性。直线下方

$$\sqrt{\overline{U^2}}=\pm\frac{\Delta}{\pi\beta}\sqrt{\frac{\pi^2}{8}-1}\tag{8.66}$$

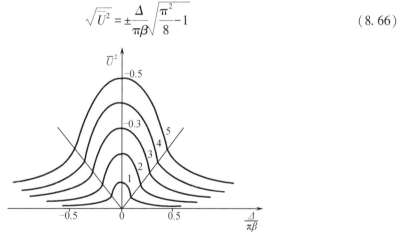

图 8.3　作为差值 Δ 函数的非线性频率响应

该式通过将 $Ma=Ma_*$ [参见式(8.61)]代入式(8.62)得到,由式(8.57)构建曲线,U 的波形未形成冲击。在直线上方,方程(8.62)用于计算不连续解的频率响应。

8.3.3　Q 值

共振器的 Q 值可在线性和非线性两种情况下进行定义。在线性情况下,我们可以用共振($\Delta=0$)时内部和外部(驱动)振动的振幅之比作为 Q 值的定义。这个比值由公式(8.8)

给出，为 $\dfrac{l\omega\delta\sin\dfrac{\omega x}{c_0}}{l\omega\delta^2}$。

如果我们用共振腔上 $\sin^2\dfrac{\omega x}{c_0}$ 均值的平方根，其值等于 $\sqrt{\dfrac{1}{2}}$，我们利用式 (8.6) 得到线性 Q 值 Q_L：

$$Q_L=\frac{1}{\delta\sqrt{2}}=\sqrt{2}\frac{\rho_0 c_0^3}{b\omega^2 L}=\frac{\sqrt{2}}{\pi}\frac{\rho_0 c_0^2}{b\omega} \tag{8.67}$$

与上述 Q_L 的定义相同，使用式 (8.62) 和式 (8.15) 得非线性 Q 值 Q_{NL}：

$$Q_{NL}=\frac{c_0}{l\omega}(\sqrt{\overline{U^2}})_{\Delta=0}=\frac{c_0}{l\omega}\sqrt{\frac{Ma}{\pi\beta}}=\frac{1}{\sqrt{\pi\beta Ma}} \tag{8.68}$$

Q 值也可定义为谐振频率与频率响应谱线宽度之比。这意味着，当 $m=1$ 时，利用式 (8.58) 可得

$$Q_{NL}=\frac{1}{\Delta}=\frac{\pi}{2\sqrt{2}}\frac{1}{\sqrt{\pi\beta Ma}} \tag{8.69}$$

这与式 (8.68) 略有不同。因此，根据定义，非线性 Q 值 Q_{NL} 与 $(\beta Ma)^{-1/2}$ 成比例，系数 $O(1)$ 取决于定义。

8.4 耗散介质中的稳态共振

现在假设以新变量 $\tau=\zeta/2$ 表示的耗散数 δ 在式 (8.49) 中为非零：

$$\left(U-\frac{\Delta}{\pi\beta}\right)^2+\frac{\delta}{\pi\beta}\frac{dU}{d\tau}=C^2+\frac{Ma}{\pi\beta}\cos 2\tau+\frac{\Delta^2}{\pi^2\beta^2} \tag{8.70}$$

在切斯特 (1964 年) 的论文中可以找到使用了其他符号的该方程。依据此文，我们将用马蒂厄函数给出 $\Delta=0$ 时该方程的解。对于 $\Delta\neq 0$，我们将通过渐近匹配给出一个一致的解，这在以前的研究中没有给出。

8.4.1 马蒂厄方程解

利用如下变换，方程 (8.70) 可线性化为

$$U=\frac{\delta}{\pi\beta}\frac{d}{d\tau}\left[\ln(\omega e^{\Delta\tau/\delta})\right] \tag{8.71}$$

将式 (8.71) 代入式 (8.70)，我们得到线性方程：

$$\frac{d^2\omega}{d\tau^2}-\left[\frac{\pi^2\beta^2}{\delta^2}\left(C^2+\frac{\Delta^2}{\pi^2\beta^2}\right)+\frac{Ma\pi\beta}{\delta^2}\cos 2\tau\right]\omega=0 \tag{8.72}$$

方程 (8.72) 是马蒂厄方程，为了方便以后使用，我们将其写成规范形式 (阿布拉莫维茨

和斯特根,1964 年):

$$\frac{d^2\omega}{d\tau^2} + (a - 2q\cos 2\tau)\omega = 0 \tag{8.73}$$

方程(8.73)的周期解称为马蒂厄函数(麦克拉克兰,1947 年)。为了考察马蒂厄函数在式(8.70)的解中是否有用,我们使用了式(8.52)的条件,因为 U 的均值仍然为零。从式(8.71)我们发现:

$$\overline{U} \equiv \frac{1}{\pi}\int_{-\pi/2}^{\pi/2} U d\tau = \frac{\Delta}{\pi\beta} + \frac{\delta}{\pi\beta}\left[\ln\omega\left(\frac{\pi}{2}\right) - \ln\omega\left(-\frac{\pi}{2}\right)\right] \tag{8.74}$$

因此,我们可以在 $\Delta = 0$ 的情况下使用式(8.72)的周期解,而在 $\Delta \neq 0$ 的情况下不使用。在 $\Delta = 0$ 的零差异情况下,将用以下参数值对马蒂厄方程(8.73)进行研究。

$$a = -\frac{\pi^2\beta^2}{\delta^2}C^2 \tag{8.75}$$

$$q = \frac{Ma\pi\beta}{2\delta^2} \tag{8.76}$$

为了得到式(8.73)的偶周期解,参数 a 必须具有特征值 $a_r(q), r = 0, 1, \cdots$(阿布拉莫维茨和斯特根,1964 年,第 20.1 节)。我们这里更关注 $q \gg 1$ 的 q 值,从而特征值 $a_0(q)$ 有渐近展开式[阿布拉莫维茨和斯特根,1964 年,式(20.2.30)]

$$a_0(q) \sim -2q + 2\sqrt{q} - \frac{1}{4} - \frac{1}{32\sqrt{q}} + \cdots \tag{8.77}$$

现在,关系式(8.51) $\overline{U}^2 = C^2$ 以及式(8.75)和式(8.77)使 Q 值的计算成为可能。由式(8.68)的定义我们得到

$$Q = \frac{1}{Ma}\sqrt{\overline{U}^2} = \frac{1}{Ma}\frac{\delta}{\pi\beta}\sqrt{-a_0}$$

$$= \frac{\delta}{\pi\beta Ma}\sqrt{2}\,q^{1/2}\left(1 - \frac{1}{\sqrt{q}} + \frac{1}{8q} + \cdots\right)^{1/2} = \frac{1}{\sqrt{\pi\beta Ma}}\left(1 - \frac{1}{2\sqrt{q}} - \frac{1}{16q} + \cdots\right) \tag{8.78}$$

其中,q 在式(8.76)中给出。

式(8.77)给出特征值 a_0 对应的偶周期解为

$$\omega(\tau) = ce_0(\tau, q) \tag{8.79}$$

其中,$ce_r(r = 0, 1, \cdots)$ 是马蒂厄函数的标准符号。由式(8.79)和式(8.71)可得,$\Delta = 0$ 时式(8.70)的解为

$$U(\tau) = \frac{\delta}{\pi\beta}\frac{d}{d\tau}\left[\ln(ce_0(\tau, q))\right], \quad q = \frac{Ma\pi\beta}{2\delta^2} \tag{8.80}$$

对于 $q \gg 1, ce_0(\tau, q)$ 的渐近行为相当复杂,可查阅阿布拉莫维茨和斯特根(1964 年)书中的公式(20.9.11)。

8.4.2　微扰理论下的匹配外部和内部解

如方程(8.74)所述,在 $\Delta \neq 0$ 的情况下,我们不能使用马蒂厄函数,即马蒂厄方程

(8.73)的周期解来寻求式(8.70)的解。因此,当 $\Delta \neq 0$ 时,我们将尝试使用微扰方法来求解式(8.70),q 的条件与前述第8.4.1节相同,即 $q \gg 1$。

使用式(8.76)重写方程(8.70):

$$\left(U - \frac{\Delta}{\pi\beta}\right)^2 + \frac{Ma^{1/2}}{\sqrt{2\pi\beta q}} \frac{dU}{d\tau} = C^2 + \frac{Ma}{\sqrt{\pi\beta}} \cos 2\tau + \frac{\Delta^2}{\pi^2\beta^2} \tag{8.81}$$

由于式(8.51),我们在式(8.78)中确定了 $\delta \neq 0$、$\Delta = 0$ 情况下的常数 C^2。另一方面,在式(8.62)中常数 C^2 是在 $\delta = 0$、$\Delta \neq 0$ 的情况下确定的。结合式(8.62)和式(8.78),我们将 C^2 级数展开的前两项写成小参数 $q^{-1/2}$:

$$C^2 = \frac{Ma}{\pi\beta} - \frac{\Delta^2}{\pi^2\beta^2} - k\frac{Ma}{\pi\beta}q^{-1/2} \tag{8.82}$$

其中,k 是一个待确定的常数。将式(8.82)代入式(8.81),做替换:

$$U - \frac{\Delta}{\pi\beta} = \sqrt{\frac{2Ma}{\pi\beta}}\, V \tag{8.83}$$

并引入小参数 v:

$$v = \left(2q^{\frac{1}{2}}\right)^{-1} \tag{8.84}$$

得到

$$V^2 + v\frac{dV}{d\tau} = \cos^2\tau - vk \tag{8.85}$$

与无黏情况下 $\zeta = \zeta_{\mathrm{H}}$[参见式(8.65)]处的不连续相似,式(8.85)的解在 $\tau = \tau_0$ 处存在一个快速变化,其中 τ_0 稍后将由条件 $\overline{U} = 0$[参见式(8.52)]确定。在 $\tau = \tau_0\left(-\frac{\pi}{2} < \tau_0 < \frac{\pi}{2}\right)$ 附近的一个狭窄区域外,方程(8.85)有一个以小参数 v 展开的外部解 V_{out}:

$$V_{\mathrm{out}} = V_0 + vV_1 + \cdots \tag{8.86}$$

将式(8.86)代入式(8.85),并使方程两侧 v_0 和 v 的系数相等,我们得到

$$V_0^2 = \cos^2\tau \tag{8.87}$$

$$2V_0V_1 + \frac{dV_0}{d\tau} = -k \tag{8.88}$$

解为

$$V_0 = \pm\cos\tau \tag{8.89}$$

$$V_1 = \frac{1}{2}\left(\tan\tau \mp \frac{k}{\cos\tau}\right) \tag{8.90}$$

如式(8.63)中 $\sqrt{\frac{2Ma}{\pi\beta}}\, V = U - \frac{\Delta}{\pi\beta}$,由式(8.86)、式(8.89)和式(8.90)给出的解 V_{out} 应满足如下条件(对于 $\frac{\zeta}{2} \equiv \tau = \pm\frac{\pi}{2}$):

$$V\left(\frac{\pi}{2}\right) = V\left(-\frac{\pi}{2}\right) = 0 \tag{8.91}$$

显然式(8.89)、式(8.90)满足式(8.91)的一个必要条件是

$$k = 1 \tag{8.92}$$

这意味着 $\Delta = 0$ 时,式(8.78)和式(8.82)是相符的。

我们也在 τ 值的 $\tau = \tau_0$ 附近寻找一个内部解,此处外部解(在 v 中为低阶)从 $-\cos \tau_0$ 变化到 $\cos \tau_0$。(第 8.3.2 小节给出,转换是从"$-$"解到"$+$"解。)引入内部变量 T 为

$$T = \frac{\tau - \tau_0}{v} \tag{8.93}$$

内部解 V_{in} 以 v 的幂展开:

$$V_{\mathrm{in}} = V_0^* + v V_1^* + \cdots \tag{8.94}$$

将式(8.94)和式(8.93)代入式(8.85),并令等号两边 v_0 和 v 的系数相等,即 $k = 1$,得到

$$\frac{\mathrm{d} V_0^*}{\mathrm{d} T} = \cos^2 \tau_0 - V_0^{*2} \tag{8.95}$$

$$\frac{\mathrm{d} V_1^*}{\mathrm{d} T} + 2 V_0^* V_1^* = -2T \cos \tau_0 \sin \tau_0 - 1 \tag{8.96}$$

对式(8.95)积分:

$$V_0^* = \cos \tau_0 \tanh(T \cos \tau_0) \tag{8.97}$$

其中,积分常数已由如下条件确定:

$$V^*(T) = 0, T = 0 \tag{8.98}$$

利用如下积分因子,方程(8.96)得以求解:

$$\exp\left(2 \int V_0^* \, \mathrm{d} T\right) = \cosh^2(T \cos \tau_0) \tag{8.99}$$

其中,使用了式(8.97)。结合式(8.96)与式(8.99),我们得到

$$\frac{\mathrm{d}}{\mathrm{d} T}\left[V_1^* \cosh^2(T \cos \tau_0) \right] = -(2T \cos \tau_0 \sin \tau_0 + 1) \cosh^2(T \cos \tau_0) \tag{8.100}$$

使用不定积分

$$\int \cosh^2 x \, \mathrm{d} x = \frac{1}{4} \sinh 2x + \frac{x}{2} \tag{8.101}$$

$$\int x \cosh^2 x \, \mathrm{d} x = \frac{x}{4} \sinh 2x - \frac{1}{8} \cosh 2x + \frac{x^2}{4} \tag{8.102}$$

我们从式(8.100)中得到式(8.96)的解:

$$V_1^* = \frac{1}{\cosh^2(T \cos \tau_0)} \left[-\frac{1}{2} T \sin \tau_0 \sinh(2T \cos \tau_0) + \frac{1}{4} \tan \tau_0 \cosh(2T \cos \tau_0) - \right.$$
$$\left. \frac{1}{2} T^2 \cos \tau_0 \sin \tau_0 - \frac{1}{4 \cos \tau_0} \sinh(2T \cos \tau_0) - \frac{T}{2} - \frac{1}{4} \tan \tau_0 \right] \tag{8.103}$$

其中,积分常数已由式(8.98)确定。综合式(8.86)、式(8.89)、式(8.90)、式(8.94)、式(8.97)和式(8.103)得外部解和内部解:

$$V_{out} = \begin{cases} -\cos\tau + \dfrac{v}{2}\left(\tan\tau + \dfrac{1}{\cos\tau}\right), & \tau < \tau_0 \\[3mm] \cos\tau + \dfrac{v}{2}\left(\tan\tau - \dfrac{1}{\cos\tau}\right), & \tau > \tau_0 \end{cases} \qquad (8.104)$$

$$V_{in} = \cos\tau_0 \tanh(T\cos\tau_0) + \frac{2v}{\cosh(2T\cos\tau_0)+1} \cdot$$

$$\left[-T\sin\tau_0 \sinh(T\cos\tau_0)\cosh(T\cos\tau_0) + \frac{1}{4}\tan\tau_0 \cosh(2T\cos\tau_0) - \right.$$

$$\left. \frac{1}{2}T^2\cos\tau_0\sin\tau_0 - \frac{1}{4\cos\tau_0}\sinh(2T\cos\tau_0) - \frac{T}{2} - \frac{1}{4}\tan\tau_0 \right] \qquad (8.105)$$

由于式(8.105)右侧的第 2 项,仅当 $|\tau_0|$ 不太大时解 V_{out} 和 V_{in} 可相互匹配。我们假设:

$$\tau_0 = O[\eta(v)] \qquad (8.106)$$

其中

$$\lim_{v \to 0} \eta(v) = 0 \qquad (8.107)$$

$$\lim_{v \to 0} \frac{\eta(v)}{v} = \infty \qquad (8.108)$$

$$\lim_{v \to 0} \frac{\eta^2(v)}{v} = 0 \qquad (8.109)$$

由式(8.106)~式(8.109)很容易发现,对于 $\tau < \tau_0$ 和 $\tau > \tau_0$,式(8.104)和式(8.105)中 V_{out} 和 V_{in} 的两个表达式分别达到一个共同的极限:

$$\tau - \tau_0 = O[\eta(v)] \qquad (8.110)$$

使用式(8.106)~式(8.110)的考虑是渐近匹配原理的一个实例,在本书第 5.1 节中已得到应用。

8.4.3 微扰理论下的均匀解

将两个解式(8.104)和式(8.105)相加,然后减去公共部分,结果就是 v 阶有效的均匀解:

$$V = \cos\tau\tanh\left(\frac{\tau-\tau_0}{v}\cos\tau_0\right) +$$

$$\frac{v}{2}\left[\tan\tau \frac{\cosh\left(2\dfrac{\tau-\tau_0}{v}\cos\tau_0\right)-1}{\cosh\left(2\dfrac{\tau-\tau_0}{v}\cos\tau_0\right)+1} - \frac{1}{\cos\tau}\tanh\left(2\dfrac{\tau-\tau_0}{v}\cos\tau_0\right) \right] -$$

$$v\frac{1}{\cosh\left(2\dfrac{\tau-\tau_0}{v}\cos\tau_0\right)}\left[\left(\frac{\tau-\tau_0}{v}\right)^2\cos\tau_0\sin\tau_0 - \frac{\tau-\tau_0}{v} \right] \qquad (8.111)$$

式(8.111)均匀的间隔略小于$\left(-\dfrac{\pi}{2},\dfrac{\pi}{2}\right)$，因为式(8.111)中包含 $\tan\tau$ 和 $\cos\tau$ 项的因式在 τ 无限接近$\pm\dfrac{\pi}{2}$时不会相互补偿。这里将对均匀性区间的减小进行研究。τ_0 的值将利用条件 $\overline{U}=0$ 和如下积分来确定：

$$\int_{-\frac{\pi}{2}}^{\frac{\pi}{2}}\cos\tau\tanh\left(\frac{\tau-\tau_0}{v}\cos\tau_0\right)\mathrm{d}\tau = -2\sin\tau_0 + o(v) \tag{8.112}$$

$$\int_{-\frac{\pi}{2}}^{\frac{\pi}{2}}\frac{1}{\cos\tau}\tanh\left(2\frac{\tau-\tau_0}{v}\cos\tau_0\right)\mathrm{d}\tau = \ln\frac{1+\sin\tau_0}{1-\sin\tau_0} + o(v) \tag{8.113}$$

利用式(8.83)和式(8.111)~式(8.113)以及条件 $\overline{U}=0$ 给出

$$\int_{-\frac{\pi}{2}}^{\frac{\pi}{2}}U\mathrm{d}\tau = \frac{\Delta}{\beta} + \sqrt{\frac{2Ma}{\pi\beta}}\left(-2\sin\tau_0 - \frac{v}{2}\ln\frac{1+\sin\tau_0}{1-\sin\tau_0}\right) = 0 \tag{8.114}$$

将式(8.114)中的 τ_0 修正至 v 的考虑给出[参见式(8.65)，在 $v=0$ 的情况下，也做了同样的考虑]

$$\sin\tau_0 = \frac{\Delta}{2}\sqrt{\frac{\pi}{2\beta Ma}} - \frac{v}{4}\ln\frac{1+\dfrac{\Delta}{2}\sqrt{\dfrac{\pi}{2\beta Ma}}}{1-\dfrac{\Delta}{2}\sqrt{\dfrac{\pi}{2\beta Ma}}} \tag{8.115}$$

直接利用 $\overline{U}=0$，平均强度 $\overline{U}^2$ 由式(8.81)得到

$$\overline{U}^2 = C^2 - v\sqrt{\frac{2Ma}{\pi\beta}}\frac{\mathrm{d}\overline{U}}{\mathrm{d}\tau} \tag{8.116}$$

假设在式(8.91)的条件下得到

$$\frac{\mathrm{d}\overline{U}}{\mathrm{d}\tau} = 0 \tag{8.117}$$

且利用式(8.82)和式(8.92)我们从式(8.116)得到

$$\overline{U}^2 = \frac{Ma}{\pi\beta} - \frac{\Delta^2}{\pi^2\beta^2} - 2v\frac{Ma}{\pi\beta} \tag{8.118}$$

现在证明式(8.111)给出了式(8.118)。使用如下积分：

$$\int_{-\frac{\pi}{2}}^{\frac{\pi}{2}}\cos^2\tau\tanh\left(\frac{\tau-\tau_0}{v}\cos\tau_0\right)\mathrm{d}\tau = \frac{\pi}{2} - 2v\cos\tau_0 + O(v^2) \tag{8.119}$$

$$\int_{-\frac{\pi}{2}}^{\frac{\pi}{2}}\sin\tau\tanh\left(\frac{\tau-\tau_0}{v}\cos\tau_0\right)\mathrm{d}\tau = 2\cos\tau_0 + O(v) \tag{8.120}$$

$$\int_{-\frac{\pi}{2}}^{\frac{\pi}{2}}\tanh^2\left(\frac{\tau-\tau_0}{v}\cos\tau_0\right)\mathrm{d}\tau = \pi + O(v) \tag{8.121}$$

我们直接由式(8.111)得到

$$\overline{V}^2 = \frac{1}{\pi}\int_{-\frac{\pi}{2}}^{\frac{\pi}{2}}V^2\mathrm{d}\tau = \frac{1}{2} - v \tag{8.122}$$

上述结果结合式(8.83)一起给出了式(8.118)。因此，我们有两个式(8.118)的导数。

式(8.118)的导数取决于式(8.117)的有效性,或者用另一种表达方式,在极限 $\tau \to -\dfrac{\pi}{2}$ 和 $\tau \to \dfrac{\pi}{2}$ 下的 V 相等。我们将研究 V 在这些极限下的行为,首先评估式(8.111)中关键项的极限条件 $\tau \to \dfrac{\pi}{2}$。令

$$\tau = \frac{\pi}{2} - \mu(v) \tag{8.123}$$

其中,$\mu(v)$ 具有如下性质:

$$\mu(v) \underset{v \to 0}{\to} 0, \quad \mu(v) > 0 \tag{8.124}$$

我们分析式(8.111)中系数 $\dfrac{v}{2}$ 的如下极限:

$$\lim_{v \to 0}\left\{ \tan\left[\frac{\pi}{2} - \mu(v)\right] \frac{\cosh\left\{\dfrac{2\left[\dfrac{\pi}{2} - \tau_0 - \mu(v)\right]}{v}\cos\tau_0\right\} - 1}{\cosh\left\{\dfrac{2\left[\dfrac{\pi}{2} - \tau_0 - \mu(v)\right]}{v}\cos\tau_0\right\} + 1} - \frac{\tanh\left\{\dfrac{2\left[\dfrac{\pi}{2} - \tau_0 - \mu(v)\right]}{v}\cos\tau_0\right\}}{\cos\left[\dfrac{\pi}{2} - \mu(v)\right]}\right\}$$

$$=\lim_{v \to 0}\left\{\frac{1 - \dfrac{\mu^2(v)}{2}}{\mu(v)}\left[1 - 4\exp\left(-2\dfrac{\dfrac{\pi}{2} - \tau_0}{v}\cos\tau_0\right)\right] - \frac{1}{\mu(v)}\left[1 - 2\exp\left(-2\dfrac{\dfrac{\pi}{2} - \tau_0}{v}\cos\tau_0\right)\right]\right\}$$

$$=\lim_{v \to 0}\frac{-2\exp\left(-2\dfrac{\dfrac{\pi}{2} - \tau_0}{v}\right)\cos\tau_0}{\mu(v)} \tag{8.125}$$

相应的计算为

$$\tau = -\frac{\pi}{2} + \lambda(v) \tag{8.126}$$

其中

$$\lambda(v) \underset{v \to 0}{\to} 0, \quad \lambda(v) > 0 \tag{8.127}$$

给出

$$\lim_{v \to 0}\left(\tan\left[-\frac{\pi}{2} + \lambda(v)\right] \frac{\cosh\left\{\dfrac{-2\left[\dfrac{\pi}{2} + \tau_0 - \lambda(v)\right]}{v}\cos\tau_0\right\} - 1}{\cosh\left\{\dfrac{-2\left[\dfrac{\pi}{2} + \tau_0 - \lambda(v)\right]}{v}\cos\tau_0\right\} + 1} - \frac{\tanh\left\{-2\dfrac{\left[\dfrac{\pi}{2} + \tau_0 - \lambda(v)\right]}{v}\cos\tau_0\right\}}{\cos\left[-\dfrac{\pi}{2} + \lambda(v)\right]}\right.$$

$$= \lim_{v \to 0} \frac{-2\exp\left(-2\dfrac{\dfrac{\pi}{2}+\tau_0}{v}\cos\tau_0\right)}{\lambda(v)} \tag{8.128}$$

我们对 $\lambda(v)$ 和 $\mu(v)$ 的值做如下选择:

$$\lambda(v)=\mu(v)=2\exp\left(-\frac{c}{v}\right), \quad 0<c<\min\left\{\frac{\pi}{2}-\tau_0,\frac{\pi}{2}+\tau_0\right\} \tag{8.129}$$

由式(8.125)、式(8.128)和式(8.129)可以看出,式(8.111)给出的 $V(\tau)$ 在如下区间内是一致的和有限的:

$$-\frac{\pi}{2}+\mu(v)<\tau<\frac{\pi}{2}-\mu(v) \tag{8.130}$$

由于式(8.125)和式(8.128),在区间式(8.130)的末端 $V(\tau)$ 的值为 $O\left[\exp\left(-\dfrac{k}{v}\right)\right]$, $k>0$,从而证明式(8.117)的假设是成立的。式(8.83)、式(8.111)及式(8.81)几个解均可用于所有的实际情况,因此不能将其精确扩展到 $\tau=\pm\dfrac{\pi}{2}$ 并不重要。

8.5 共振腔中的速度场示例

共振腔内的速度场由式(8.36)给出,因此需要得到函数 $f(\theta)$。从式(8.111)开始,我们由式(8.83)得到 $U(\tau)$。根据式(8.38),令 $\tau=\dfrac{\zeta}{2}$[参见式(8.70)]以及 $f\left(\theta=\dfrac{\zeta}{\omega}\right)=c_0^2 U(\zeta)$,我们将 $f(\theta)$ 写为

$$
\begin{aligned}
f(\theta)=c_0^2\sqrt{\frac{2Ma}{\pi\beta}}\Bigg(&\cos\frac{\omega\theta}{2}\tanh\left(\frac{\dfrac{\omega\theta}{2}-\tau_0}{v}\cos\tau_0\right)+\frac{v}{2}\Bigg\{\tan\frac{\omega\theta}{2}\frac{\cosh\left[2\left(\dfrac{\dfrac{\omega\theta}{2}-\tau_0}{v}\right)\cos\tau_0\right]-1}{\cosh\left[2\left(\dfrac{\dfrac{\omega\theta}{2}-\tau_0}{v}\right)\cos\tau_0\right]+1}- \\
&\frac{1}{\cos\dfrac{\omega\theta}{2}}\tanh\left(2\frac{\dfrac{\omega\theta}{2}-\tau_0}{v}\cos\tau_0\right)\Bigg\}-v\frac{1}{\cosh\left[2\left(\dfrac{\dfrac{\omega\theta}{2}-\tau_0}{v}\right)\cos\tau_0\right]}\cdot \\
&\left[\left(\frac{\dfrac{\omega\theta}{2}-\tau_0}{v}\right)^2\cos\tau_0\sin\tau_0-\frac{\dfrac{\omega\theta}{2}-\tau_0}{v}\right]\Bigg)+c_0^2\frac{\Delta}{\pi\beta}
\end{aligned}
\tag{8.131}
$$

161

根据式(8.41)将 $\omega=\dfrac{c_0}{L}(\pi+\Delta)$ 代入式(8.131),我们发现,对于 $\theta=t+\dfrac{x}{c_0}$ 和 $\theta=t-\dfrac{x}{c_0}$,式(8.131)中 $f(\theta)$ 的表达式必须代入式(8.36)中,以给出速度场 $v(x,t)$。

因为 V 是 $O(1)$,所以从式(8.83)、式(8.39)和式(8.36)可以看出,比例 $\dfrac{v(x,t)}{c_0}$ 的量级为 $\sqrt{Ma}$,根据式(8.20),对于 $N=1$,这意味 $O[(\delta\eta)^{1/2}]$。另一方面,线性波动方程(8.3)的解式(8.9)使得在谐振频率下为 η 量级的比率 $\dfrac{v(x,t)}{c_0}$,在非谐振频率下为 $\eta\delta$ 量级的比率。因此,根据线性理论,共振时流体位移振幅增强系数的量级为 $\dfrac{\eta}{\eta\delta}=\delta^{-1}$,适当考虑非线性时,则 $\dfrac{(\delta\eta)^{1/2}}{\delta\eta}=(\delta\eta)^{-1/2}$。由于式(8.22)的关系,这意味着共振时流体位移振幅的增强被非线性减弱。

现给出由上述理论所描述的一个实验示例。运动黏度 $\dfrac{b}{\rho_0}$ 随空气密度的减小而增大。我们选择下式,而不是大气压下的 $\dfrac{b}{\rho_0}$ 为 $10^{-4}\sim 10^{-5}$ $\mathrm{m^2/s}$:

$$\frac{b}{\rho_0}\approx 10^{-2}\ \mathrm{m^2/s} \tag{8.132}$$

并研究最低共振频率($N=1$)。对于实验的其他参数,我们假设:

$$L=0.5\ \mathrm{m}$$

$$l=10^{-6}\ \mathrm{m}$$

$$c_0=330\ \mathrm{m/s}$$

$$\omega_1=\frac{\pi c_0}{L}\approx 2\ 000\ \mathrm{s^{-1}}$$

$$\gamma=1.4$$

$$\delta=\frac{\omega_1^2 bL}{2\rho_0 c_0^3}\approx 0.3\times 10^{-3}$$

$$\eta=\frac{\rho_0 l c_0}{b}\approx 3.3\times 10^{-2}$$

$$q=\frac{c_0^4 l(\gamma+1)\rho_0^2}{b^2 L\omega_1^2}\approx 120$$

很明显,δ、v 和 q 这些值满足由式(8.36)、式(8.38)、式(8.83)、式(8.111)和式(8.115)给出的解所需的近似一致性要求。

图8.4和图8.5给出了精确共振($\Delta=0$)时具有上述参数的该解的曲线。

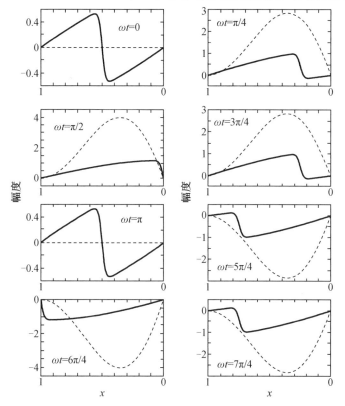

图 8.4　不同 ωt 下沿共振腔长度方向的波幅

（其中 x 为距移动边界的距离。实线是与线性解（虚线）进行比较的非线性解）

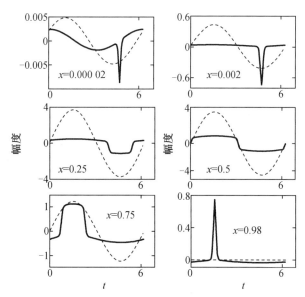

图 8.5　长度为 1 的共振腔中距移动边界不同距离 x 处波的一个时间周期

（实线是与线性解（虚线）进行比较的非线性解）

参 考 文 献

［1］ Aanonsen, S. I. , Barkve, T. , Naze Tjøtta, J. and Tjøtta, S. , Distortion and harmonic generation in the nearfield of a finite amplitude sound beam, J. Acoust. Soc. Am. 75, 749-768 (1984).

［2］ Abramowitz, M. and Stegun, I. A. (eds.) Handbook of Mathe-matical Functions (National Bureau of Standards, Washing-ton D. C. , 1964).

［3］ Airy, G. B. , On a difficulty in the problem of sound, Phil. Mag. (Series 3) 34, 401-405 (1849), or Beyer (1984), pp. 37-41.

［4］ d'Alembert, J. −le− R. , Investigation of a curve formed by a vibrating string (1747), translated in Lindsay (1972), pp. 119− 130.

［5］ Averkiou, M. A. and Cleveland, R. O. , Modeling of an electro-hydraulic lithotripter with the KZK equation, J. Acoust. Soc. Am. 106, 102-112 (1999).

［6］ Bakhvalov, N. S. , Zhileikin, Ya. M. , Zabolotskaya, E. A. and Khokhlov, R. V. , Nonlinear propagation of a sound beam in a nondissipative medium, Sov. Phys. Acoust. 22, 272-274 (1976).

［7］ Bakhvalov, N. S. , Zhileikin, Y. M. and Zabolotskaya, E. A. , Nonlinear Theory of Sound Beams (American Institute of Physics, New York, 1987).

［8］ Banta, E. D. , Lossless propagation of one-dimensional finiteamplitude sound waves, J. Math. Analysis and Appl. 10, 166− 173 (1965).

［9］ Bateman, H. , Some recent researches on the motions of fluids, Monthly Weather Review 43, 163-170 (1915).

［10］ Bednarik, M. and Cervenka, M. , Nonlinear waves in resonators, in Nonlinear Acoustics at the Turn of the Millennium, ISNA 15, eds. W. Lauterborn and Th. Kurz, (AIP Conference Proceedings, Vol. 524, New York, 2000) pp. 165− 168.

［11］ Bender, C. M. and Orszag, S. A. , Advanced Mathematical Methods for Scientists and Engineers (McGraw-Hill, New York, 1978).

［12］ Bennett, M. B. and Blackstock, D. T. , Parametric array in air, J. Acoust. Soc. Am. 57, 562-568 (1975).

［13］ Berktay, H. O. , Parametric amplification by the use of acoustic nonlinearities and some possible applications, J. Sound Vib. 2, 462-470 (1965).

［14］ Berktay. H. O. and Al−Temini, C. A. , Virtual arrays for underwater reception, J. Sound Vib. 9, 295-307 (1969).

［15］ Berktay. H. O. and Al-Temini, C. A. , Scattering of sound by sound, J. Acoust. Soc. Am. 50, 181-187 (1971).

［16］ Beyer, R. T. , Parameter of nonlinearity in fluids, J. Acoust. Soc. Am. 32, 719-721 (1959).

［17］ Beyer, R. T. Nonlinear Acoustics in Fluids (Van Nostrand Reinhold, New York, 1984).

［18］ Beyer, R. T. , The parameter B/A, in Hamilton, M. F. and Blackstock, D. T. (eds.), Nonlinear Acoustics (Academic Press, San Diego, 1997), pp. 25-40.

［19］ Bjørnø, L. , Nonlinear acoustics, in Acoustics and Vibration Progress, Vol. 2, eds. R. W. B. Stephens and H. G. Leventhall (Chapman Hall, London, 1976), pp. 101-203.

［20］ Bjørnø, L. , Characterization of biological media by means of their nonlinearity, Ultrasonics 24, 254-259 (1986).

［21］ Blackstock, D. T. , Propagation of plane sound waves of finite-amplitude in non-dissipative fluids, J. Acoust. Soc. Am. 34, 9-30 (1962).

［22］ Blackstock, D. T. , Thermoviscous attenuation of plane, periodic, finite-amplitude sound waves, J. Acoust. Soc. Am. 36, 534-542 (1964).

［23］ Blackstock, D. T. , Connection between the Fay and Fubini solutions for plane sound waves of finite amplitude, J. Acoust. Soc. Am. 39, 1019-1026 (1966).

［24］ Blackstock, D. T. , History of nonlinear acoustics, in Hamilton, M. F. and Blackstock, D. T. (eds.), Nonlinear Acoustics (Academic Press, San Diego, 1997[a]) pp. 1-24.

［25］ Blackstock, D. T. , Hamilton, M. F. and Pierce, A. D. , Progressive waves in lossless and lossy fluids, in Hamilton, M. F. and Blackstock, D. T. (eds.), Nonlinear Acoustics (Academic Press, San Diego, 1997), pp. 65-150.

［26］ Blackstock, D. T. , Audio application of the parametric array, J. Acoust. Soc. Am. 102, 3106 (1997[b]).

［27］ Brander, O. and Hedenfalk, J. , A new formulation of the general solution to Burgers' equation, Wave Motion 28, 319-332 (1998).

［28］ Brysev, A. P. , Krutyansky, L. M. , Preobrazhensky V. L. , Pylnov Yu. V. , Cunningham, K. B. and Hamilton, M. F. , Nonlinear propagation of phase-conjugate focused sound beams in water, in Nonlinear Acoustics at the Turn of the Millennium, ISNA 15, eds. W. Lauterborn and Th. Kurz (AIP Conference Proceedings, Vol. 524, New York, 2000), pp. 183-186.

［29］ Burgers, J. M. , A mathematical model illustrating the theory of turbulence, in Advances in Applied Mechanics, Vol. 1, eds. R. von Mises and T. von Kármán (Academic Press, New York, 1948), pp. 171-199.

［30］ Burgers, J. M. , The Nonlinear Diffusion Equation (Reidel, Dordrecht, 1974).

［31］ Cahill, M. D. and Baker, A. C. , Oscillations in harmonics generated by the interaction of acoustic beams, J. Acoust. Soc. Am. 105, 1575-1583 (1999).

[32] Campos, L. M. B. C., On waves in gases. Part 1: Acoustics of jets, turbulence and ducts, Rev. Mod. Phys. 58, 117-182 (1986).

[33] Carstensen, E. L., Law, W. K., McKay, N. D. and Muir, T. G., Demonstration of nonlinear acoustical effects at biomedical frequencies and intensities, in Ultrasound in Med. & Biol. Vol. 6 (Pergamon Press, 1980), pp. 359-368.

[34] Cary, B. B., Nonlinear losses induced in spherical waves, J. Acoust. Soc. Am. 42, 88-92 (1967).

[35] Cary, B. B., Prediction of finite-amplitude waveform distortion with dissipation and spreading loss, J. Acoust. Soc. Am. 43, 1364-1372 (1968).

[36] Cary, B. B., Modification of the Bessel-Fubini solution that includes attenuation, J. Acoust. Soc. Am. 49, 1687-1688 (1971).

[37] Cary, B. B., An exact shock wave solution to Burgers' equation for parametric excitation of the boundary, J. Sound Vib. 30, 455-464 (1973).

[38] Cary, B. B. and Fenlon, F. H., On the near and far-field radiation patterns generated by the nonlinear interaction of two separate and non-planar monochromatic sources, J. Sound Vib. 26, 209-222 (1973).

[39] Cary, B. B., Asymptotic Fourier analysis of a "sawtooth like" wave for a dual frequency source excitation, J. Sound Vib. 42, 235-241 (1975).

[40] Chester, W., Resonant oscillations in closed tubes, J. Fluid Mech. 18, 44-66 (1964).

[41] Cobb, W. N., Finite amplitude method for determination of the acoustic nonlinearity parameter B/A, J. Acoust. Soc. Am. 73, 1525-1531 (1983).

[42] Cole, J. D., On a quasi-linear parabolic equation occurring in aerodynamics, Quart. Appl. Math. 9, 225-236 (1951).

[43] Cook, B. D., New procedure for computing finite-amplitude distortion, J. Acoust. Soc. Am. 34, 941-946 (1962).

[44] Coppens, A. B., Beyer, R. T., Seiden, M. B., Donohue, J., Guepin, F., Hodson, R. H. and Townsend, C., Parameter of nonlinearity in fluids. II, J. Acoust. Soc. Am. 38, 797-804 (1965).

[45] Coppens, A. B. and Sanders, J. V., Finite-amplitude standing waves in rigid-walled tubes, J. Acoust. Soc. Am. 43, 516-529 (1968).

[46] Coppens, A. B. and Sanders, J. V., Finite-amplitude standing waves within real cavities, J. Acoust. Soc. Am. 58, 1133-1140 (1975).

[47] Coppens, A. B. and Atchley, A. A., Nonlinear standing waves in cavities, in Encyclopedia of Acoustics, ed. M. J. Crocker (Wiley, New York, 1997), pp. 237-247.

[48] Coulouvrat, F., Solutions approchées de l'équation de Burgers par une méthode asymptotique mixte, C. R. Acad. Sci. Parist. 308 (Série II), 1765-1770 (1989).

[49] Coulouvrat, F., Plane sound waves of finite amplitude for intermediate Gol'dberg numbers, J. Acoust. Soc. Am. 89, 2640- 2651 (1991[a]).

[50] Coulouvrat, F., An analytical approximation of strong nonlinear effects in bounded beams, J. Acoust. Soc. Am. 90, 1592-1600 (1991[b]).

[51] Coulouvrat, F. Méthodes Asymptotiques en Acoustique Nonlinéaire, Thése de doctorat de l'Université Paris 6, (1991[c]).

[52] Coulouvrat, F., On the equations of nonlinear acoustics, J. Acoustique 5, 321-359 (1992).

[53] Crighton, D. G., Model equations of nonlinear acoustics, Ann. Rev. Fluid Mech. 11, 11-23, (1979).

[54] Crighton, D. G. and Scott J. F., Asymptotic solutions of model equations in nonlinear acoustics, Phil. Trans. Roy. Soc. Lond. A292, 101-134 (1979).

[55] Cruikshank, D. B., Experimental investigation of finite-amplitude acoustic oscillations in a closed tube, J. Acoust. Soc. Am. 52, 1024-1036 (1972).

[56] Cunningham, K. B., Hamilton, M. F., Brysev, A. P. and Krutyansky, L. M., Time-reversed sound beams of finite amplitude, J. Acoust. Soc. Am. 109, 2668-2674 (2001).

[57] Darvennes, C. M., Hamilton, M. F., Naze Tjøtta, J. and Tjøtta, S., Effects of absorption on the nonlinear interaction of sound beams, J. Acoust. Soc. Am. 89, 1028-1036 (1991).

[58] Derode, A., Roux, P. and Fink, M., Robust acoustic time reversal with high-order multiple scattering, Phys. Rev. Lett. 75, 4206-4209 (1995).

[59] Dorme, C. and Fink M., Focusing of transmit-receive mode through inhomogeneous media: The time reversal matched filter approach, J. Acoust. Soc. Am. 98, 1155-1162 (1995).

[60] Dybedal, J. Topas: Parametric end-fire array used in offshore applications, in Advances in Nonlinear acoustics, ISNA 13, ed. H. Hobæk (World Scientific, Singapore, 1993), pp. 264- 269.

[61] Earnshaw, S., On the mathematical theory of sound, Brit. Assn. Adv. Sci., Report of the 28th Meeting. Notices and Abstracts Sec. 34-35 (1858).

[62] Earnshaw, S., On the mathematical theory of sound, Phil. Trans. Roy. Soc. Lond. 150, 133-148 (1860).

[63] Enfio, B. O., Saturation of a nonlinear cylindrical sound wave generated by a sinusoidal source, J. Acoust. Soc. Am. 77, 54- 60(1985[a]).

[64] Enflo, B. O., Nonlinear sound waves from a uniformly moving point source, J. Acoust. Soc. Am. 77, 2054-2060 (1985[b]).

[65] Enflo, B. O., The decay of the shockwave from a supersonic projectile, AIAA Journal

23, 1824–1826 1826 (1985ᶜ).

[66] Enflo, B. O., Saturation of nonlinear spherical and cylindrical sound waves, J. Acoust. Soc. Am. 99, 1960–1964 (1996).

[67] Enfio, B. O., On the connection between the asymptotic waveform and the fading tail of an initial N-wave in nonlinear acoustics, Acustica Acta Acustica 84, 401–413 (1998).

[68] Enflo, B. O., Sound beams with shockwave pulses, Acoust. Phys. 46, 728–733 (2000).

[69] Enflo, B. O. and Hedberg, C. M., Fourier decomposition of a plane nonlinear sound wave developing from a sinusoidal source, Acustica-Acta Acustica 87, 163–169 (2001).

[70] Euler, L., De la propagation du son, Mém. Acad. Sci. Berlin 15, 185–209 (1766).

[71] Fay, R. D., Plane sound waves of finite-amplitude, J. Acoust. Soc. Am. 3, 222–241 (1931).

[72] Fenlon, F. H., An extension of the Fubini series for a multiplefrequency CW acoustic source of finite amplitude, J. Acoust. Soc. Am. 51, 284–289 (1972).

[73] Fenlon, F. H., Derivation of the multiple frequency Bessel-Fubini series via Fourier analysis of the preshock time waveform, J. Acoust. Soc. Am. 53, 1752–1754(1973ᵃ).

[74] Fenlon, F. H., On the derivation of a Lagrange-Banta operator for progressive finite-amplitude wave propagation in a dissipative fluid medium, J. Acoust. Soc. Am. 54, 92–95(1973ᵇ).

[75] Fenlon, F. H., On the performance of a dual frequency parametric source via matched asymptotic solutions of Burgers' equation, J. Acoust. Soc. Am. 55, 35–46 (1974).

[76] Fink, M., Time reversal acoustics, Physics Today 50(3), 34–40, March 1997.

[77] Foda, M. A., Distortion and dispersion of nonlinear waves in a rectangular duct due to a bifrequency excitation, Acustica-Acta Acustica 82, 411–422 (1996).

[78] Fourier, J., The Analytical Theory of Heat (1822). Translated by A. Freeman 1878. Reprinted by Dover, New York, 1955.

[79] Fox, F. E., and Wallace, W. A., Absorption of finite amplitude sound waves, J. Acoust. Soc. Am. 26, 994–1006 (1954).

[80] Frøysa, K. E., and Coulouvrat, F., A renormalization method for nonlinear pulsed sound beams, J. Acoust. Soc. Am. 99, 3319–3328 (1996).

[81] Fubini-Ghiron, E., Anomalie nella propagazione di onde acustiche di grande ampiezza, Alta Frequenza 4, 530–581 (1935). English translation: Beyer (1984), pp. 118–177.

[82] Gaitan, D. F. and Atchley, A. A., Finite amplitude standing waves in harmonic and anharmonic tubes, J. Acoust. Soc. Am. 93, 2489–2495 (1993).

[83] Ginsberg, J. H., Perturbation methods, in Hamilton, M. F. and Blackstock, D. T. (eds.), Nonlinear Acoustics, (Academic Press, San Diego, 1997), pp. 279–308.

[84] Gradshtein, I. S. and Ryzhik I. M., Tables of Integrals, Series and Products

(Academic Press, New York, 1965).

[85] Gurbatov, S. N., Malakhov, A. N. and Saichev, A. I., Nonlinear Random Waves in Nondispersive Media (Manchester University Press, Manchester, 1991).

[86] Gurbatov, S. N. and Hedberg, C. M., Nonlinear crosstransformation of amplitude-frequency modulation of quasiк-monochromatic signals, Acustica-Acta Acustica 84, 414-424 (1998).

[87] Gurbatov, S. N., Enflo, B. O. and Pasmanik, G. V., The decay of pulses with complex structure according to Burgers' equation, Acustica-Acta Acustica 85, 181-196 (1999).

[88] Gurbatov, S. N., Enflo, B. O. and Pasmanik, G. V., The decay of plane wave pulses with complex structure in a nonlinear dissipative medium, Acustica-Acta Acustica 87,16-28 (2001).

[89] Gusev, V. E., Buildup of forced oscillations in acoustic oscillators, Sov. Phys. Acoust. 30, 121-125 (1984).

[90] Hamilton, M. F., Naze Tjøtta, J. and Tjøtta, S, Nonlinear effects in the farfield of a directive sound source, J. Acoust. Soc. Am. 78, 202-216 (1985).

[91] Hamilton, M. F. and Blackstock, D. T. (eds.), Nonlinear Acoustics, (Academic Press, San Diego, 1997).

[92] Hamilton, M. F. and Morfey, C. L., Model equations, in Hamilton, M. F. and Blackstock, D. T. (eds.), Nonlinear Acoustics (Academic Press, San Diego, 1997), pp. 41-64.

[93] Hamilton, M. F., Sound beams, in Hamilton, M. F. and Blackstock, D. T. (eds.), Nonlinear Acoustics (Academic Press, San Diego 1997), pp. 233-262.

[94] Hamilton, M. F., Khokhlova, V. A. and Rudenko, O. V., Analytical method for describing the paraxial region of finite amplitude sound beams, J. Acoust. Soc. Am. 101, 1298-1308 (1997).

[95] Hammerton, P. W. and Crighton, D. G., Old-age behaviour of cylindrical and spherical waves: numerical and asymptotic results, Proc. Roy. Soc. Lond. A422, 387-405 (1989).

[96] Hart, T. S. and Hamilton, M. F., Nonlinear effects in focused sound beams, J. Acoust. Soc. Am. 84, 1488-1496 (1988).

[97] Hedberg, C. M., Nonlinear propagation through a fluid of waves originating from a biharmonic sound source, J. Acoust. Soc. Am. 96, 1821-1828 (1994[a]).

[98] Hedberg, C. M., Theoretical Studies of Nonlinear Propagation of Modulated Harmonic Sound Waves, Doctoral thesis, TRITA-MEK 1994-10, Kungl. Tekniska Högskolan, Stock-holm (1994[b]).

[99] Hedberg, C. M., Influence of the phase between original frequencies on the nonlinear generation of new harmonics, J. Acoust. Soc. Am. 99, 3329-3333 (1996).

[100] Hedberg, C. M. , Solving the inverse problem in nonlinear acoustics by backpropagation of the received signal, J. Acoust. Soc. Am. 101, 3090 (1997).

[101] Hedberg, C. M. , Parameter sensitivity in nonlinear and dissipative time-reversed acoustics, in Proceedings of International Congress of Acoustics/ASA, Seattle 20-26 June 1998, pp. 543- 544 (1998).

[102] Hedberg, C. M. , Multi-frequency plane, nonlinear and dissipative waves at arbitrary distances, J. Acoust. Soc. Am. 106, 3150-3155 (1999).

[103] Helmholtz, H. , Theoretische Akustik, Fortschritte der Physik im Jahre 1848 4 101- 118 (1852).

[104] Hobæk, H. , Parametric acoustic transmitting arrays and a survey of theories and experiments, Scientific Technical Report No 99, University of Bergen, Norway, (1977).

[105] Hochstadt, H. , The Functions of Mathematical Physics, (Wiley, New York, 1971).

[106] Hopf, E. , The partial differential equation $u_t + uu_x = \mu u_{xx}$. Comm. Pure Appl. Math. 3, 201-230 (1950).

[107] Hugoniot, H. , Mémoire sur la propagation du mouvement dans les corps et spécialement dans les gaz parfaits, J. l'école polytech. (Paris) 57, 3-97 (1887), and J. l'. école polytech. (Paris) 58, 1-125 (1889).

[108] Hunt, F. V. , Notes on the exact equations governing the propagation of sound in fluids, J. Acoust. Soc. Am. 27, 1019 (1955).

[109] Ilgamov, M. A. , Zaripov, R. G. , Galiullin, R. G. and Repin, V. B. , Nonlinear oscillations of a gas in a tube, Appl. Mech. Rev. 45, 137-154 (1996).

[110] Ilinskii, Y. , Lipkens, B. , Lucas, T. S. , Van Doren, T. W. and Zabolotskaya, E. A. , Nonlinear standing waves in an acoustical resonator, J. Acoust. Soc. Am. 104, 2664-2674 (1998).

[111] Ingard, U. and Pridmore-Brown, D. C. , Scattering of sound by sound, J. Acoust. Soc. Am. 28, 367-369 (1956).

[112] Jackson, D. R. and Dowling, D. R. , Phase conjugation in underwater acoustics, J. Acoust. Soc. Am. 89, 171-181 (1991).

[113] Jimenez, J. , Nonlinear gas oscillations in pipes. Part 1. Theory, J. Fluid. Mech. 59, 23-46 (1973).

[114] Kamakura, T. , Ikegaya, K. and Chou, I-M. , Nonlinear interactions of finite amplitude and weak subharmonic plane waves—Phase dependent parametric amplification, J. Acoust. Soc. Jpn (E) 6, 155-160 (1985).

[115] Karabutov, A. A. , Lapshin E. A. and Rudenko, O. V. , Interaction between light waves and sound under acoustic nonlinear conditions, Sov. Phys. JETP, 44, 58-63 (1980).

[116] Karabutov, A. A. and Rudenko, O. V. , Nonlinear plane waves excited by volume

sources in a medium moving with transonic velocity, Sov. Phys. Acoust, 25, 306−309 (1980).

[117] v. Kármán, T. , Supersonic aerodynamics: principles and applications, J. Aeronaut. Sci. 14, 373−409 (1947).

[118] Keller, J. , Resonant oscillations in closed tubes: the solution of Chester's equation, J. Fluid Mech. 77, 279−304 (1976).

[119] Kirchhoff, G. , On the influence of heat conduction in a gas on sound propagation, Ann. Phys. Chem. (5) 134, 177−193 (1868).

[120] Kuperman, W. A. , Hodgkiss, W. S. , Song, H. C. , Akal, T. , Ferla, C. and Jackson, D. R. , Phase-conjugation in the ocean: experimental demonstration of an acoustic time reversal mirror, J. Acoust. Soc. Am. 103, 25−40 (1998).

[121] Kuznetsov, V. P. , Equations of nonlinear acoustics, Sov. Phys. Acoust. 16, 467−470 (1971).

[122] Lagrange, J. L. , Sec. 42 in Nouvelles recherces sur la nature et la propagation du son, Miscellanea Taurinensis Ⅱ , 11−172 (1760−61).

[123] Lardner, R. W. , Acoustic saturation and the conversion efficiency of the parametric array, J. Sound Vib. 82, 473−487 (1982).

[124] Lawrenson, C. C. , Lipkens, B. , Lucas, T. S. , Perkins, D. K. and Van Doren, T. W. , Measurement of macrosonic standing waves in oscillating closed cavities, J. Acoust. Soc. Am. 104, 623−636 (1998).

[125] Lebedev, N. N. , Special Functions and their Applications (Prentice-Hall, Englewood Cliffs, 1965).

[126] Lee, Y. −S. and Hamilton, M. F. , Time-domain modeling of pulsed finite amplitude sound beams, J. Acoust. Soc. Am. 97, 906−917 (1995).

[127] Lesser, M. B. and Crighton, D. G. , Physical acoustics and the method of matched asymptotic expansions, in Physical Acoustics, eds. W. P. Mason and R. N. Thurston (Academic Press, New York, 1975), pp. 69−149.

[128] Lighthill, M. J. , Viscocity effects in sound waves of finite amplitude, in Surveys in Mechanics, eds. G. K. Batchelor and R. M. Davies (Cambridge University Press, 1956), pp. 250− 351.

[129] Lindsay, R. B. , Acoustics: Historical and Philosophical Development (Dowden, Hutchinson & Ross, Stroudsburg, Pa. , 1972).

[130] Makov, Yu. N. , Universal automodeling solution to the Khokhlov-Zabolotskaya equation for waves with shock fronts, Acoust. Phys. 43, 722−727 (1997).

[131] McLachlan, N. W. , Theory and Application of Mathieu Functions (Oxford University Press, 1947).

[132] Mendousse, J. S. , Nonlinear dissipative distortion of progressive sound waves at moderate

amplitudes, J. Acoust. Soc. Am. 25, 51-54 (1953).

[133] Moffett, M. B. and Mellen, R. H., Model for parametric acoustic sources, J. Acoust. Soc. Am. 61, 325-337 (1977).

[134] Naugolnykh, K. A., Propagation of spherical sound waves of finite-amplitude in a viscous heat-conducting medium, Sov. Phys. Acoust. 5, 79-84 (1959).

[135] Naugolnykh, K. A., Soluyan, S. I. and Khokhlov, R. V., Cylindrical waves of finite-amplitude in a dissipative medium, Vestn. Moscow State Univ., Fiz. Astron. 4, 65-71 (1962).

[136] Naugolnykh, K. A., Soluyan, S. I. and Khokhlov, R. V., Speherical waves of finite-amplitude in a viscous thermally conducting medium, Sov. Phys. Acoust. 9, 42-46 (1963[a]).

[137] Naugolnykh, K. A., Soluyan, S. I. and Khokhlov, R. V., Nonlinear interaction of sound waves in an absorbing medium, Sov. Phys. Acoust. 9, 155-159 (1963[b]).

[138] Naugolnykh, K. A., Transition of a shock wave into a sound wave, Sov. Phys. Acoust. 18, 475-477 (1973).

[139] Naugolnykh, K. A. and Ostrovsky, L., Nonlinear Wave Processes in Acoustics (Cambridge University Press, 1998).

[140] Navier, L. M. H., Mémoire sur les lois du mouvement des fluids, Mém. Acad. Sci. 6, 389-416 (1823).

[141] Nayfeh, A. H., Perturbation Methods (Wiley-Interscience, New York, 1973).

[142] Naze Tjøtta, J. and Tjøtta, S., Nonlinear equations of acoustics, with application to parametric acoustic arrays, J. Acoust. Soc. Am. 69, 1644-1652 (1981).

[143] Naze Tjøtta, J. and Tjøtta, S., Nonlinear equations of acoustics, in Frontiers of Nonlinear Acoustics, ISNA 12, eds. M. F. Hamilton and D. T. Blackstock (Elsevier, London, 1990), pp. 80-97.

[144] Naze Tjøtta, J., Tjøtta, S. and Vefring, E. H., Effects of focusing on the nonlinear interaction between two collinear finite amplitude sound beams, J. Acoust. Soc. Am. 89, 1017-1027 (1991).

[145] Naze Tjøtta, J., TenCate, J. A. and Tjøtta, S., Effects of boundary conditions on the nonlinear interaction of sound beams, J. Acoust. Soc. Am. 89, 1037-1049 (1991).

[146] Ni, A. L., Non-linear resonant oscillations of a gas in a tube under the action of a periodically varying pressure, Prikl. Matem. Mekhan. 47, 607-618 (1983) translated in PMM USSR 47, 498-506 (1983).

[147] Novikov, B. K. and Rudenko, O. V., Degenerate amplification of sound, Sov. Phys. Acoust. 22, 258-259 (1976).

[148] Novikov, B. K., Exact solutions of the Burgers equation, Sov. Phys. Acoust. 24, 326-328 (1978).

[149] Novikov, B. K., Rudenko, O. V. and Timoshenko, V. I., Nonlinear underwater acoustics, (American Institute of Physics, New York, 1987).

[150] Nyberg, Ch., Spectral analysis of a two frequency driven resonance in a closed tube, Acoust. Phys. 45, 94-104 (1999).

[151] Parker, A., On the periodic solution of the Burgers equation: a unified approach, Proc. Roy. Soc. Lond. A438, 113- 132 (1992).

[152] Parker, D. F., The decay of sawtooth solutions to the Burgers equation, Proc. Roy. Soc. Lond. A369, 409-424 (1980).

[153] Pierce, A. D., Acoustics (McGraw-Hill, New York, 1981).

[154] Pierce, A. D., Nonlinear acoustic research topics stimulated by the sonic boom problem, in Advances in Nonlinear acoustics, ISNA 13, ed. H. Hobaek (World Scientific, Singapore, 1993), pp. 7-20.

[155] Poisson, S. D., Mémoire sur la théorie du son, J. l'école polytech. (Paris) 7, 319- 392 (1808).

[156] Rankine, W. J. M., On the thermodynamic theory of waves of finite longitudinal disturbance, Phil. Trans. Roy. Soc. 160, 277-288 (1870), or Beyer (1984), pp. 65-76.

[157] Rayleigh, Lord, Aerial plane waves of finite amplitude, Proc. Roy. Soc. Lond. A84, 247-284 (1910).

[158] Riemann, B., Ueber die Fortplanzung ebener Luftwellen von endlicher Schwingungsweite, Abhandl. Ges. Wiss. G? ttingen, Math.-Physik. 8, 43-65 (1860).

[159] Rossing, T. D., The Science of Sound, 2nd ed., (Addison-Wesley, 1990).

[160] Rott, N., The description of simple waves by particle displacement, Z. angew. Math. Phys. 29, 178-189 (1978).

[161] Rott, N., Nonlinear acoustics, in Theoretical and Applied Me-chanics, 15th International Congress of Theoretical and Ap-plied Mechanics-ICTAM-Toronto, August 17-23, 1980, eds. F. P. J. Rimrott and B. Tabarrok (North-Holland, 1980), pp. 163-173.

[162] Rudenko, O. V., Soluyan, S. I. and Khokhlov, R. V., Problems in the theory of nonlinear acoustics, Sov. Phys. Acoust. 20, 271-275 (1974).

[163] Rudenko, O. V., Feasability of generation of high-power hyper sound with the aid of laser radiation, JETP Lett. 20, 203-204 (1974).

[164] Rudenko, O. V., Soluyan, S. I. and Khokhlov, R. V., Nonlinear theory of paraxial sound beams, Sov. Phys. Dokl. 20, 836-837 (1976).

[165] Rudenko, O. V. and Soluyan, S. I., Theoretical Foundations of Nonlinear Acoustics (Plenum, New York, 1977).

[166] Rudenko, O. V. and Khokhlova, V., Kinetics of one-dimensional sawtooth waves, Sov. Phys. Acoust. 37, 90-93 (1991).

[167] Rudenko, O. V., Nonlinear sawtooth-shaped waves, Physics Uspekhi 38, 965 – 989 (1995).

[168] Rudenko, O. V., Nonlinear oscillations of linearly deformed medium in a closed resonator excited by finite displacements of its boundary, Acoust. Phys. 45, 351–356 (1999).

[169] Rudenko, O. V. and Shanin, A. V., Nonlinear phenomena accompanying the development of oscillations excited in a layer of a linear dissipative medium by finite displacements of its boundary, Acoust. Phys. 46, 334–341 (2000).

[170] Rudenko, O. V. and Enflo, B. O., Nonlinear N-wave propagation through a one-dimensional phase screen, Acustica-Acta Acustica 86, 229–238 (2000).

[171] Rudenko, O. V., Hedberg, C. M. and Enflo, B. O., Nonlinear standing waves in a layer excited by the periodic motion of its boundary, Acoust. Phys. 47, 525 – 533 (2001).

[172] Sachdev, P. L. and Seebass, A. R., Propagation of spherical and cylindrical N-waves, J. Fluid Mech. 58, 197–205 (1973).

[173] Sachdev, P. L., Tikekar, V. G. and Nair, K. R. C., Evolution and decay of spherical and cylindrical N-waves, J. Fluid Mech. 172, 347–371 (1986).

[174] Sachdev, P. L., Nonlinear Diffusive Waves, (Cambridge University Press, 1987).

[175] Sachdev, P. L. and Nair, K. R. C., Evolution and decay of cylindrical and spherical nonlinear acoustic waves generated by a sinusoidal source, J. Fluid Mech. 204, 389–404 (1989).

[176] Sachdev, P. L., Joseph, K. T. and Nair, K. R. C., Exact N-wave solutions for the non-planar Burgers equation, Proc. Roy. Soc. Lond. A445, 501–517 (1994).

[177] Scott, J. F., Uniform asymptotics for spherical and cylindrical nonlinear acoustic waves generated by a sinusoidal source, Proc. Roy. Soc. Lond. A375, 211–230 (1981).

[178] Shooter, J. A., Muir, T. G. and Blackstock, D. T., Acoustic saturation of spherical waves in water, J. Acoust. Soc. Am. 55, 54–62 (1974).

[179] Sionoid, P., Nonlinear acoustic beams and the Zabolotskaya-Khokhlov equation. A report for the Senate of the National University of Ireland, DAMTP, University of Cambridge, (April 1992).

[180] Sionoid, P., The generalized Burgers and Zabolotskaya-Khokhlov equations: transformations, exact solutions and qualitative properties, in Advances in Nonlinear Acoustics, ISNA 13, ed. H. Hobæk (World Scientific, Singapore, 1993), pp. 63–67.

[181] Söderholm, L. H., A higher order acoustic equation for the slightly viscous case, Acustica-Acta Acustica 87, 29–33 (2001).

[182] Soluyan, S. I. and Khokhlov R. V., Propagation of acoustic waves of finite amplitude in a dissipative medium, Vestn. Mosk. Univ. Fiz. Astron. 3, 52–61 (1961).

[183] Stokes, G. G., On the theory of internal friction of fluids in motion, etc., Cambridge

Trans. 8, 287-305 (1845).

[184] Stokes, G. G. , On a difficulty in the theory of sound, Phil. Mag. (Series 3) 33, 349-356 (1848), or Beyer (1984), pp. 29-36.

[185] Taylor, G. I. , The conditions necessary for discontinuous motion in gases, Proc. Roy. Soc. Lond. A84, 371-377 (1910).

[186] Taylor, G. I. , Scientific Papers (Cambridge University Press, 1963).

[187] Temkin, S. , Nonlinear gas oscillations in a resonant tube, Phys. Fluids 11, 960-963 (1968).

[188] Temkin, S. , Propagating and standing sawtooth waves, J. Acoust. Soc. Am. 45, 224-227 (1969^a).

[189] Temkin, S. , Attenuation of guided, weak sawtooth waves, J. Acoust. Soc. Am. 46, 267-271 (1969^b).

[190] Temkin, S. and Maxham, D. , Nonlinear lengthening of a triangular acoustic pulse, Phys. Fluids 28, 3013-3017 (1985).

[191] Trivett, D. H. and Van Buren, A. L. , Propagation of plane, cylindrical and spherical finite amplitude waves, J. Acoust. Soc. Am. 69, 943-949 (1981).

[192] Van Buren, A. L. and Breazeale, M. A. , Reflection of finite-amplitude ultrasonic waves. II. Propagation, J. Acoust. Soc. Am. 44, 1021-1027 (1968).

[193] Van Dyke, M. D. Perturbation Methods in Fluid Mechanics (Parabolic Press, Stanford, 1975).

[194] Vanhille, C. and Campos-Pozuelo, C. , Numerical model for nonlinear standing waves and weak shocks in thermoviscous fluids, J. Acoust. Soc. Am. 109, 2660 - 2667 (2001).

[195] Westervelt, P. J. , Scattering of sound by sound, J. Acoust. Soc. Am. 29, 199-203 (1957).

[196] Westervelt, P. J. , Parametric acoustic arrray, J. Acoust. Soc. Am. 35, 535-537 (1963).

[197] Westervelt, P. J. , The status and future of nonlinear acoustics, J. Acoust. Soc. Am. 57, 1352-1356 (1975).

[198] Whitham, G. B. , The behaviour of supersonic flow past a body of revolution, far from the axis, Proc. Roy. Soc. Lond. A203, 89-109 (1950).

[199] Whitham, G. B. , The flow pattern of a supersonic projectile, Commun. Pure. Appl. Math. 5, 301-348 (1952).

[200] Whitham, G. B. , Linear and Nonlinear Waves (Wiley, New York, 1974).

[201] Whittaker, E. T and Watson, G. N. , A Course of Modern Analysis, 4th ed. , (Cambridge University Press, 1950).

[202] Van Wijngaarden, L. , Nonlinear acoustics, in Symposium on Applied Mathematics,

dedicated to the late Prof. Dr. R. Timman, (Delft University Press, 1978), pp. 51-68.

[203] Yonegama, M. and Fujimoto, J., The audio spotlight: an application of nonlinear interaction of sound waves to a new type of loudspeaker design, J. Acoust. Soc. Am. 73, 1532-1536 (1983).

[204] Ystad, B. and Berntsen, J., Numerical studies of the KZK equation for focusing sources, Acta Acustica 3, 323-330 (1995).

[205] Zabolotskaya, E. A. and Khokhlov, R. V., Quasiplane waves in the nonlinear acoustics of confined beams, Sov. Phys. Acoust. 15, 35-40 (1969).

[206] Zarembo, L. K. and Krasil'nikov, V. A., Radiating parametric array, Sov. Phys. Uspekhi 22, 656-661 (1979).

[207] Zverev, V. and Kalachev, A. I., Sound radiation from the region of interaction of two sound beams, Sov. Phys. Acoust. 15, 322-327 (1970).

人名翻译对照表

Aanonsen, S. I. :安森

Abramowitz, M. :阿布拉莫维茨

Airy, G. B. :艾里

d'Alembert, J. -le-R. :达朗贝尔

Akal, T. :阿卡尔

Al-Temini, C. A. :艾尔-特米尼

Atchley, A. A. :阿奇利

Averkiou, M. A. :艾弗基乌

Baker, A. C. :贝克

Bakhvalov, N. S. :巴赫瓦洛夫

Banta, E. D. :班塔

Barkve, T. :巴克韦

Bateman, H. :贝特曼

Bednarik, M. :贝德纳里克

Bender, C. M. :本德

Bennett, M. B. :贝内特

Berktay, H. O. :伯克泰

Berntsen, J. :贝恩特森

Beyer, R. T. :拜尔

Bjørnø, L. :比约恩

Blackstock, D. T. :布莱克斯托克

Brander, O. :布兰德

Breazeale, M. A. :布雷齐尔

Brysev:布列舍夫

Bunkin:邦金

Burgers, J. M. :伯格斯

Cahill, M. D. :卡希尔

Campos, L. M. B. C. :坎波斯

Campos-Pozuelo, C. :坎波斯-波祖埃洛

Carstensen, E. L. :卡斯滕森

Cary, B. B. :卡里

Chester, W. :切斯特

Chou, I. M. :周

Cleveland, R. O. :克利夫兰

Cobb, W. N. :科布

Cole, J. D. :科尔

Cook, B. D. :库克

Coppens, A. B. :科彭斯

Coulouvrat, F. :库卢夫拉特

Crighton, D. G. :克里顿

Cruikshank, D. B. :克鲁克柄

Cunningham:坎宁安

Darvennes, C . M. :达尔文内斯

Derode, A. :德罗德

Donohue, J. :多诺霍

Dorme, C. :多尔姆

Dowling, D. R. :道林

Dybedal, J. :戴贝达尔

Earnshaw, S. :厄恩肖

Enflo, B. O. :恩弗洛

Euler, L. :欧拉

Fay, R. D. :费伊

Fenlon, F. :芬伦

Maxham, D. :马克西姆

McKay, N. D. :麦凯

McLachlan, N. W. :麦克拉克兰

Mellen, R. H. :梅伦

Mendousse, J. S. :门杜塞

Moffett, M. B. :莫菲特

Molotkov, I. A. :莫洛特科夫

Morfey, C. L. :莫尔菲

Muir, T. G. :缪尔

Nair, K. R. C. :奈尔

Naugolnykh, K. :瑙戈尼克

Navier, L. M. H. :纳维

Nayfeh, A. H. :纳菲

Naze Tjøtta, J. :纳泽·泰塔

Ni, A. L. :倪

Novikov, B. K. :诺维科夫

Nyberg, C. :尼伯格

Orszag, C. A. :奥斯扎格

Ostrovsky:奥斯特洛夫斯基

Parker, A. :帕克 A.

Parker, D. F. :帕克 D. F.

Pasmanik, G. V. :帕斯马尼克

Perkins, D. K. :帕金斯

Pierce, A. D. :皮尔斯

Poisson, S. D. :泊松

Preobrazhenskii:普里奥布拉琴斯基

Pridmore-Brown, D. C. :德默-布朗

Pylnov:皮尔诺夫

Pythagoras:毕达哥拉斯

Rankine, W. J. M. :兰金

Rayleigh, L. :瑞利

Repin, V. B. :雷宾

Riemann, B. :黎曼

Rossing, Th. :罗辛

Rott, N. :罗特

Roux, P. :劳克斯

Rudenko, O. V. :鲁坚科

Ryzhik, I. M. :雷日克

Sachdev, P. L. :萨契戴夫

Saichev, A. I. :赛切夫

Sanders, J. V. :桑德斯

Scott, J. F. :斯科特

Seebass, A. R. :泽巴斯

Seiden, M. B. :塞登

Shanin, A. V. :沙宁

Shooter, J. A. :舒特

Sionoid, P. :西奥诺伊德

Soluyan, S. I. :索卢扬

Song, H. C. :宋

Stakhovskii:斯塔霍夫斯基

Stegun, I. A. :斯特根

Stokes, G. C. :斯托克斯

Söderholm, L. H. :瑟德霍尔姆

Tartini, G. :塔尔蒂尼

Taylor, G. I. :泰勒

Temkin, S. :特姆金

TenCate, J. A. :滕卡特

Tikekar, V. G. :泰克卡尔

Timoshenko, V. I. :季莫申科

Tjøtta, S. :泰塔

Townsend, C. :汤森

Trivett, D. H. :特里维特

Van Buren, A. L. :范·布伦

Van Doren, T. W. :范·多伦

Van Dyke, M. D. :范·戴克

Van Wijngaarden, L. :范·维因加登

Vefring, E. H. :维弗林

Vanhille, C. :范希尔

Wallace, W. A. :华莱士

Watson, G. N. :沃森

Westervelt, P. J. :韦斯特维尔特

Whitham, G. B. :惠特姆

Whittaker, E. T. :惠特克

Yonegama, M. :雍伽马

Younghouse:杨豪斯

Ystad, B. :于斯塔德

Zabolotskaya, E. A. :扎博洛茨卡亚

Zarembo, L. K. :扎伦博

Zaripov, R. G. :扎里波夫

Zhileikin, Ya. M. :志雷金

Zverev, V. A. :兹维列夫

术　语　表

Absorption distance：吸收距离

Acoustical Reynolds number：声学雷诺数

Area differences：面积差

Asymptotic matching：渐近匹配

B/A，the nonlinear parameter：B/A，非线性
参数

Bessel functions，integral representation of：贝
塞尔函数，积分表示

Bessel functions，modified，integral
representation of：贝塞尔函数，修正，积分
表示

Bessel-Fubini formula：贝塞尔-富比尼方程

Bifrequency wave：双频波

Bifurcation：分岔

Burgers' equation：伯格斯方程

Burgers' equation，generalized for cylindrical
waves：伯格斯方程，推广到柱面波

Burgers' equation，generalized for spherical
waves：伯格斯方程，推广到球面波

Burgers' equation，inhomogeneous：伯格斯方
程，非均匀

Characteristic curves：特性曲线

Cole-Hopf transformation：科尔-霍普夫变换

Combination tones：组合音调

Continuity equation：连续性方程

Diffraction length：衍射长度

Discontinuity length：不连续长度

Discrete integration：离散积分

Dissipation parameter：耗散参数

Elliptic integral：椭圆积分

Energy，conservation of：能量，守恒

Enthalpy：焓

Entropy：熵

Equal areas，rule of：面积相等，规则

Eulerian coordinates：欧拉坐标

Euler's fundamental hydrodynamical
equations：欧拉基本流体动力学方程

Fay solution：费伊解

Fay solution，approximate：费伊解，近似

Fay solution，improved：费伊解，改进

Fubini solution：富比尼解

Fubini solution，corrected：富比尼解，修正的

Green function：格林函数

Heat conduction equation：热传导方程

Heat conduction number：热传导数

Hermite function：埃尔米特函数

Hermite polynomial：埃尔米特多项式

Ideal fluid equation of state：理想流体状
态方程

Irrotational flow：无旋流(无旋转的流动)

Sound speed:声速

Standing waves, linear:驻波,线性的

Standing waves, nonlinear:驻波,非线性的

Strong nonlinearity:强非线性

Substantial time derivative:随体导数

Tartini tones:塔蒂尼音

Taylor shock:泰勒冲击

Theta function:θ 函数

Time reversal:时间反转

Triangular pulse:三角脉冲

Viscosity, bulk:黏度,体积

Viscosity, shear:黏度,剪切

Weak nonlinearity:弱非线性

Weak shock theory:弱击波理论

Whitham's F-function:惠特姆 F 函数